（HUL）

视角下的城市历史空间研究

RESEARCH ON HISTORIC URBAN SPACE BASED ON HISTORIC URBAN LANDSCAPE

顾玄渊 著

中国建筑工业出版社

图书在版编目（CIP）数据

历史性城镇景观（HUL）视角下的城市历史空间研究 / 顾玄渊著 . —北京：中国建筑工业出版社，2020.6

ISBN 978-7-112-24874-2

I. ①历…　II. ①顾…　III. ①古建筑—景观保护—研究　IV. ①TU-87

中国版本图书馆CIP数据核字（2020）第027220号

责任编辑：戚琳琳
文字编辑：刘颖超
版式设计：京点制版
责任校对：王　烨

历史性城镇景观（HUL）视角下的城市历史空间研究
顾玄渊　著
*
中国建筑工业出版社出版、发行（北京海淀三里河路9号）
各地新华书店、建筑书店经销
北京点击世代文化传媒有限公司制版
北京中科印刷有限公司印刷
*
开本：787×1092 毫米　1/16　印张：17¼　字数：295 千字
2020 年 8 月第一版　2020 年 8 月第一次印刷
定价：76.00 元
ISBN 978-7-112-24874-2
（35357）

序

我们提倡形成一种不具破坏性的且能够在过去、现在和未来之间建立连续与和谐关系的城镇空间和社会关系，以维护人类文化的创造性和多样性，共同保护城镇的文化遗产资源，提升城市的吸引力和韧性，改善民众的生活品质，实现更为可持续的城镇发展。这也是 2011 年通过的联合国教科文组织《关于历史性城镇景观的建议书》的核心所在。

中国在快速的城镇化进程中对城镇文化遗产造成了诸多的损害。今天，城镇文化遗产保护面临的挑战是多方面的，包括历史城区的社区对改善的诉求、遗产地发展旅游业的诉求、地方政府对城镇转型发展的诉求以及地方政府之间相互竞争的压力等方面。如何在不同情境下处理保护与发展、新与旧、历史与当代之间的关系,《关于历史性城镇景观的建议书》为我们寻找应对这些挑战的对策提供了新的视角与思路。

“历史性城镇景观”并不是指一种保护对象,它是处理“城镇环境与自然环境之间、当代及后代需求与历史遗产之间平衡且可持续关系”的一种价值观与方法。“历史性城镇景观”将不同历史时期人类活动在城镇空间上表现出来的层积性作为认识城镇文化遗产价值完整性的出发点，既包括了历史环境，同时也不排斥当代空间与建筑的意义。

“历史性城镇景观方法”认为当代建筑与空间对在历史文化环境中注入新的活力和提升历史文化环境的吸引力具有积极的作用。如何确定当代元素介入历史环境的程度、时间与方式需要依据不同历史环境从历史环境形成的背景以及城市当今发展的背景两大方面进行分析。“历史性城镇景观方法”拟通过对城镇空间中具有历史性意义的结构、场所及其他传统文化元素的判别，以及对其形成背景和演变脉络的分析，识别并进一步巩固城镇在动态变化中的文化身份和特征。通过一系列步骤提供一条积极的城市保护与发展路径，充分考虑区域性环境的背景因素，借鉴地方社区的传统与观念，以此在社会转变中去有效地管理既有城镇空间的变化，确保当代干预行动与历史环境中的遗产和谐共处。

有别于静态和还原的保护思路，“历史性城镇景观”将社会、经济、政策和时间对空间形成与变化的内因与外在空间表象（景观）的相互关联作为理解活态文化遗产形成的基础，将时间累积在空间上的层积景观作为认识活态文化遗产价值的所在，从而将活态文化遗产的保护方法界定为“如何管理空间的新变化”。

“历史性城镇景观”至今还只是一个概念和一种视角。作为一种实现历史城镇可持续发展的方法，尚需要通过实践的积累去归纳总结，需要我们在实践中因地制宜地去研究、建构和完善。本书是作者在近年中对城市保护研究和实践积累的再思考，基于“历史性城镇景观”的价值观，从发展和变化的视角，对城市历史空间作为一种发展资源进行了系统的阐述，对城市历史空间保护的方法进行了系统的分析梳理和研究探索。书中既有作者新的分析方法，也有具有探索性的实践案例。希望本书的出版能够为我国历史城镇可持续保护与发展的研究与实践提供参考和借鉴。

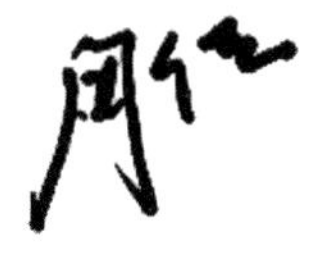

2020 年 7 月 6 日于同济大学

目 录

第1章 绪 论 001

1.1 时代背景 001
1.1.1 遗产保护与城市发展 001
1.1.2 文脉传承与特色塑造 003
1.1.3 人居三之《新城市议程》 005
1.2 历史性城镇景观（HUL）的应用视角：城市发展、遗产保护与城市特色的融合 005
1.2.1 以历史性城镇景观为思想方法 005
1.2.2 以城市保护为基本理念 006
1.2.3 保护更广泛的城市历史空间 007
1.3 研究的主要内容 009

第2章 历史性城镇景观的理念与方法 010

2.1 历史性城镇景观的产生背景 010
2.1.1 遗产概念的扩展 010
2.1.2 遗产保护的跨学科发展 013
2.1.3 遗产保护宪章的发展 016
2.2 历史性城镇景观的概念提出 019
2.2.1 维也纳备忘录的文件出台 019
2.2.2 历史性城镇景观的概念解析 025
2.2.3 国内研究综述 028
2.2.4 历史性城镇景观的核心思想 030
2.3 历史性城镇景观的实践和方法 030
2.3.1 运用历史性城镇景观理念的早期实践 030
2.3.2 历史性城镇景观方法 033
2.3.3 历史性城镇景观的案例城市 034

2.4 历史性城镇景观的意义 038

2.4.1 一种跳出遗产保护领域的新范式 038

2.4.2 为空间特色的塑造提供联系历史与未来的纽带 040

2.4.3 尊重城市发展的需求 041

2.5 对城市历史空间研究的借鉴意义 042

2.5.1 城市历史空间研究的三个切入点 042

2.5.2 借鉴 HUL 的价值层积方法研究体系构成 043

2.5.3 基于 HUL 的资源属性认识研究资源特征 045

2.5.4 运用 HUL 管理变化的理念研究保护方法 047

第 3 章 城市历史空间的体系构成 049

3.1 城市历史空间的概念 049

3.1.1 城市历史空间的概念解析 049

3.1.2 “城市历史空间”与“城市遗产”的关系 052

3.1.3 “城市历史空间”与“历史性城镇景观”的关系 053

3.2 城市历史空间的构成体系 055

3.2.1 遗产保护对象的拓展 055

3.2.2 城市历史空间的要素—结构—环境体系 058

3.2.3 城市历史空间的纵向层次与横向要素体系 061

3.3 城市历史空间的层积关系 065

3.3.1 多层次累积构成城市历史空间的整体环境 065

3.3.2 层积关系中的主导作用 067

3.4 发挥层积主导作用的结构性要素 072

3.4.1 历史场所 072

3.4.2 历史道路 075

3.4.3 历史景观 078

3.4.4 历史河道 084

3.4.5 历史肌理 088

第 4 章 城市历史空间的资源特征 091

4.1 文化遗产的发展资源观 091

4.1.1 基于可持续发展的城市发展模式反思 091

4.1.2 强调动态平衡与社会继承的新发展资源观 093

4.1.3 文化遗产作为推动城市发展的文化资源 094
4.2 城市历史空间的资源属性 096
4.2.1 城市历史空间在社会演进中的作用 096
4.2.2 城市历史空间在平衡发展中的作用 102
4.2.3 城市历史空间作为发展容器的作用 106
4.3 城市历史空间的资源价值 109
4.3.1 遗产资源价值的产生背景 109
4.3.2 作为发展资源的社会文化价值 115
4.3.3 作为发展资源的价值评价标准 118

第 5 章 城市历史空间的保护方法 122

5.1 基于可持续发展的城市保护模式 122
5.1.1 发展动力的延续 122
5.1.2 发展环境的限制 123
5.1.3 发展条件的提供 124
5.1.4 发展代价的补偿 125
5.2 发展背景下的资源保护与利用 125
5.2.1 城市历史空间的保护时机与方法 125
5.2.2 基于发展原则的活化利用方式 132
5.2.3 以保持活态为原则的活化利用 135
5.2.4 以提升价值为原则的活化利用 137
5.3 发展背景下的特色传承与再生 139
5.3.1 空间特色是传承与再生的核心 139
5.3.2 保护与城市设计相结合的方法 141
5.3.3 保护与城市更新相结合的方法 150
5.4 保护融入发展的城市设计框架 153
5.4.1 建立保护空间与产出空间的联系 153
5.4.2 建立历史场所与公共活力区的联系 156
5.4.3 建立历史肌理与新区肌理的过渡 158
5.4.4 建立历史景观与城市轮廓及标识的联系 160
5.4.5 应用实践：上海虹口港地区城市设计 162
5.5 基于系统性变化的动态管控方法 165
5.5.1 城市空间的系统性变化特征 165
5.5.2 城市空间的系统性变化因子 170

5.5.3 动态管控的原则与方法 173

第 6 章 基于 HUL 的上海总体城市空间研究 179

6.1 研究背景 179
6.1.1 研究目的 179
6.1.2 研究内容 180
6.2 总体影响上海城市历史空间的主导因素 181
6.2.1 自然环境的影响 181
6.2.2 社会文化的影响 181
6.2.3 城市建设的影响 182
6.2.4 总体特征 183
6.3 市域自然与人文共融的整体空间特征 184
6.3.1 形成过程 184
6.3.2 自然生态与历史人文要素分析 187
6.3.3 总体特征 194
6.4 中心城新旧并存的整体空间特征 194
6.4.1 空间层积研究 194
6.4.2 历史性空间关键要素分析 198
6.4.3 公共性空间关键要素分析 200
6.4.4 网络性空间关键要素分析 201
6.4.5 标识性空间关键要素分析 203
6.4.6 总体特征 204
6.5 上海城市空间的目标建构与规划管控 205
6.5.1 发展目标与策略 205
6.5.2 中心城空间秩序的建构与管控 208
6.5.3 中心城空间要素的规划与管控 210
6.5.4 市域景观风貌的引导与管控 215

第 7 章 结 论 220

参考文献 222

后 记 231

第1章
绪　论

1.1　时代背景

1.1.1　遗产保护与城市发展

1. 城市发展给遗产保护带来的压力

2012年联合国人居署的年度报告中指出，“到2050年发达国家的城市空间还需要扩大一倍，发展中国家的城市空间还需要扩大3倍以上，才能容纳人类的居住需求”（UN-HABITA，2012）。

中国的城镇化从1979年的18.96%发展到2014年的54.77%,在短短的35年时间中，城市快速扩张。根据2009年3月麦肯锡全球化研究中心（Mckinsey Global Institute）的报告，到2030年中国的城镇化还将有3.5亿人进入城市，一共有超过10亿人住在城市中，有221个中国城市人口将超过百万，预计有5万栋高层建筑将拔地而起。

城市空间正在经历着蜕变的过程，旧城改造的盛名之下，很多城市的历史空间被现代化楼群所替代（图1.1）。即使是作为历史文化街区进行保护的空间，也难以抵挡外围高层建筑拔地而起造成景观遮挡的困境。

图1.1　2006年上海北外滩地区拆迁现场

（图片来源：作者自拍）

2. 遗产保护给城市发展带来的阻力

以欧洲为代表的遗产保护理念与思想，已经深入人心，从政府到公众都有一定的遗产保护使命感，然而作为事实的另一半，“旧市区里没有阳光，没有新鲜空气，没有绿地，设施落后而且不可能有比较大的改善，交通也很不方便。罗马的旧市区里，有相当大的部分，有相当多的杂居大厦，是地地道道的贫民窟”（陈志华，2003）。

图 1.2　2005 年的上海南浔路

（图片来源：作者自拍）

在我国，“城市遗产保护主要依靠国家投入，虽然在一定程度上可以提供经济支持，但在实际操作中仍然满足不了巨大的保护资金需求，另一方面造成保护工作过度依赖政府和公共补贴，尤其历史地段整治是对高度集约化的城市地段的再开发，所需资金是大量和持久的。如果没有公共资金的带动，相应的市场资金进入就很困难（阮仪三等，2003）。”因此，在城市财政不富裕的情况下，很多历史空间的保护无法与新的开发建设放在同等重要的位置（图 1.2）。即使在不破坏的前提下，也会因不作为的保护方式，导致其自身的衰败。

城市遗产在保护的同时，也限制了一些发展的可能性，而这些保护在面对发展的利益时，不得不接受来自各方面的质疑，这种巨大的压力也使保护工作本身举步维艰。

3. 城市发展与遗产保护之间的冲突

城市的扩张正在以几何倍数的速度增长，历史中心和城市遗产无论是相对量还是绝对量都在持续的收缩，遗产收缩的速率与城市扩张的速度高度相关。历史城市遗产的收缩是一个全球化现象，而且不可逆，不会停止。从近 70 年的情况来看，第二次世界大战（简称“二战”）之前即使是因为自然灾害、战争的直接影响，或者随时代而来的巨大的社会经济转变，城市也还是相对稳定的；而第二次世界大战中，由于空袭毁掉了很多曾经繁荣的城市，全世界范围的战后重建，更是加剧了人类对城市遗产的破坏，仅德国的城市遗产就损失了 40%—50%（F. Bandarin & Ron van Oers，2014）。中国近代的长期战乱，也对城市遗产造成了巨大破坏，几千年的文化遗存和文化传统在外来文化的冲击下更加难以为继。尤其是改革开放以来，内外因素的共同影响，使中国的传统建筑被消灭了 90%（王澍，2012）。当前，我国文化遗产保护面临着“前所未有的重视和前所未有的冲击”并存的局面，就大多数历史文化名城而言，面临着“局部状况有所改善和整体环境持续恶化”并存的局面（单霁翔，2006）。

4. 城市发展与遗产保护之间的割裂

活态的城市遗产由于涉及城市居民的切身利益，遗产保护甚至被认为是阻碍发展的绊脚石。2016年4月“上海遗产社区综合调研”的街道居委访谈中发现，很多里弄居民与基层干部，对里弄作为城市遗产进行保护不太理解，他们反复强调的是生活环境亟待改善的诉求，部分里弄住宅至今缺乏上下水和燃气设施，居民们甚至无法接受不拆迁（图1.3）。遗产保护和当地居民及社区的发展被认为是两种毫不相干的社会事务。对上海所有里弄住宅的调研统计显示，上海现有的全部里弄住宅占地约5平方公里，相对于上海6千多平方公里的市域面积，仅占有0.08%，但上海里弄所承载的城市记忆，以及作为城市历史文化的象征意义，却极为重要。虽然，政府和专家都希望将其作为城市遗产进行整体保护，但在城市发展以及社区复兴的框架中，遗产保护难以找到一个合适的定位，遗产保护下来之后的用途，活态的城市遗产的长期维护与发展等问题，都成为横杠在保护与发展之间的裂隙。

图1.3 上海虹口区提篮桥街道社区调研

（图片来源：作者自拍）

城市作为一种活态的人居环境，不仅包含了大量历史文化遗存，同时又是城镇化发展的环境载体。保护与发展的问题在这里直接相遇，我们无法回避彼此的冲突。尤其在中国的城镇化背景下，发展问题本身具有的复杂性，已经在全世界范围内无例可循，也无法逆转，而城市遗产的保护与发展问题直接摆在眼前。

1.1.2 文脉传承与特色塑造

中华人民共和国成立之初，虽然党的工作重心由农村转移到城市，但一直存在一种观点，认为城市是消费型的城市，农村是生产型的农村。为加强对城市的集中统一管理和解决当时城市经济生活的突出矛盾，1962年和1963年国家先后召开了两次城市工作会议，虽然明确了城市定位，并强调城市工业要做好对农村的支持，但城市主要是作为工业生产的基地来考虑。直到1978年的第三次城市工作会议，才开始强调要加强城市建设的工作。无论是学习苏联的城市规划思想，还是早期理论研究的先驱向欧美国家的取经，都多多少少受到以《雅典宪章》为代表的现代主义思想影响，具有中国特色的城市规划理论与实践，为中国的城镇化发展提供了原理、方法和经验借鉴，但也间接的造成了城市特色的缺失。城市规划界对城市特色的反思与探讨，一直伴随着城市快速建设的整个过程。这种来自自我的深刻批判，是规划不断革新的动力，也是延缓城市特色缺失、再造城市特色生机的主要源泉。

1. 城市特色趋同化

城市特色“Identity”一词，不仅指城市外在的风貌特征，更包括了城市独特的文化及身份认同，所带来的城市性格与秉性，也是城市区别于其他城市的一种可识别性。

在凯文·林奇的《城市意象》一书中，指出“城市的意向性、特色、结构和意义，是个体发展和集体记忆的基础。”在丹尼尔·贝（Daniel A. Bell）和艾维纳·德-夏里特（Avner De-Shalit）合著的《城市精神》一书中，提出“城市，通过表达其自身与众不同的精神及价值，塑造了城市居民的生活和城市外观”。

全球化以及快速城镇化的发展态势下，中国城市呈现出“千城一面”的景象，城市特色正在迅速消亡，很多城市已经丧失了基本的可识别性（图 1.4）。

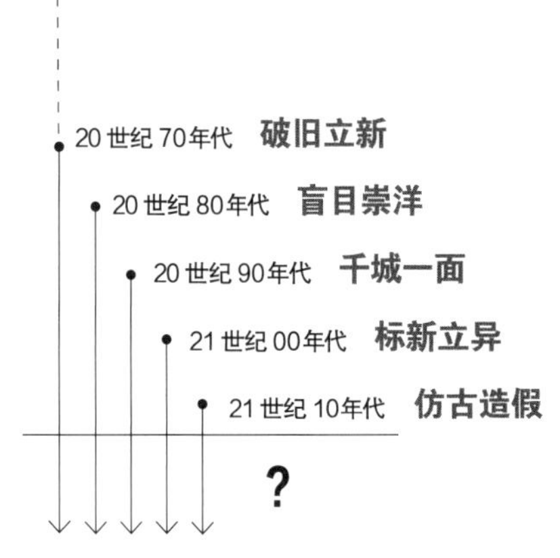

图 1.4　城市特色塑造的问题示意图
（图片来源：作者自绘）

特别是近 40 年来的飞速发展，城市旧区的改造开发和村镇的拆并，使大多数城乡地区原有的自然和社会生态系统瓦解、改换，以历史空间为标志的地域文化特征正以极快的速度消失（常青，2014）。

2. 不真实的特色塑造

从 20 世纪 80 年代开始，中国城市建设速度明显加快，而风格单一、设计简单、省料省时的建造模式，使城市特色的缺失成为一个不争的事实，因此，在 20 世纪 80 年代末引起各界对“城市特色”问题的强烈关注。

新建的城市片区与城镇，与原有的自然环境、村镇聚落缺乏有机联系，既没有对城市遗产进行保护，也没有借鉴其中的传统智慧，刻意塑造的新的文化特色，与当地的历史文化缺乏联系，不同城市之间的风貌特色雷同。

3. 无载体的文脉传承

王军在《城记》中记载了北京粤东新馆的拆除过程，这个承载了中国近代史上第一次思想解放运动的地方，是“戊戌变法”时期康有为组织保国会及发表演说的地方，拆除前被一所中学占用，这所学校的青年教师魏韬感慨道：“‘戊戌变法’是写进中学教材的，粤东新馆要是被拆掉，我们怎样向学生讲述这段历史（王军，2003）？”

我们对待历史的态度，决定了我们对待历史遗存的态度。纵使我们的文化传统和民族精神都在史料中保存完好，但是没有空间载体的文化传承，缺乏鲜活的感知和现实意义，更难以为后代提供传承的条件。很多濒危的非物质文化遗产，都是在缺乏物质载体的情况下，进一步失去了社会与文化的环境，成为几近灭绝的抢救对象。

4. 城市文化沙漠化

土地的沙漠化被认为是生态多样性的缺失，是环境脆弱的重要标志。而我国对城市文化的沙漠化现象却未引起足够的重视。城市特色的标签化、符号化，以及建设引导的风格化趋势，具有自上而下的导向，使城市建设忽略了本应多样并存的地方差异。

同样是江南水乡古镇，具有近似的历史文化背景，但由于自然地貌以及人文环境的地方差异，在空间特征上也表现出一定的差异性，从而形成了这一古镇不同于其他古镇的文化特色。即使在同一古镇中，部分街区具有典型的明清时期的建筑风格，而部分街区则具有民国时期的建筑风格。这种多样并存的风貌，如果被一种最大公约数的方式进行表达，则抹杀了原本精彩纷呈的地方文化多样性，使文化传承的内容越发单一，越发脆弱。

1.1.3 人居三之《新城市议程》

2016 年 10 月，第三次联合国住房和城市可持续发展大会（简称“人居三”）在厄瓜多尔首都基多召开，会议通过了《新城市议程》，为今后 20 年世界城市的发展确立了方向和目标。其中指出“文化和文化多元性是人类丰富性的源泉，为城市、人类住区和市民的永续发展做出重要贡献，使他们在发展中扮演主动、独特的角色”，“在促进和实施新的可持续消费和生产模式中，文化应该纳入考虑范畴。这种新模式有助于负责地使用资源，应对气候变化带来的不利影响”（UN-HABITA，2016）。

文化作为推动城市可持续发展的资源，成为一种全球共识，并将对未来 20 年的全人类发展带来重要影响。

1. 文化推动城市可持续发展

文化能够帮助建立文化认同，促进人性化和包容性的城市；文化能够有助于改善自然环境和建成环境的质量；文化能够融入城市政策中，通过具体的操作促进城市可持续发展。因此，文化在推动城市可持续发展方面具有重要作用。这一思想的建立，使文化成为继社会、经济、环境之后，可持续发展的第四个重要因子。尊重文化、弘扬文化、发挥文化的作用成为新的时代命题。

2. 文化遗产是种发展的资源

文化遗产作为文化的重要载体与表现形式，凝结了文化的精华。在文化推动城市可持续发展的理念下，文化遗产的保护更具备了现实的意义。遗产保护与城市的可持续发展之间打通了联系的桥梁。城市发展离不开文化资源的作用，而文化遗产保护也具有了永续发展的意义。这一里程碑式的国际议程，从基本的意识形态上，建立起保护与发展的一致性纲领，其意义深远。

1.2 历史性城镇景观（HUL）的应用视角：城市发展、遗产保护与城市特色的融合

1.2.1 以历史性城镇景观为思想方法

1. 近期施行的国际性“软法律”

新城市议程中关于《文化推动城市可持续发展》的专题报告，凝结了过去几十年

文化遗产保护界的大量研究、反思与激烈的争辩，几乎伴随了世界范围内保护与发展议题的整个发展过程。

二战以后，国际社会在城市保护与发展方面做了大量深入的探讨和研究。1972年UNESCO通过的《世界遗产公约》以及1976年通过的《关于历史地区保护及其在当代作用的建议》（又称《内罗毕建议》）都体现了这一主题。但是从20世纪90年代开始，随着全球化、城镇化速度加快，现代化需求下的高强度开发，对世界遗产城市的种种挑战也上升到了一个新的高度。2003年维也纳历史保护区外的一栋高层建筑所引发的争议，使长久以来各国对于“保护与发展之间的问题”进行了深入探讨。2005年10月，UNESCO在第十五届世界遗产公约缔约国大会上通过了《保护历史性城镇景观的宣言》；2011年11月10日，通过了《联合国教科文组织关于历史性城镇景观的建议书》（第36C/41号大会决议），向各个缔约国广泛推广历史性城镇景观（Historic Urban Landscape，HUL）的概念和方法，并在世界各地寻求合作试点。各缔约国就此达成共识，将HUL作为一种国际性的“软法律”，指导各国的文化遗产保护工作（UNESCO，1972，1976，2003，2005，2011；Ron，2012）。

2. 直面发展的文化遗产保护新方法

历史性城镇景观是《华盛顿宣言》之后几十年就保护与发展议题广泛讨论的结果，在直面发展的思想上，形成的国际性共识。它并不是一种新的文化遗产类型，而是一种文化遗产保护的新方法（邵甬等，2015）。

历史性城镇景观以发展的眼光看待保护，在保护中充分考虑发展的因素，以发展的方式进行遗产的保护。无论是新建高层建筑、旅游开发，还是社区环境品质的改善，都与发展的主题息息相关，这既是对遗产保护的理念拓展，也是城市发展更具可持续性的重要保障。

3. 为中国的城市保护提供思路

我国的文化遗产保护制度，最初建立于1964年的《威尼斯宪章》之上，而面对30多年的遗产保护与城市发展的现实矛盾，很多专家和学者一直致力于寻找适合中国发展的城市保护方式，历史性城镇景观从理念和方法上，提供了思想启示，并以国际宪章的方式提供了操作路径。

因此，本书的研究基于历史性城镇景观的方法和理念，既包括对遗产保护思想动态的解读，也包括具体方法的应用性探索。

1.2.2 以城市保护为基本理念

按照可持续发展的理念，城市发展包括了经济发展、社会发展、文化发展和生态环境的共同发展。在整体的发展需求之下，遗产保护反映出对发展需求的限制。无论是划定保护区，还是划定风貌协调范围，都是在发展的需求之下，强调在某个地区，保护的原则大于发展的原则。这也是传统的遗产保护措施的基本逻辑。而新的城市遗产保护的观念，是**将保护融入城市发展的大背景中，被称为“城市保护”**，因此在城市发展的方方面面都存在遗产的保护与利用问题。

正如人居三的《新城市议程》所提出的，文化是推动城市可持续发展的核心资源，而城市历史空间正是其中最重要的资源。对这一资源的消费、利用及生产对城市的可持续发展具有积极意义。

城市历史空间作为一种发展资源，不仅需要保护，而且需要进一步挖掘并发挥其价值，如何使其更好地带动地区复兴，实现城市可持续发展，如何使城市历史空间中的精华成为未来城市发展的核心竞争力与特色吸引力，是城市遗产研究极为重要的领域（图 1.5）。

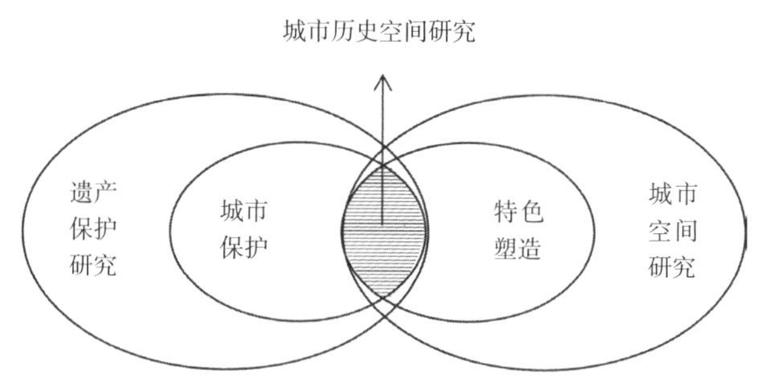

图 1.5 城市历史空间研究的相关范畴

（图片来源：作者自绘）

1.2.3 保护更广泛的城市历史空间

1. 关注尚未纳入法律保护的空间遗存

按照目前的遗产保护制度，受法律保护的遗产，是经过一定标准选择出来的，并且需要一定的法定程序将其法律化，以便更好地对其进行保护。当我们认为历史城区、历史街区、历史街坊、历史场所、历史地段等“历史空间”具有保护价值时，它们才被作为“遗产”纳入相应的法律、法规进行保护（周俭，2016）。可见，这些经过评估鉴定，达到某种标准，并由政府最终公布，且受相关法律法规保护的遗产要素，已经从通俗化或广义的历史遗存转变为被法律遗产化的保护对象。

随着文化保护思想的深入发展，越来越多的历史遗存被纳入遗产保护体系。例如，从文物保护到文物周边的环境保护，从历史文化街区到历史城区的保护等。通过相关研究，发掘具有遗产保护意义，但尚未被纳入法律保护体系的“历史遗存”，对遗产保护事业的发展具有重要意义。

2. 关注具有历史性意义的城市空间

关注尚未纳入法律保护的空间遗存，并不是泛指所有历史上产生的（Historical）

要素，而是具有历史性（Historic）意义的城市空间。历史性意义体现在某种空间要素对整体环境所起到的结构性主导作用上，这种结构性主导作用，表现在时间上的延续作用和空间上的关联作用。

具有历史性意义的城市空间，能够延续历史文脉，并在未来赋予城市新的功能意义，在当前的整体空间环境中，能起到锚固、连接与拓展的作用，使城市成为相互融合的空间整体，呈现出历史与未来相融合的空间肌理与图底关系。这种新旧共存的马赛克式的空间肌理，是城市文化生态价值的综合反映。

3. 关注既有保护区域以外的空间要素

从“周边（Surrounding）—背景环境（Setting）—景观（Landscape）—区域（Area）”，遗产保护的对象从直接联系的周边环境，到具有间接联系的扩展环境，但保护的方式都以划区为主，虽然不同的保护区对应不同的保护措施，但依然存在保护方式的“区域”化倾向。

通过“划区”的方法进行保护，使原本为一个整体的城市空间环境，被人为地划出一个个的保护区域，在当代发展的大环境下，成为保护的孤岛，而一街之隔的保护区外，却是高楼林立的现代城镇风貌，两者的巨大反差，越发地显示出历史保护区的渺小与式微。在保护区内，严格限制新建从而抑制了区内新的发展诉求，而保护区外理应成为其扩展环境的地区，却因未列入保护范围而没有具体的保护要求，尤其是对高层建筑的建设缺乏约束，致使区内区外的环境被不同的保护政策而人为的割裂开。

非保护区内的各种历史遗存，由于其价值不足以列入保护名录，缺乏保护的依据与措施，因此正在急速消亡。历史遗存的发现与定级是一个逐步完善丰富的过程。而如果为了保护某一处历史文化遗产，划定了一个历史保护“区域”，反而使其外围的非保护“区域”，完全不需要考虑“历史空间”的影响，甚至全部拆除那些尚未纳入保护的“历史空间”要素，那对于整体环境的保护，对未来可能发现的历史建筑、历史空间、历史城镇、历史村庄而言，是种灾难。

更多地关注空间要素的保护，而非局限于保护区域内，有助于跳出“区域”的内外差异思维，根据保护对象的不同，有的放矢地制定不同的保护措施。

4. 关注历史空间的未来发展

城市空间承载着社会，而社会由人构成，时刻处于动态变化之中。完全没有活态社会形式留存下来的历史空间，无论规模多大，历史有多悠久，都只能是遗址（Sites），而不能作为历史城市（Historic City）。城市的形成是长时期社会共同参与，通过建造、使用、改造等多种社会行为的产物，具有社会公共性。随着社会、经济、文化的变化，城市也处于动态变化中。因此“历史城市”与“城市遗产”都需要考虑城市属性所带来的动态变化特征，而不仅仅采用静态保护的方式。

历史的延续性意味着当下的城市空间也会成为历史环境；受保护的某些历史空间也需要有所发展，满足新的功能需求。保护与发展并重，意味着保护不仅为了“永久的留存”，而且是为了更好地发展，以历史文化遗产作为发展的资源，寻求文化的传承与复兴。

1.3 研究的主要内容

1. 主要内容

第一，系统阐述历史性城镇景观的理念与方法；第二，通过价值层积研究对城市历史空间的构成体系进行再梳理；第三，从发展资源的角度，阐述城市历史空间对城市发展的推动作用；第四，探讨在动态的发展过程中，保护城市历史空间的方法。

2. 案例城市的选择

本研究将上海作为案例城市，主要基于三个方面的考虑：第一，上海近现代的文化遗产保存较为完整，并且在近150年的时间内基本延续了历史层积的发展，上海的历史城区成为当前城市功能的重要组成部分；第二，上海的当代建筑的影响与遗产保护方面的冲突非常激烈，其中导致冲突的复杂因素为研究提供了不同的领域视角；第三，上海新一轮总规刚获批复，其规划的理念与方法，都吸纳了国际先进经验，是对城市历史空间进行保护与创新发展的有利时机。

第2章

历史性城镇景观的理念与方法

2.1 历史性城镇景观的产生背景

历史性城镇景观本身既不是一个新的保护类型（邵甬等，2015），也不是一种全新的思想理念，而是根植于城市保护的历史渊源中，传承了过去一个多世纪的各种累积观点和方法论的研究成果。国际社会希望对过去半个世纪城市保护领域所采取的方法和实践进行重新评估（Francesco Bandarin & Ron Van Oers，2012），因此，才提出了历史性城镇景观的方法，将之前的各种保护理念纳入一个整体性的框架。因此，历史性城镇景观也可以被视作一种更新后的遗产管理方法（Ron Van Oers 等，2013）。

历史性城镇景观产生的意义体现在三个方面：第一，遗产保护的对象，从建筑遗产、景观遗产，发展出“城市遗产”这一概念，虽然没有作为一个明确的保护类型纳入约束性文件中，但是使遗产保护对象的理论研究向前迈了一大步；第二，遗产保护的方法与理念，从最初的博物馆学的“历史保护”的相关方法，发展为“城市保护”的新理念，并吸纳了城市规划学、景观学、地理学、生态学、经济学、心理学等相关理论和方法；第三，遗产保护的方式，延续了国际化宪章与地方实情相结合的方式，在具有国际化约束力的同时兼顾全球不同地方背景实施的可能性。

2.1.1 遗产概念的扩展

1. 历史纪念物

遗产与历史有关，是某种前任留给子孙后代加以传承的东西，既包括文化传统，也包括人造物品（哈迪，1998）。遗产（Heritage）最初与财产（Property）有关，是个法律范畴的概念，是欧洲宗教及旧贵族彰显身份的物质载体，因此需要通过法律的配套来保护其中的价值不受损失。将这些物件作为遗产进行保护，能够使之作为一种文化品格的象征世世代代继承下去。因此，并非所有的历史留存都是遗产，只有有价值的那些遗存才能作为遗产。正是基于这一基本观念，产生了欧洲的遗产登录制。遗产主自己提出申报，通过论证其价值列入遗产保护名录，使其祖上留下的遗产获得法律的保护。

遗产制度的产生正值西方民主思想的萌芽期。以1789年爆发的法国大革命为标志，

欧洲人民开始反对君主专制，到 1848 年由法国引发并扩散到整个欧洲的大革命，使反对君主政体，建立民主共和的思想深入人心，在政治妥协的同时，兼有国家利益和封建权贵利益的各种遗产保护制度与机构应运而生。如法国 1887 年颁布了《纪念物保护法》，1837 年法国成立了保护机构，1877 年英国成立了保护机构。而此时的保护对象主要是历史纪念物。

2. 勒 · 杜克的“完整状态”要求历史纪念物周围的建筑群也一并保护

在民主共和思想影响下，城市被看作体现国家实力、交通现代化、高品质的公共空间、改善居民生活环境的物质空间载体，反而历史城市被当作物质精神衰败的场所，遭到遗弃或拆除。具体表现在“工程师运动”拆旧建新的“净化”过程中，并继而发展为城市更新运动，如 1865 年佛罗伦萨、1870 年罗马、1850—1870 年巴黎奥斯曼改造、1868—1911 年日本明治时代改造。这些情况受到英国恩格斯、法国孔西得朗等思想家的批判，也激发了傅里叶、欧文等在乌托邦理论及实践方面的改革尝试。

受其影响，19 世纪 60 年代提出过“风格式修复”的法国“干预派”保护代表人物维奥莱 - 勒 - 迪克（Viollet-le-Duc）在 1863—1872 年的《建筑谈话录》中提出除了单体的保护，对历史纪念物所在的城市建筑群的保护也很重要。

这是第一次将遗产保护的视野放大到与历史纪念物相关的更宏大的背景中，单体的保护和建筑群整体的保护都受到社会技术变革的影响，历史城市有可能因为历史纪念物的存在，而成为遗产的一部分，城市与遗产两个原本不相干的概念第一次联系在一起。

19 世纪下半叶，欧洲的遗产保护方法有三个相对独立的学派：以法国勒 · 杜克为代表的风格式修复的“干预派”、以英国约翰 · 拉斯金（John Ruskin）为代表的浪漫主义“怀旧派”、以意大利考古学家为代表的强调“原真性”的流派。其中勒 - 迪克所提出的对纪念物的保护方法，是要在研究历史纪念物的基础上，找到建筑延续性的方法，其理念是向前看的，承认社会技术变革对历史纪念物以及城市环境所带来的影响，保护本身就应该体现出当代的技术水平和审美情趣。保护的是建筑风格的真实性，而不是历史建筑在历史上原本的样子。因此，在对巴黎圣母院的修复中，他设计了从未出现过的三个尖塔，在当时备受争议。

3. 李格尔和西特的“当代价值”

此后维也纳的艺术史学家阿洛伊斯 · 李格尔（Alois Riegl）在《纪念物的现代崇拜》一书中，指出遗产的两类价值：一类是记忆价值（Erinnerungswerte），即“年代价值”；另一类是当代价值（Gegenwartswerte），与使用价值相关。由此，李格尔奠定了遗产在当代社会的地位，使其具有现代性。相应的，历史城市成为有别于考古遗址和遗迹的一种新的遗产保护对象，即城市遗产的雏形。由于当时的知识、兴趣以及史料所限，虽然李格尔已经提出了遗产所具有的价值，但是乡土建筑肌理和历史城市肌理依然没有引起足够的重视。

19 世纪末对现代城市的思想与实践，孕育了城市规划学科，并在激烈的讨论中形成了两种不同的观点：第一种是以卡米洛·西特（Camillo Sitte）为代表的艺术美学观点；另一种是以勒·柯布西耶（Le Corbusier）为代表的功能理性观点。1889 年西特在《遵循艺术原则的城市设计》一书中，提出“历史城市是现代城市设计的参考模型”，历史城市具有优于现代城市的美学价值，应该将历史城市在长期历史演变中形成的类型与形态作为现代城市建造的参考模型。西特虽然没有提出城市保护的概念或方法，但是提出对历史城市肌理进行借鉴，而借鉴的美学价值，构成了对历史肌理进行保护的基本立足点。

这是第一次从发展的角度而不是保护的角度，确立起城市遗产在当代的使用价值，即城市遗产可以作为现代城市设计的灵感源泉，这一思想使城市与遗产不仅在保护历史遗存的意义上相关联，而且在当代的城市建设与设计上也具有连续传承的重要关系。

西特的这一理念在维也纳环城大道两侧的实践中得以体现，他从历史城市的肌理中提炼出艺术的设计原则，以建造新的城市。这些艺术的原则，包括了：第一，用 T 字形的道路交叉口，形成缓冲空间，以减少交通流的直接冲突；第二，把公共的或宗教的地标保留下来，依然作为新的城市空间的地标；第三，涡轮状的广场空间，使从周边街道进入广场的人流具有一定的方向引导性，并形成广场四周的对景效果；第四，街道的高宽比例，遵循步行舒适的原则；第五，折线形而不是笔直的道路，形成步移景异的效果。这些理念在奥地利、德国以及北欧地区得到了广泛接受，并应用于历史城市的更新与改造实践。

4. 黑格曼和盖迪斯的“发展的意义”

1922 年德国维尔纳·黑格曼（Werner Hegemann）在《美国的维特鲁维斯——建筑师的市镇艺术手册》一书中，进一步发展了西特的观点，提出“实与虚相互影响，构成了城市连续性要素，产生了新的空间意义，继而表现为发展”。

1915 年苏格兰的“自然主义”生物学家帕特里克·格迪斯（Patrick Geddes）在《进化中的城市》一书中，进一步阐明了“物质的和社会的交互作用，即变化”。历史城市是有机体一般连续演进的环境，因此，其中的历史线索、记忆、共同关联是城市变化或发展的主要决定因素，集体公共空间所蕴含的场所精神对当代的城市规划有重要意义，所以应该对城市采用“保守治疗”的方式，延续过去的历史，对城市进行整体性的保护（帕特里克·格迪斯，2012）。他所提出的“保守治疗”的方法，旨在最大限度地减少对历史建筑和城市空间的破坏，并使它们能够适应现代社会的要求。他在爱丁堡、都柏林、印度的巴尔拉姆普尔、拉合尔以及其他城市都进行了尝试。

5. 乔万诺尼的“城市遗产”和“城市保护”

1931 年意大利乔万诺尼（Gustavo Giovannoni）首次提出了“城市遗产”和“城市保护”的概念，彻底揭示了历史城市在现代城市规划中的作用，历史城区既是城市功能网的一部分，又是吸纳与传统肌理相匹配的新功能的区域；历史城区的肌理具有美学借鉴功能，同时又是过去和现代的城市形态之间的联系纽带。因此，遗产保护既包括了对历史纪念物及其周边环境（历史肌理）的保护，还包括了保持人口及社会结构的古今联系。

同时，乔万诺尼明确提出了“城市保护”的概念，提出类似于单体建筑保护的城市保护方法，即保护历史纪念物的建成环境（历史肌理），同时通过在历史城市功能中选出并引导需要保持的人口和社会结构，使之与新的肌理和传播系统相连。具体方法包括：第一，尊重城市形态和建筑形态——延续；第二，把缺失的部分整合进来——填补或修补；第三，对肌理中的阻碍要素进行稀释——渐变。从而对“保守治疗”的保护方式进行了拓展。

以乔万诺尼和霍塔为代表的国际团队，在 1931 年起草了《关于历史性纪念物修复的雅典宪章》，并在 1931 年于雅典召开的第一届历史纪念物建筑师及技师国际会议上通过，因此也被称为《雅典宪章》。这次会议是 ICOMOS 的第一次国际会议，而会议通过的《雅典宪章》核心思想，虽然受到世界大战、战后重建以及现代主义运动的冲击，但其思想的火花深刻反映在 1964 年的《威尼斯宪章》中，并对之后的遗产保护理论、方法、实践产生了巨大影响，因此，1931 年的《雅典宪章》被认为是现代保护思想的起点，而这次会议也被认为是遗产保护国际运动的起点。

其中明确了四点：第一，在修复工程中允许采用现代技术和材料，可以谨慎运用所有已掌握的现代技术资源；第二，应注意对历史古迹周边地区的保护，会议提出，在建造过程中，新建筑的选址应尊重城市特征和周边环境，特别是当其邻近文物古迹时，应给予周边环境特别的考虑。一些特殊的建筑群和风景如画的眺望景观也需要加以保护；第三，建筑物的使用有利于延续建筑的寿命，应继续使用，但使用功能必须以尊重建筑的历史和艺术特征为前提。第四，提出“城市遗产”的概念，支持把遗产保护纳入到城市规划的范畴中，提出要保护历史肌理的用途，尊重历史纪念物所处的环境（图 2.1）。

2.1.2　遗产保护的跨学科发展

由于现代主义运动和思潮的影响，建筑与城市规划在现代社会中的意义有了新的变化，设计美学的价值观发生了根本性变革，重新确立了以管理大众社会需求为目标的社会愿景。1923 年柯布西耶提出了建筑与城市的“新范式”，反对城市保护，一味强调城市发展，造成很多历史城市以“规划”之名被拆除，新建的城区又出现了标准化建设所带来的品质不足、千城一面，以及社会边缘化的问题，引起了广泛的社会反思，并随即带来跨学科、跨地域的城市保护模式的多样化创新。

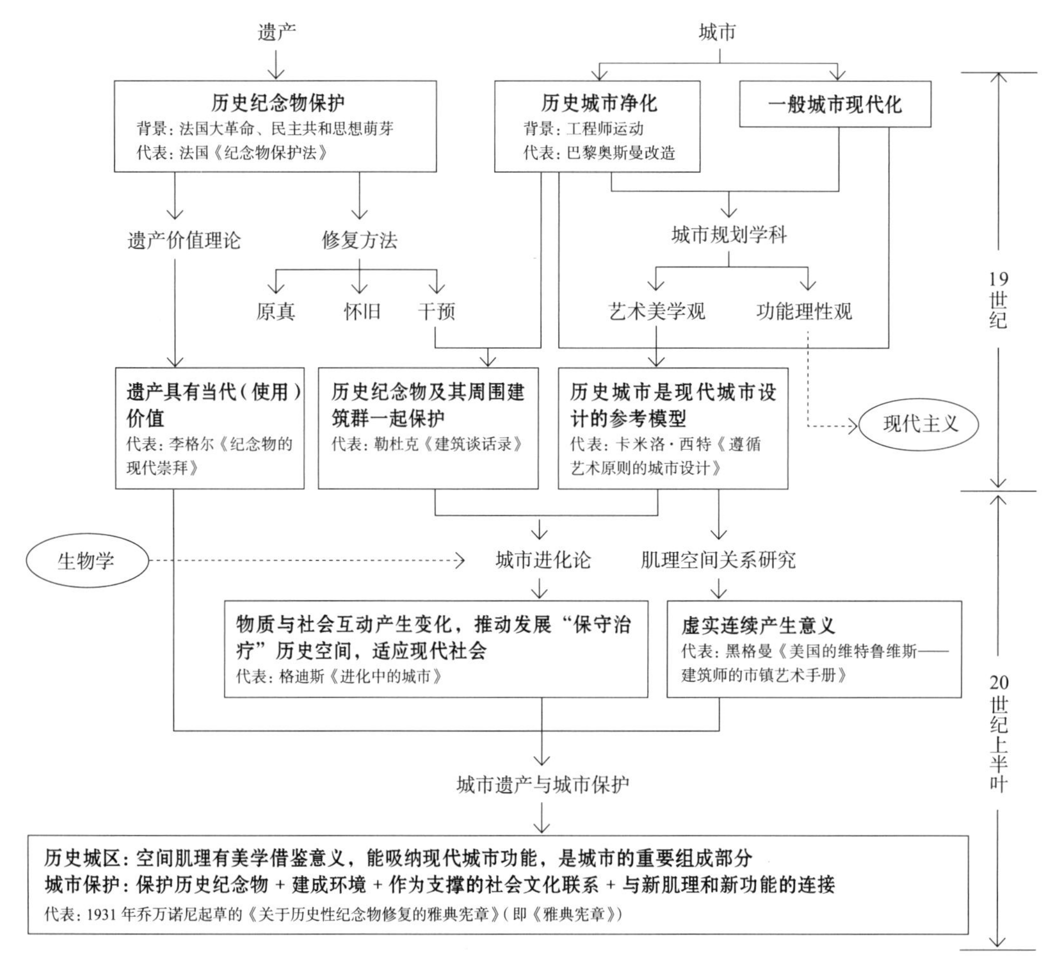

图 2.1 从遗产到城市遗产的思想演变

（图片来源：作者自绘）

1. 来自于社会学的参与式保护

在欧洲旧秩序瓦解后，世界各地的地方智慧为城市保护提供了新方法。1945—1972 年哈桑·法蒂（Hassan Fathi）在埃及的乡土建筑研究中，从当地千年建筑技术中总结出参与性和自下而上的设计方法。意大利的德卡罗（De Carlo）是 CIAM 解散后 Team10 的成员之一，他提出将公民参与和共识作为规划设计的工具。1976 年英国约翰·纳德（John Turner）在研究拉美乡土建筑后，提出自助自建的规划设计方法以保护城市内在的社会联系。参与式保护从社会学角度，提供了一种全新的城市保护方法。

2. 来自于类型形态学的要素与结构保护

在现代主义后期自然科学大发展的背景下，英国地理学家康泽恩（Conzen），借鉴自然结构的分析框架，形成了一个分析城市历史层积的新的技术工具，并在其学生怀特汉德（Whitehand）的继承下，形成了对历史肌理、形态、类型的研究工具，发现了城市中心—边缘的演变规律，继而发现了城市遗产中无形的变化所留下的物质性痕迹。

类型形态学的方法在意大利的建筑领域得到进一步发展，20 世纪 50—20 世纪 60 年代，意大利穆拉托里（Saverio Muratori）通过地籍制图的方式分析建筑类型，从而分析城区结构演变历程。卡尼吉亚（Caniggia）通过对每种建筑类型要素与空间结构的关系梳理，发现了结构的重要意义。1979 年贝纳沃洛（Leonardo Benevolo）在博罗尼格的实践中运用了类型形态学方法，指导历史肌理的保护与更新工作。

3. 来自于视觉与心理学的城镇景观保护和城市意象保护

1961 年英国的科伦（Cullen）分析了城市环境相关的一切要素，包括建筑、树木、自然、水、交通等，界定出一种能将建筑和环境融于一体的“艺术”设计方法论，将城市视为一个统一的空间，即城镇景观，将城市规划与保护集于一体。20 世纪 60 年代凯文·林奇在《城市意象》一书中提出基于精神意象的城市设计理论，以带有时间维度的意象地图，这种个体视角的城市形态学方法，支撑了城市保护的要素选择，同时，他认为目前的保护不力是因为社会制度、公约、惯例不能与不断变化的社会需求相匹配，因此，在对变化的管理方面应该做深入的研究。

4. 来自于存在主义哲学的场所精神的保护

挪威的建筑师诺伯·舒兹（Norberg Schulz），借鉴了海德格尔现象学中“存在主义”的哲学观点，将场所精神界定为一种存在空间，即人与环境的相互关系。他提出空间的意义及精神品质来源于居住者在日常生活中随时间累加的创造，而不仅仅是建造者。因为生活在这里发生，所以空间由场址不断演变为场所。因此，城市保护的焦点被集中到证明“存在”的场所精神上，而不是历史建筑或历史城市的物质空间。

5. 来自于文脉主义的拼贴共存式的保护

柯林·罗（Colin Rowe）在《拼贴城市》一书中，提出新建筑必须与已知的或日常的，但又必须是充满记忆的形成环境相联系。通过拼贴的方法，可以在新旧之间建立一种平衡关系，在既有的肌理和变化之间进行协调。美国罗伯特·文丘里（Robert Venturi）反对风格单纯复制，支持用环境中不同元素和谐共存的设计手法，并支持建筑语言的不一致性，在历史肌理中也可以体现物理层积过程的复杂性。托马斯·舒马赫（Thomas Schumacher）认为，在历史城市的“凝固化”静态保护和完全拆除之间，应该找到折中的办法，实现新旧之间的过渡。库哈斯（Koolhaas）在《癫狂的纽约》研究中，提出应该以连贯的阐释重构城市历史碎片，应该从城市肌理的各种网络中识别出构成城市有序交织的“原型”。

6. 来自于生态学的自然环境整体保护

1969 年麦克哈格以“反规划”的视角，跳出城市保护的新旧之争，优先考虑自然生态环境的保护，将城市保护至于一个更为宏大的保护背景之中，开拓了城市保护的思路和视野（图 2.2）。

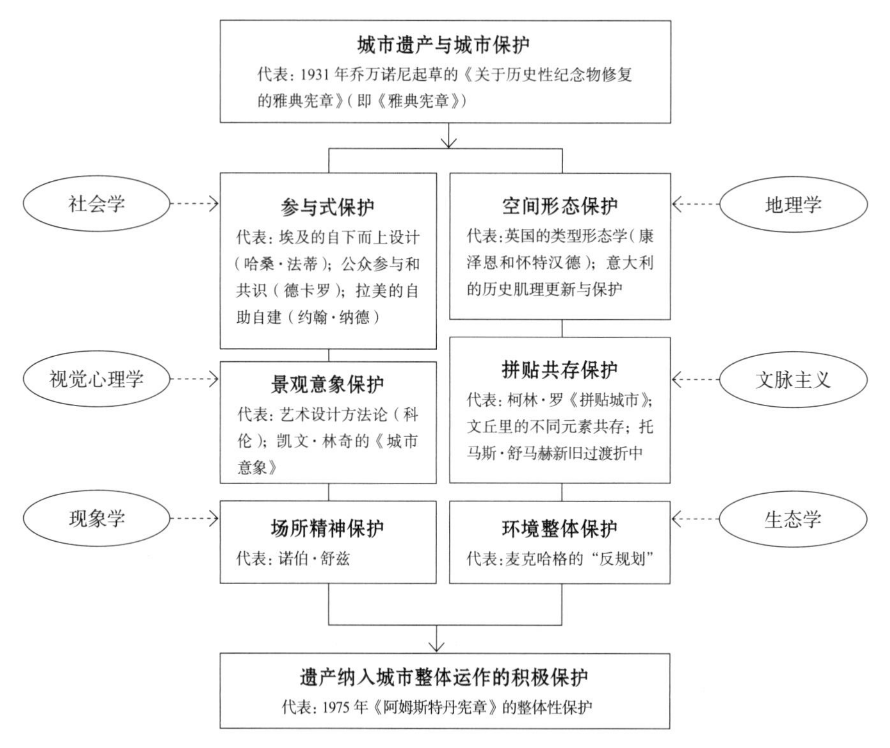

图 2.2　城市保护方法的多元化发展

（图片来源：作者自绘）

2.1.3　遗产保护宪章的发展

1. 从《威尼斯宪章》到《华盛顿宪章》

威尼斯宪章——历史地段与纪念物周边环境：1931 年被国际联盟认可的《雅典宪章》，是遗产保护国际运动的起点，也是现代保护的起点，其中提出了与“城市遗产”相关的概念，强调对历史纪念物及周边环境的保护。这一思想促成了 1964 年第二次国际历史古迹建筑与技术会议的召开，会上通过了《保护文物建筑及历史地段的国际宪章》(《威尼斯宪章》)，其中提到纪念物的周围很重要，虽然没有专门提出“历史城区 Historic Urban Area（HUA）”的概念，但提到对历史中心的保护要和城市发展放在一起考虑，并且要把历史中心整合进当代的生活。此后以 ICOMOS 为代表的西方遗产保护界逐渐重视对历史城区的保护，在各个国家和地区进行推广，并在国际会议上积极讨论这一新概念。

UNESCO 的《世界遗产公约》——历史城市：1972 年 UNESCO《保护世界文化和自然遗产公约》把“历史城市”划归“建筑群”类别。其《操作指南》列出历史城市的三个类别：无人居住的城镇、尚有人居住的城镇、20 世纪的新城。这一文件在三个方面体现了遗产保护运动质的飞跃：首次建立了遗产保护的国际性约束文件；自然和文化领域的保护原则被集合在一起；建立了突出普遍价值（Outstanding Universal Value,

OUV）的评价机制，即真实性与完整性的评价方法。

《欧洲宪章》——城市遗产：1975 年欧洲理事会的《阿姆斯特丹宣言》和《关于建筑遗产的欧洲宪章》颁布，其中建立了遗产保护和城市规划之间的联系。宪章指出城市遗产应包括其“次要”的乡土形式的肌理，也是保护政策的重要组成部分。对历史城市社会结构的保护也要作为整体保护过程的一部分。城市遗产因其所具有的利用价值和对教育和社会发展的鼓舞作用，而被视为一种文化资本。

《内罗毕宣言》——历史地区及其当代作用：1976 年 UNESCO《关于历史地区的保护及其当代作用的建议》(《内罗毕宣言》) 明确了历史地区的重要性。强调历史地区及其周围环境是连贯的统一体，需保存历史地区的环境特征并使新的建筑符合既有的城市背景，并把文化和社会复兴与自然保护联系在一起，以此保存历史地区的传统社会结构和功能。《内罗毕宣言》是极具现代性的国际社会通用的标准和政策，但由于延续“静止的”遗产保护观点，因此，对社会和经济的介入措施考虑不足，此外，《内罗毕宣言》对当时已经出现的绅士化影响以及旅游业的强劲发展态势并未特别关注。

《华盛顿宪章》——历史城区 HUA：1987 年，由 M·费尔顿和 N·利契费尔德执笔，正式开始起草一个新的宪章，即《保护历史性城镇的国际宪章》。由于历史性城镇与地区的保护远比个别文物建筑的保护复杂，宪章的内容难以写得很具体，为郑重其事，并广泛征求意见，费尔顿将该草案及说明寄给远在中国的陈志华先生作为教学工作参考，并由陈志华翻译、金经元校核，于 1987 年全文发表于《城市规划》杂志。至此，历史城区 HUA 的相关概念正式传入中国。其中明确：“对历史城区 HUA 的保护在各个层次上都是经济和社会发展政策以及物质环境规划政策的有机组成部分，必须鼓励一切历史性城镇和地区在适应当代生活的要求时保持它们的性格和特征的措施，必须促使各年龄组的人理解历史性城镇和地区的价值，并使居民都来保护它们。与 HUA 的历史真实性有关的价值和一切决定其形象的物质要素都应该保存，尤其是历史性的土地划分和交通模式；建筑物的外部和内部特点、尺度、大小、结构、材料、色彩，以及建筑物之间的空间；建筑物与空间的关系；历史性城镇或地区与自然景观及人为景观的关系。（陈志华译，1987）”其中提出新的观点：真实性不仅与物质性结构有关，同时也与环境及周边地区，以及城市随时间推移获得的一系列功能有关。历史城市具有复杂性与特殊性，需要与周边环境联系起来作为整体看待，应该重视社会价值和社会参与的过程，也需要直面汽车、产业及基础设施等发展中的问题。保护规划是一种局部的规划形式，应提倡把公共干预作为控制社会和经济进程的主要机制。但是，把经济生产力和保护过程联系在一起，以及确保维护和保护周期可持续性等观点都没有得到充分认识。

2. 文化多样性思想的影响

《华盛顿宪章》之后的几十年都没出现历史城市的国际性文件，讨论却日渐激烈，说明“欧洲中心主义”的遗产保护框架引起了全世界范围的深刻反思（Francesco Bandarin & Ron Van Oers，2012）。

澳大利亚——文化重要性场所：1979年ICOMOS澳大利亚《关于保护具有文化重要性场所的宪章》——《巴拉宪章》，提出了“具有文化重要性场所”的概念，区分了拟保护的价值和场所本身，提出“保护的目标是保护该场所的文化重要性”，持续的用途是具有文化重要性场所的主要特征之一。

巴西——活态遗产的社会价值：1987年ICOMOS巴西《伊泰帕瓦宪章》提出，不仅把城市看作拥有建成和自然特征的有形的人造物,同时还把它们看成是由其间的“居住者”的经验所组成的一个“活态的”遗产。居民和传统行为很重要，复兴是连续和永久的过程。城市遗产的社会价值优于其市场价值。

日本——地方文化环境的真实性：1992年UNESCO将文化景观的概念纳入《世界遗产公约》。1994年ICOMOS在日本奈良召开会议，专家学者受日本神社的“造替”制度启发，通过了《奈良真实性文件》：把遗产定义为文化多样性的一种表现形式，遗产源自各自的文化环境，也就是真实性。2000年ICOMOS日本《关于保护日本历史城镇和聚落的宪章》——《马奇纳米宪章》提出，人们“保护历史城镇的目的不是将房屋及其周边景观作为物质对象保存下来，而是要试图重建当地居民日常生活与当地建筑和周边环境之间的关系”。这种延续历史的保护行为，包括用新材料替换腐烂的旧材料的传统技艺，而这种传统技艺本身就是过去不断新旧交替、循环往复的过程所产生的文化遗产，需要继续传承。此外，技术、习俗和整套的价值体系，也是当地生活和每年传统活动的组成部分。它强调了特定的文化环境的重要性。

中国——历史地区环境：2005年ICOMOS中国《关于保护历史建筑、古遗址和历史地区的环境》——《西安宣言》强调了保护遗产周边环境的必要性，既包括了物质空间环境，也包括了非物质文化环境。

加拿大——场所精神：2008年ICOMOS加拿大的《场所精神的保存》——《魁北克宣言》对场所精神进行了再思考，认为场所精神由有形元素（场址、建筑物、景观、路径、对象），与无形元素（记忆、口头叙述、书面文件、仪式庆典、传统知识、气味）构成，同一场所可以拥有数种精神，且由不同群体共享。

作为在全球背景下尊重各民族、各地区文化多样性的国际性引导，UNESCO于2001年通过了《世界文化多样性宣言》，2005年通过了《保护和促进文化表现形式多样性公约》，以宣告文化多样性的意义。与此同时，2003年UNESCO通过了《保护非物质文化遗产公约》，旨在强调对非物质文化遗产的保护；2004年又通过了《保护物质和非物质文化遗产综合方法大和宣言》,旨在推动自然和文化遗产综合性的保护方法。

这些文件成了“历史层积属性”、“文化景观”、“地方文化多样性”等概念的认识基础，并为“历史性城镇景观”的提出做好了铺垫（图2.3）。

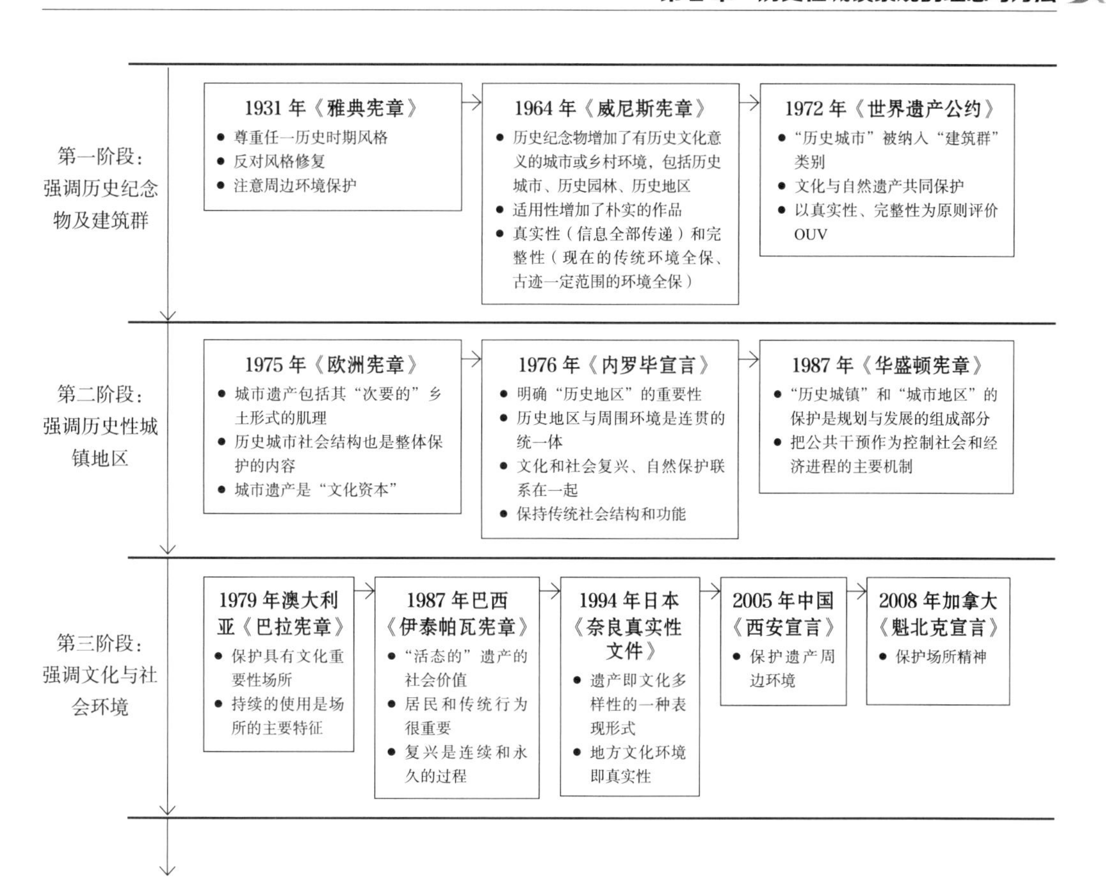

图 2.3 遗产保护运动的发展

（图片来源：作者自绘）

2.2 历史性城镇景观的概念提出

2.2.1 维也纳备忘录的文件出台

由维也纳高层事件所引发的对城市遗产保护与当代发展需求的广泛探讨，促成了历史性城镇景观相关文件的出台。这一新概念的提出是遗产保护界在过去几十年中对保护与发展问题反复讨论的结果，标志着对活态遗产保护理念的变革。

1. 维也纳高层事件

奥地利首都维也纳是欧洲中世纪三大城市之一，曾是神圣罗马帝国、奥匈帝国、奥地利帝国的首都，是哈布斯堡王朝的统治中心，至今，城市地位显赫，在 1974 年成为联合国会议城市，具有重要的国际影响力。

维也纳内城，有大量始建于中世纪的建筑艺术精华，很多优秀的巴洛克式、哥特式和罗马式建筑汇聚于此，例如，具有 138 米高锥形尖塔的圣斯蒂芬大教堂（Stephans Dom）始建于 12 世纪末，是仅次于乌尔姆教堂和科隆大教堂的世界第三高的哥特式教堂。始建于 1696 年的霍夫堡宫（Hofburg）建筑群以及巴洛克式的皇家庭院是哈布斯堡王朝的宫苑所在，与美泉宫和美景宫一起，构成了欧洲极富代表性的宫殿建筑群。霍夫堡新老皇宫连接处的礼仪大厅，现被联合国和其他机构用来举行大型会议和宴会。

图 2.4　维也纳市政厅 98 米主塔楼

（图片来源：作者自拍）

19 世纪末，按照卡米洛·西特的设计，维也纳老城外围的绿带中陆续新建了很多具有仪式性轴线的重要公共建筑，维也纳的环城大道成为当时新旧肌理融合共生的经典案例。例如环城大道边高达 98 米的维也纳市政厅（图 2.4）、城堡剧场，以及分列两侧的维也纳大学与国会大厦共同组成的建筑群，玛利亚·特蕾西亚广场（Maria Theresia Plaza）周围的自然史博物馆、艺术史博物馆、维也纳艺术馆等，与霍夫堡宫的英雄之门所形成的轴线景观。这些新哥特风格的建筑及其组合关系，与环内的历史建筑及纵横交错的街道肌理，构成了和谐的整体景观。尤其是维也纳市政厅 98 米的主塔楼，在非宗教建筑不允许超过 100 米的 19 世纪晚期，成为世俗建筑的一个制高点，并成为欣赏

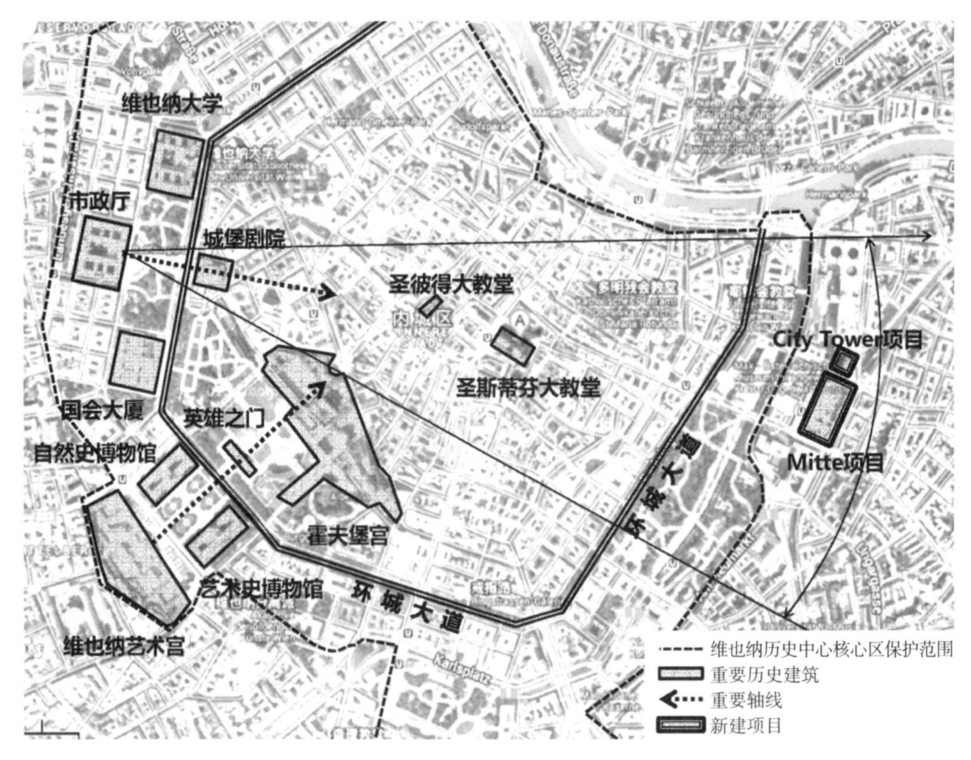

图 2.5　维也纳历史中心重要的历史文化遗产

（图片来源：作者自绘）

维也纳内城优美的城市轮廓线的重要观景点，从这里向东俯瞰维也纳内城，其核心焦点是 138 米高的圣斯蒂芬大教堂的尖塔和极具特色的彩色屋顶，以及作为前景的圣彼得教堂的绿色穹顶。而这个城市轮廓体现了维也纳自中世纪以来一直保存完好，即使在 19 世纪末的欧洲城市更新运动中依然未受破坏的城市景观（图 2.5），因此作为维也纳内城的标志性景观，被多次作为城市名片，出现在国际会议相关的邮票上正式发行。图 2.6 所示，从左至右分别为 1965 年奥地利为维也纳国际集邮展览发行的一套 8 枚纪念邮票中的一枚；1983 年奥地利发行的国际同济基金会（International Kiwanis）的纪念邮票；1985 年奥地利发行的国际货运代理协会联合会 FIATA 的纪念邮票。

图 2.6　奥地利分别于 1965 年（左图）、1983 年（中图）、1985 年（右图）发行的邮票

（图片来源：http://blog.sina.com.cn/s/blog_6ce4c4130100nq98.html，检索日期 20180927）

1991 年，维也纳政府开始启动“中心区发展项目”，涉及一处由私人开发商投资建设的高层办公楼及购物餐饮等多功能的城市商业综合体，该项目与轨道站点复合开发，是城市快铁、地铁 U3 线、机场 CAT 快铁的换乘枢纽，并配备了 500 个 P+R 停车位，是当时维也纳内城最大的开发项目。原址是始建于 19 世纪 50 年代的 Hauptzollamt 老火车站和铁路上盖的市场大厅，在 1899 和 1901 年为了连接地铁分别进行过改造，在 1975 年联通国际铁路后，这里正式更名为 Wien-Mitte 站（龚晨曦，2011）。

但是，这个位置属于维也纳历史中心 2000 年制作的申报材料中的保护缓冲区。2001 年在审议维也纳历史中心申遗材料时，委员会就已经注意到这个竞赛获奖项目可能对历史城镇景观的破坏，要求维也纳方面自己先审查一下。尽管在 2002 年 4 月刚被采纳的《规划与高层建筑评估导则》明确禁止在特殊保护区、景观区、重要景观轴和其他重要的保护区内建高层建筑，但是 Wien Mitte 项目恰恰却没有遵守规定，而且开始建设。

世界遗产委员会责令维也纳政府在 2002 年 10 月 1 日之前解决这一问题，否则将把维也纳历史中心从 UNESCO 遗产名录上撤下来，并严禁在缓冲区内再进行任何大规模再开发活动。2002 年 9 月维亚纳政府答复说会尽量减轻高层建筑带来的负面影响，但项目仍将继续。而且，非常遗憾的是，旁边就快完工的维也纳城市中心 Vienne-City

Tower（现在是维也纳商业法庭）就已经有 87 米高了（Decision：CONF 202 21B.35，UNESCO，2002）。2003 年世界遗产委员会第 27 届大会最终审议了高层建筑规划方案，认为该规划会对城市遗产造成破坏。2003 年 4 月 10 日的最终报告提出，就算开发商具有开发权利，但也必须重新做方案，尤其需要修改高度减少容量。之后维也纳市政府开始重新进行国际竞赛方案征集工作，研究新的不影响历史景观的建筑形式（Decision：27 COM 7B.57，UNESCO，2003）。2003 年 10 月，新确定的方案经过了公示，并递交世界遗产中心主任审查。2004 年 1 月 27 日，奥地利政府正式提交了报告，新设计的建筑不超过 35 米，具有椭圆形外观，比之前设计的建筑要低 70 米。大约包含 92000 平方米的可租赁面积和 61000 平方米的办公面积（龚晨曦，2011）（图 2.7）。这个方案最终被采纳，并且由于这个项目引起了广泛关注，这种积极的影响被认为是世界遗产保护史上的巨大成功（Decision：28 COM 15B.83，UNESCO，2004）。

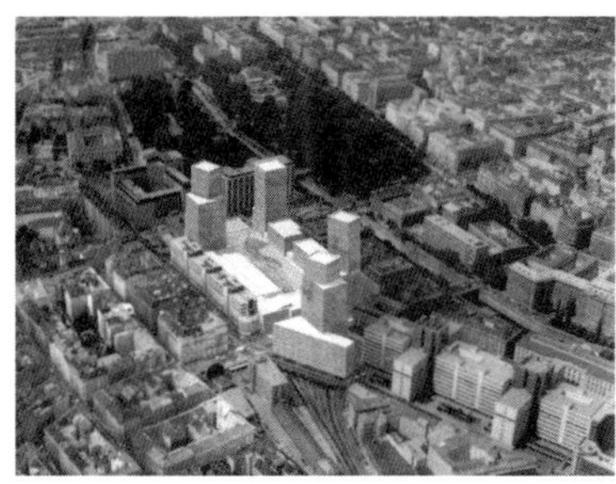

图 2.7　2002 年拟建的 Wien-Mitte 项目方案（左图）和 2005 年调整后的方案（右图）

（图片来源：https://www.engageliverpool.com/wp/wp-content/uploads/2017/10/Minja-Yang-slides-01.11.17.pdf，检索日期 20180927）

2010 年 11 月 5 日，奥地利邮政发行一枚世界文化遗产邮票，主题为维也纳历史中心，同样采用了这一著名景观视角，与之前不同的是，其中赫然增加了 Vienne-City Tower 这栋高层建筑（图 2.8），而没有看到 Wien-Mitte 的高层（图 2.9）对其造成进一步的破坏。

图 2.8　2001 年维也纳城镇景观（左图）和 2010 年 11 月发行的维也纳历史中心邮票（右图）

（图片来源：http://www.chinanavigation.org/historic-center-of-vienna，检索日期 20180927
http://www.colorofstamp.com/2012/02/historic-old-town-centre-of-vienna.html，检索日期 20180927）

图 2.9　2016 年从维也纳环城大道上看 Wien-Mitte 项目

（图片来源：作者自拍）

2. 关于历史性城镇景观的四个重要文件及意义

● 2005 年的《维也纳备忘录》(Vierma Memorandam)

2005 年 5 月，世界遗产中心等专业机构在维也纳联合召开了关于“世界遗产与当代建筑：管理历史性城镇景观”的国际会议，并讨论形成了《维也纳备忘录》(Vierma Memorandam)，首次以“**历史性城镇景观 Historic Urban Landscape (HUL)**”这一专门术语来讨论历史城市面临的当代开发压力问题。

2005 年 7 月，世界遗产委员会在南非德班举行的第 29 届大会上，审议通过了《维也纳备忘录》; 2005 年 10 月，UNESCO 在第十五届世界遗产公约缔约国大会上通过了《保护历史性城镇景观的宣言》，要求缔约国在保护和提名世界遗产时，综合考虑《维也纳备忘录》中所确定的历史性城镇景观的保护原则。

此后，在 2006—2010 年期间，世界遗产中心及相关国际组织密集开展了针对“历史性城镇景观”的国际和区域性学术会议。通过多次讨论，形成了关于历史性城镇景观的概念、方法和工具的核心思想。其中涉及三个重要的认识，即历史性城镇景观是历史层积累加、自然与人工环境互动的结果；应直面当代建筑的影响；应考虑经济发展中城市功能的转变。

很多保护领域的专家也同时表达了对历史性城镇景观的忧虑。反对的声音主要包括几个方面：第一，所有有形和无形的要素中如何判定哪些可变哪些不可变，哪些需要保护，那些可变的部分应如何管理；第二，过于强调变化的必然性，会引起保护责任的相互推诿。与此同时专家们也达成了一定共识，即清晰地认识到历史城市所具有的复杂性，历史性城镇景观涉及有形的城市景观和无形的城市文脉等广泛的内容，有必要利用管理的工具进行协调。

● 2009 年的《将历史性城市景观纳入 < 操作指南 > 的报告》

2009 年 6 月在塞维利亚召开的世界遗产委员会第 33 次大会上，世界遗产中心发布《关于拟定保护历史性城镇景观建议书的进度报告》，要求召开专家会议讨论将“历史性城镇景观”纳入《实施“世界遗产公约”操作指南》（简称《操作指南》），以提供更好的工具应对世界遗产城市所面临的挑战。2009 年 12 月，专家会议在巴西里约热内卢召开，会议形成了《将历史性城市景观纳入 < 操作指南 > 的报告》，这份报告中首次提出**“历史性城镇景观方法 Historic Urban Landscape Approach”**，也被称为“行动纲领”。

其中指出，历史性城镇景观需要因地制宜地找出适合当地的方法，其关键性的步骤可能包括，但不仅限于：第一，对历史城市的自然、文化和人文资源进行普查并绘制分布地图；第二，通过参与性规划以及与利益相关方磋商，就哪些是需要保护以传于后代的价值达成共识，并查明承载这些价值的特征；第三，评估这些特征面对社会经济压力和气候变化影响的脆弱性；第四，将城市遗产价值和它们的脆弱性纳入更广泛的城市发展框架，这一框架应标明在规划、设计和实施开发项目时需要特别注意的遗产敏感区域；第五，对保护和开发行动排列优先顺序；第六，为每个确认的保护和开发项目建立合适的相应伙伴关系和当地管理框架，为公共和私营部门不同主体间的各种活动制定协调机制。

这六条行动纲领是最低标准，适用于世界上大多数但非所有的历史城市，未来，将在不同地理文化背景上进一步研究历史性城镇景观方法的适应性以及更为具体的方法，这些方法有可能是对适应当地环境的传统手段的借鉴，也有可能是对具有时代背景的新技术的创新。

- 2011 年的联合国教科文组织《关于历史性城市景观的建议书》

2011 年 11 月 10 日，联合国教科文组织大会通过了《联合国教科文组织关于历史性城市景观的建议书（包括定义汇编）》（第 36C/41 号大会决议），当时的中文译稿将其翻译为“城市历史景观”。这一文件从三个方面阐述了历史性城镇景观的概念。

第一，给出了明确的定义。城市历史景观是文化和自然价值及属性在历史上层层积淀而产生的城市区域，其超越了“历史中心”或“整体”的概念，包括更广泛的城市背景及其地理环境（第 8 段）。上述更广泛的背景主要包括遗址的地形、地貌、水文和自然特征；其建成环境，不论是历史上的还是当代的；其地上地下的基础设施；其空地和花园、其土地使用模式和空间安排；感觉和视觉联系；以及城市结构的所有其他要素。背景还包括社会和文化方面的做法和价值观、经济进程以及与多样性和特性有关的遗产的无形方面（第 9 段）。

第二，界定了与之前颁布的国际文件中用词的关系。为了更清晰的阐述历史性城镇景观与其他文件中所提出的概念的关系，该建议书后面专门附加了定义汇编，其中涉及：历史区域 / 城市（Historic Area/city）、历史城区（Historic Urban Area）、城市遗产（Urban Heritage）、城市保护（Urban Conservation）、建成环境（Built Environment）、景观方法（Landscape Approach）、环境（Setting）、文化意义（Cultural Significance）。这些出自之前颁布的国际文件中的专业用词，在这里得到了很好的延续，也同时表明，历史性城镇景观涉及对历史区域 / 城市、历史城区及其环境的保护，更注重城市遗产的文化意义，借鉴了景观的方法，是种更宏大的城市保护的理念。

第三，阐述了历史性城镇景观的提出背景，以及在遗产保护观念上的变化。建议书中阐述了全球化、城镇化、环境问题等对城市遗产的挑战，也承认了“城市发展正在改变许多历史城市的本质”的事实。在前言部分，表明了历史性城镇景观所涉及的对城市遗产认识的几个根本变化，即承认历史的层积性、承认活的动态性、承认发展的重要性。

● 2015 年的《实施世界遗产公约操作指南》

2015 年 7 月 6 日，世界遗产委员会重点审议了本届大会《实施世界遗产公约操作指南》（2013 版）工作组起草的修改《操作指南》的决议草案。最终确定将历史性城镇景观作为一种文化遗产的保护方法，而非一类新的世界遗产类型，纳入《操作指南》中，以指导世界遗产地提名、登录、保护与管理工作（邵甬，2015）（UNESCO，2015）。

在 2015 版的操作指南中，对于世界遗产的类型，仍然延续之前的文化和自然遗产、文化和自然混合遗产、文化景观、可移动遗产（不申报）四类，在附件 3《特定遗产类型列入 < 世界遗产名录 > 指南》中明确将文化景观、历史城镇和城镇中心、遗产运河、遗产线路列入《世界遗产名录》，并没有新增历史性城镇景观的内容。在操作指南最后的参考文献部分，除了延续此前版本的“基础文件”一类，又新列了“战略性文件”、“世界遗产资源手册”、“世界遗产评论”、“世界遗产系列论文集”和“一般引用及主题引用”五类。其中 2005 年的《维也纳备忘录》被列入战略性文件，可见，历史性城镇景观是一种对既有的世界遗产保护对象所提出的战略性的保护目标与理念，既非一种新的世界遗产类型，也非明确而具体的保护方法。

2.2.2　历史性城镇景观的概念解析

历史性城镇景观的概念本身体现了三层意义：**历史性**强调历史的意义或价值的诉求，反映在对真实性与完整性的求证上，即时性片段随时间的客观层积累加。**城镇化**强调动态的过程，具有当代的意义，历史城区是城市建成区的组成部分。**文化景观**的普遍联系与互动意义，即不再强调孤岛化的边界，强调人与环境的互动与演变的过程。

1. 历史性 Historic

历史“History”一词，在英语中有两层含义：一种是指过去曾发生，但在今天已经不重要的人或事；另一种是指对过去发生的人和事进行挖掘、记录、学习、整体性考虑的研究行为（剑桥英文词典）。前者具有即时性片段的意思，而后者是一个长期动态的人为加工与历史参与的过程，因此从历史哲学的角度看，历史审视的过程被称为是“推测性的”（Jukka Jokilehto，2010）。所以“Historic”一词不仅仅指已经成为过去的旧人旧物旧事，更是指那些关乎特殊意义，并赋予其价值的，对历史学科具有重要意义的资源。

2. 城市属性 Urban

西班牙规划师伊尔德方索·塞尔达（Ildefonso Cerdà）以 1859 年的巴塞罗那总体

规划著称，他将自己规划塞尔达平面（Plan Cerdà）的工作类型，取名为“Urbs”，这个源自拉丁文的词汇，具有乌托邦（Urbum）或开荒的意思。后来被罗马人用于形容“一种循着环境的边界进行的开拓”，之后才演化出“Urbanism”一词，并具有两种含义：一种是指从原来的开阔荒地变成建成区的过程，即“城镇化”的意思；另一种是指需要做城市规划的地区，不包括开阔领域，即“都会地区”的意思。前者被发展成为“Urbanized”一词，强调城市地区应包含建成区周围的开阔领域，并且这些开阔领域也在城镇化的进程中逐步变成城市的新功能区。由此发展而来的城镇“Urban”一词的概念，本身具有动态发展与演进的含义。

“镇 Town”与“村 Village”是个相对的概念，镇“Town”具有建围墙或圈地的意思，后来逐渐从村“Village”的概念中分离出去。村“Village”一词反而是从“Villa”别墅一词演化而来，“Villa”指一种意大利的乡村住宅，村庄“Village”被定义为一种比镇小的人类聚居场所。

“城 City”一词从拉丁文的“市民 Civis”演化而来，指城市环境中的居民点。在中世纪的使用中，城市“City”一词又与“有天主教堂的镇 Civitas”相关，用以区别其他普通镇。主教划分了“教区 Metropolitan”的属地，因此“教区 Metropolitan”也被称为“都会 Metropolis”。

19 世纪工业革命之前，城镇村的空间形态相对稳定，因此这些概念也相对清晰，而城镇人口的激增带来的城市建成区的快速拓展，使城、镇、村的概念开始泛化（Jukka Jokilehto，2010）。例如，原来在城市边缘的城郊（Suburban）部分，特指介于乡村和城市之间，以居住功能为主，但没有城市中心区的公共服务水平的城乡接合部，以及原来为城市居民提供农副产品的乡村郊野环境，在城镇化的进程中，通过多年的建设，这些地区已经能够提供大量公共服务，成为高品质的建成区了。城镇化的进程造成了城镇（Urban）与城镇环境（Urban Setting）的关系重组，也反映为城、镇、村在空间体系上的角色变化。

在城镇体系变化的过程中，历史城区与其城市环境在历史价值上是同等地位，而且经过长期演变形成了文化景观，反映了当地的历史和文化特色，但由于城镇化速度过快，缺乏适当的规划应对，造成农田被改成工业或仓储用地，传统的居民点丢失了那种具有较好的城郊型特色的乡村本质，甚至在对开阔领域的蚕食中导致了低品质、缺乏公共服务设施的贫民窟。快速城镇化的背景下，原来的“城市环境”地区在历史价值上的地位被严重低估，各种破坏接踵而来。

3. 景观 Landscape

对景观一词的现代表达还要追溯到 16—17 世纪的荷兰风景画，意思是“绘画要表达陆地（Inland）的景观（Landscape）”，与之相对应的是“海洋景观（Seascape）”。

1962 年 UNESCO 采纳了《关于景观和场地的建议书》，提出对景观和场地（Landscapes

and Sites）的保护应“覆盖到人工环境的整体，包括城市景观和场地等在内的由于建房子和土地投机所造成的最受威胁的地区，临近古迹的地方要特别予以保护”（UNESCO，1962）。这个建议书提出“对景观和场地的保护，既要预防又要矫正。补救措施包括修复被破坏的地方，并且尽可能的保存他们的原始条件。”因为这个政策的制定在 40 多年前，所以它还是沿用了 20 世纪 60 年代的静止思维，把景观看成一幅画，并且按照历史纪念物的方式来对待和保存。

20 世纪 70 年代，在环境生态学的影响下，景观的概念有所发展，被定义为“存在于一定时期的，个体或社会对地形上界定的某一领域之间的大量的关系的形式表达，这种表达表现为历经时间，自然和人的因素以及人与环境的相互作用的行动的结果（Council of Europe，1995）。”1995 年欧洲委员会建议将文化景观的保护整合进景观政策的部分，而不是像 1962 年 UNESCO 那样，把景观作为一些重要的部分。自此景观不再是静态的物体，环境被视为一个动态的系统，包含了自然和文化的要素，在一定的时间和空间下相互作用，这种相互作用包括了居民、社区和遗产之间的即时的或长期的，直接的或间接的影响。总而言之，需要把景观当作一个整体的保护和管理的复合政策，考虑“与这个领域相关的各种文化、美学、生态、经济和社会利益”。

1992 年，WHC 决定在《操作指南》中引入“文化景观”的概念。现在，文化景观被定义为“人类和自然的共同杰作”，并被当作“在自然约束和 / 或自然环境持续的与社会经济文化发展所带来的内部和外部的机遇条件的影响下，人类社会和居民点长时间演变的印证”。文化景观可以被设计，可以有机的演变或相互关联，可以包括城市地区和居民点。按照其中推荐的分类，城市地区被理解为既是被设计的，又是有机演变出来的。而作为“有机演变”这个类别，可以进一步理解为一种在过去某段时间曾经停止发展的地区，以及那种正在面临变化并依然是活的地区。也就是说文化景观不仅仅是一幅画了，而是建立在文化、经济、社会等一套复杂的标准体系之上（图 2.10）。因此，审美仅仅是一个维度，而且也不是最重要的。相反，这个领域里面有了考古学和历史层积的意思，而且这个领域由很多不同历史时代的人组成，同时也受环境变化的影响，如气候、植被等（Jukka Jokilehto，2010）。

图 2.10　莱德尼采 – 瓦尔季采文化景观

（图片来源：作者自拍）

2004 年的《欧洲景观公约》（The European Landscape Convention，ELC）明确指出景观，无论是城市或乡村的，是衰败地区或高尚地区的，是风景名胜或是日常生活的，都是欧洲自然和文化遗产的基本元素；对景观的保护和管理，有助于地方文化的形成以及促进人类繁荣和巩固欧洲特征。该公约中，对景观特征（Landscape Character）的强调，取代了传统认识中占主导地位的景观美学（Landscape Atheistic）的观念（图 2.11）。

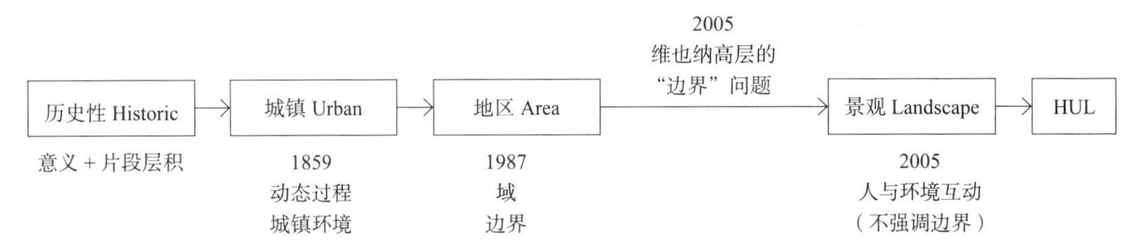

图 2.11　历史性城镇景观概念产生的背景示意

（图片来源：作者自绘）

在中文里，景观有一种先入为主的文化建构的概念，包含了既有的自然环境，但通常又在文化层面上被描述和分类（Ron Van Oers，2012）。因此中文的“景观”与“文化景观”中所指的含义有所不同，难以反映文化景观中的“相互关联”的意思，因此造成了理解上的困难，这种情况在日本也同样存在。

2.2.3　国内研究综述

1. 遗产保护的角度

2008 年，UNESCO 世界遗产中心的景峰主任，将联合国教科文组织《关于保护城市历史景观的建议》及其历史性城镇景观的意义向风景园林师、规划师、决策者推广，他认为历史性城镇景观不仅补充和更新了现有的关于保护城市历史景观的准则文件，而且更重要的是考虑将当代建筑融入城市历史景观中（HUL 在该文中的中文释义）。这一新的保护准则并不局限于世界遗产城市，而是涵盖全球所有历史城市（景峰，2008）。

2008 年，张松教授的硕士研究生杨箐丛，在其硕士论文《历史性城市景观保护规划与控制引导》中从自然景观特色维护、历史城市空间形态保护、历史城市中当代建筑设计三个方面入手，对历史性城市景观（HUL 在该文中的中文释义）的保护规划和控制引导进行了探讨（杨箐丛，2008）。

2011 年，张松教授、镇雪峰回顾了历史性城镇景观提出的过程和相关国际会议批判性探讨的要点，分析 HUL 的理念及其内涵，在解读 UNESCO《HUL 建议草案》的基础上，讨论历史性城镇景观的保护理念及整体性保护的方法对我国历史文化名城保护管理规划的借鉴意义，并提到“城市保护”的概念（张松等，2011）。

2012 年，张松教授受历史性城镇景观理念的启发，提出在我国历史文化名城保护中，对历史城区运用“景观的方法”，进行整体性保护（张松，2012）。

2013年，Ron和周俭教授指出，历史性城镇景观是一种更新后的遗产管理方法，其出发点是承认并确认任何历史城镇都具有层级积淀的价值，并需要结合不同学科对城镇保护过程进行分析和规划，从而在现代城市的规划和发展过程中避免这些价值被分离。换言之，历史性城镇景观方法寻求的是在所有的当代城市中，对历史街区和新城、城市保护和城市发展，以及不同文化传统和社会经济发展之间联系的重新构建。其中指出了“城市保护”对应于“城市发展”，成为继历史城区HUA保护之后的更宏大的“保护”，或者更准确地说是“管理”的理念（Ron Van Oers等，2013）。

2. 城市空间与景观的角度

从发展演变的角度：历史性城镇景观是一种对城市空间从时间连续性的角度对空间连续性的价值甄别，其背后的形成机制是HUL方法的关键所在。它既是一种识别角度，也是一种价值观，同时又是一种空间形成的机制。它可以用来建构一系列的技术方法和多样化的管理机制，其应用的空间范围包含但不限于历史街区、历史地段、历史城区和历史中心，这种方法可以应用于所有与一个城市演变有关的空间管理（Ron Van Oers等，2013）。因此，历史性城镇景观不仅是遗产保护方法的更新与拓展，而且是对城市空间如何发展演变的一种认知理念和一种价值识别的方法，并且不仅适用于遗产，而且适用于所有与演变有关的城市空间。

从价值认知的角度：2011年，吕舟教授的硕士研究生龚晨曦，在其硕士论文《粘聚和连续性：城市历史景观有形元素及相关议题》中提出有形元素作为城市历史景观（HUL在该文中的中文释义）构成的重要部分，其含义既包含自身，也暗示与无形元素的关联，同时它们之间也存在粘聚和连续性。对粘聚和连续性的认知，是对城市遗产价值认知的拓展，是对物质空间的有形元素与社会文化等无形元素之间的关联意义的全新解读（龚晨曦，2011）。

从研究方法的角度：2010年，陶伟等提出历史性城镇景观的理念和方法以城市形态的认知为基础。他通过梳理与探讨以康泽恩为代表的城市形态学流派所提出的城镇景观保护与管理的方法和政策框架，为历史性城镇景观提供了一个实质性的研究框架，明确了城镇景观的分析要素——物质形态、社会团体、城市历史、发展过程（陶伟等，2010）。

3. 城市规划的角度

2015年2月在澳大利亚巴拉瑞特（Ballarat）举行的关于UNESCO推荐的HUL第二届国际研讨会上，来自规划咨询公司的规划师Jason Forest在题为《是综合系统中的一个插件还是彻底的思想变革？》的演讲中，提出历史性城镇景观实际上与城市规划在做一样的事情，因为他们都要在“城市环境”中管理“变化”，他认为HUL只是规划师在考虑城市发展的若干问题当中的部分内容的汇总。从战略规划层面看，操作顺利的规划和HUL是相似的，例如有公众参与、分析城市环境、聚焦于管控变化、多专业多部门的协调整合，但是现实并不完美，例如在草案之前的咨询工作比较有限，在规划评审中因为妥协丢了一些好的想法。而且，HUL 的方法在实际使用中，存在一定的挑战，例如时间或资金有限，评审团对 HUL 的内容不太友好，发起人不感兴趣，或者有部门插手，难以找到共赢的方案等。在法定审议过程中，还会出现法定程序不能完全公开，过多需要平衡的利益关系，或是只有有限的选择余地等。

2014 年 12 月在同济大学的亚太中心 WHITRAP 组织的 HUL 国际研讨会上，很多规划专家也提出了对 HUL 理念的一些质疑，因为 HUL 方法本身与目前中国城市规划及城市保护实践的方法大相径庭，HUL 的益处在于它对观念的挖掘更深入，在方法上更多考虑物质背后的需求，强调公众参与。

2.2.4 历史性城镇景观的核心思想

历史性城镇景观以理解并尊重地方文化为前提，以促进和平与发展为目标。

● 以“软法律”的方式在全球施行

历史性城镇景观作为 UNESCO 通过的《遗产公约》内容的一部分，以“软法律”的方式在各个缔约国内实施推行。UNESCO 成立于 1946 年，其宗旨是促进教育、科学及文化方面的国际合作，以利于各国人民之间的相互了解，维护世界和平。因此，在当今倡导文化多样性，通过加强相互理解，促进世界和平、避免战争的国际语境下，历史性城镇景观概念的提出，是对世界文化与共同发展的积极响应。

● 以提升人类生存环境品质为出发点

历史性城镇景观的根本出发点是要维持人类生存环境的品质，在承认其动态性质的同时提高城市空间的生产效用和可持续利用，以及促进社会和功能方面的多样性。历史性城镇景观方法将城市遗产保护的目标与社会经济发展的目标相结合，追求城市环境与自然环境之间、当代需求与后代需求之间的平衡关系。

● 将文化作为推动发展的资源

历史性城镇景观将文化多样性和创造力看作是促进人类发展、社会发展和经济发展的重要资产，因此，当代的干预行动需要与历史背景下的遗产和谐地结合在一起，并且考虑地区环境，借鉴地方社区的传统和看法，同时还要尊重国内和国际社会的价值观（Francesco Bandarin & Ron Van Oers，2012）。

2.3 历史性城镇景观的实践和方法

2.3.1 运用历史性城镇景观理念的早期实践

1. 1955 年阿西西城改造

乔瓦尼·阿斯腾戈（Giovanni Astengo）在 1955 年做的阿西西城（Assisi）的规划

被认为是最早利用历史性城镇景观理念的规划实践（Jukka Jokilehto，2010）。在此之前，历史中心的保护与城市的发展被区别对待，而阿西西城的实践，创造性地将历史中心和城镇景观作为同等重要的艺术作品来对待，而农业化的外围背景也被当作一种艺术成就来看待。这个成功的案例，证明了城市新建的各个部分的布局完全可以与历史城区及周围人工化了的自然景观融为一体。具体的方法就是对历史中心和周边景观的保护规划与发展规划两者之间分别作出调适，通过城市设计实现新旧融合，协调保护与发展。

阿西西城建在苏巴修山（Mount Subasio）的半山腰上，建筑群体的景观效果非常突显。主建筑群横卧在圣普菲诺山（San Rufino hill）上，位于老城两头的圣弗朗茨斯科（San Francesco）修道院和桑塔齐雅拉（Santa Chiara）修道院构成了两个显著地标。从南面看整个城市与山融为一体，像个巨大的台地，由长长的阶梯状围墙所界定，这圈围墙汇聚到西侧作为防御要塞的神圣修道院（Sacro Convento），建筑群遮掉了山体一侧的部分绿化环境，重新塑造了山脊线，远看就像给 Rocca 要塞加了个皇冠，东侧则通过诺法广场扩展出一些开放空间，形成马鞍型的形态，整体与苏巴修山丘融为一体。

整个场景并不仅仅因为山形或建筑群本身而形成特色，而是通过自然山形和建筑群的和谐共存的景观，以及建筑的色彩、光影、房子和中世纪的塔楼、广场以及著名的纪念物等共同构成了这个画面，才形成了特色。建筑物独特的琥珀色石材是由山上的粉色石头加工而成，再加上赭石色的砖头以及清澈而多变的光线，所有的场景看上去具有油画般的质感。

阿西西城由于具备了三个重要因素，使之形成了具有独特魅力的风景画般的效果：首先，最重要的一点是阿西西城具有与众不同的景观场景，以整体性的外观构成了一种独特视角的瞭望景观，例如长长的阶梯状围墙串联起不同的景观要素，然后又将视觉焦点凝聚于东西两个修道院塔楼所形成的地标上；第二，主体景观的旁边还有一组马鞍型的建筑群作为陪衬，使主体景观更加突出；第三，妥善处理光线、色彩、不同的材质，使之形成整体协调的画面。

另外，城市规划也在其中发挥了重要作用。规划认可了城市建设区和郊野地区之间具有不可动摇的关联性，并在详细规划设计中将两者融合起来，尤其是在围墙外两公里左右的范围内布置了若干有活力的新建筑。同时，对于郊野地区，由于受农业经济下滑的严重影响，规划还提出了通过经济手段维持农业模式的方案，以创新性的项目增强了历史遗产的总体价值。规划还在两头的修道院分别增设了停车场。另外，城镇边缘区的拓展也遵循了传统布局模式，新建部分也延续了历史所形成的水平曲线。通过这些设计手法，新建的部分与历史城区形成了和谐共存的整体。

2. 1964 年乌尔比诺总体规划

意大利建筑师德卡罗，是 CIAM 最年轻的成员，也是 Team10 的创始人之一，生前就职于威尼斯建筑学院，管理期刊《空间与社会》，创建了国际建筑和城市设计实验室。他在1964年为意大利文艺复兴小城乌尔比诺（Urbino）做总体规划，其中新的大学建筑被和谐地融入到整个城市景观中。他在历史中心插入新的要素，通过新建的方式来干预历史遗存的环境，并成功地获得了整体环境的和谐。

德卡罗在乌尔比诺的规划方法和阿西西城有所不同，景观和历史中心之间保持了重要的关系，通过历史中心的建筑设计规则和谐的运用于新建部分的组成模块中。他认为，在乌尔比诺的城市中一种新的景观被建立起来，其中每个组分都被控制着，形成了一种既有特色又新旧平衡的城市意向。在此之前，历史肌理中插入异质元素的方式被认为是对遗产的破坏，但是这一实践很好的证明了，异质元素如果进行较好的设计干预，能够很好地融入历史肌理，而且随着发展演变，异质元素还将陆续融于历史肌理中。

德卡罗的方案既考虑了对历史中心的保护，也考虑了对周边领地的保护；既有异质元素的插入也有同质元素的插入。例如城市中的大学校园，就是在历史背景中“同质性Homogeneous”的插入新的内容，也形成了一种很好的整体性。德卡罗的方案强调不断变化中的城镇景观与历史中心之间始终保持和谐的关系，在既保持原有特色又不至于使新插入的内容过于突兀之间寻找平衡。他对新要素秉持一种积极应对的态度，而不是放任自流也不是完全禁止。德卡罗的这种折中态度与20多年对历史中心地区保护以及景观处理的主流方法对“更新Renew”的态度有关，也跟遗产随着人类聚居地的快速扩展，而不可逆的迅速消亡有关（Jukka Jokilehto，2010）。

德卡罗主张通过适当干预的手段来保护那些历史遗存，他并不拒绝发展的观念，主张对异质元素的插建进行严格管控，使历史城区更具有包容性。

3. 1967年博洛尼亚的整体保护

在乔瓦尼·阿斯腾戈的实践引领下，意大利出现了一系列重要的规划实践，Giuseppe Campos Venuti和Pierluigi Cervellati在1967年为博洛尼亚（Bologna）的历史中心所做的保护规划也是这方面的尝试。

博洛尼亚是意大利最古老的城市之一，有欧洲最古老的大学，直到19世纪初，都是欧洲保存最好的中世纪城市之一，尽管在第二次世界大战中遭受过大规模轰炸，博洛尼亚的历史中心仍有141.64公顷的规模。博洛尼亚拥有许多重要的中世纪、文艺复兴运动时期与巴洛克艺术的古迹，被誉为欧洲文化之都。

1955年博洛尼亚曾制定过一个规划，意图增加人口，搬迁市中心人口到北部郊区的新城。1960年，博洛尼亚在意共执政党的影响下，推翻前一个规划的思想，重新编制总规，并提出了三个重要原则：1）博洛尼亚不应发展过快，应充分利用现存的各项服务设施，无需进行新的、昂贵的城市建设；2）充分考虑低收入阶层的集合住宅规划；3）保护历史遗产与自然环境。需要特别指出的是，博洛尼亚在20世纪60年代提出的对发展速度的限制，主要针对当时房地产商在城市更新中推动房地产市场，导致历史中心“贵族化”的趋势，但其中“反发展”的思想理念，直至今日仍颇有争议。1967

年启动的博洛尼亚历史中心保护规划，延续了此前总体规划中"限制发展速度"的思想，首次提出了"把房子和人一起保护"，在全球范围内创新性的提出"整体性保护"的观点，即不仅要保护城市中的历史建筑、历史街区，还要保护完整的城市生活和人文生态环境，这一思想最终被纳入 1976 年 UNESCO 的《内罗毕宣言》。

博洛尼亚规划中考虑将人与房子一起保护，将次要建筑、自然环境同主要历史建筑一起保护的思想，是对原有遗产保护思想的重要变革。博洛尼亚将城市遗产以及产生城市遗产的整体环境作为一个系统一并保护，并且，对历史要素的保护不仅仅限于视觉和艺术特征的层面，而且涉及潜在的、物质的、社会的、经济结构的，以及更广泛的城市系统。这个城市系统是保持城市中心活力的源泉，需要一并保护。因此，在博洛尼亚的规划中拒绝博物馆藏品式的保护，坚持在使用中进行保护，通过使用来加强保护，这一创新性的思想对现代历史保护观念产生了深刻影响。

此外，博洛尼亚的保护规划中还提出了很多需要特别关注的方面，包括城市类型形态特征是未来进行干预的基础，通过政府基金资助的住宅修缮程序来维持原住民比例，为满足公共服务需求对历史建筑和纪念物进行适应性改造等。因此，直到今日，博洛尼亚的很多仍在使用中的公共服务设施，都是历史建筑再利用的产物，例如博洛尼亚大学中的主礼堂 Aula Magna，就是对历史建筑 Santa Lucia 教堂进行内部声学改造后的再利用。

2.3.2 历史性城镇景观方法

1. 历史性城镇景观的行动步骤

历史性城镇景观方法，利用一系列现有的规划及保护的工具，以及地方智慧下的创新工具，同时需要考虑不同的地方背景，并且会因地制宜的形成不同的地方管理办法，其关键性的步骤可能包括，但不仅限于：第一，对历史城市的自然、文化和人文资源进行普查并绘制分布地图；第二，通过参与性规划以及与利益攸关方磋商，就哪些是需要保护以传于后代的价值达成共识，并查明承载这些价值的特征；第三，评估这些特征面对社会经济压力和气候变化影响的脆弱性；第四，将城市遗产价值和它们的脆弱性纳入更广泛的城市发展框架，这一框架应标明在规划、设计和实施开发项目时需要特别注意的遗产敏感区域；第五，对保护和开发行动排列优先顺序；第六，为每个确认的保护和开发项目建立合适的相应伙伴关系和当地管理框架，为公共和私营部门不同主体间的各种活动制定协调机制。

历史性城镇景观方法所涉及的工具，包括了规划与知识的工具、社区参与工具、规范工具、金融工具等。

2. 历史性城镇景观方法的意义

第一，出于既有遗产保护方法的反思。历史性城镇景观及方法的提出和广泛讨论，是国际遗产保护界的专业自省，是对此前所运用的遗产保护方法的重新评估与反思。

第二，纳入了现有的各种方法。历史性城镇景观方法是将保护的所有方法纳入一个整体性框架的新方法，其中所有的规范性工具，是现代需求及理念自然发展的结果，同时也根植于城市保护的历史渊源中。

第三，是对原有方法的传承和整合。历史性城镇景观方法不是要替代现有的准则或保护方法，而是一种整合原有政策实践、准则及方法的工具，是由多样累积的观点和方法论共同构成的，是对过去一个多世纪的遗产保护传统方法的继承。

第四，尊重不同文化背景的习俗与价值观。历史性城镇景观方法所倡导的城市保护模式并非凭空产生，而是与当地的文化背景息息相关。

第五，是在开发当中谈保护。历史性城镇景观方法把城市遗产或历史城市当作一种未来开发的资源来对待，把城市遗产重新定义为城市空间发展过程的中心，不仅认可历史城市的地位，而且要使之成为未来发展的一大资源（Francesco Bandarin & Ron Van Oers，2012）。

历史性城镇景观方法，“旨在维持人类环境的质量，在承认其动态性质的同时提高城市空间的使用效率，促进其可持续的利用，提高社会和功能方面的多样性。该方法将城市遗产保护目标与社会经济发展目标相结合。其核心在于城市环境与自然环境之间、今世后代的需要与历史遗产之间可持续的平衡关系。”“历史性城镇景观方法将文化多样性和创造力看作是促进人类发展和社会经济发展的重要资产，它提供了一种手段，用于管理自然和社会方面的转变，确保当代干预行动与历史背景下的遗产和谐地结合在一起，并且考虑地区环境。”“历史性城镇景观方法需要借鉴地方传统智慧，同时也尊重国内和国际社会的价值观。”

历史性城镇景观方法是在既有的遗产保护方法基础上融入多学科内容的新方法，旨在指导历史城市的变化。它是基于对城市历史层积的分析研究以及自然与文化、有形与无形、国际化与地方化的价值认知与识别。按照这一方法，这些价值被作为整个城市管理和发展的出发点。从这个角度来看，历史性城镇景观方法提供了一种理解城市的新视角，它扩展了我们对历史环境的理解，有助于我们识别形成城市空间特色的那些复杂要素以及创造出这些要素的可识别性和场所精神。这些构成城市多样性的丰富层积需要被识别，并在遗产保护和城市发展战略中被加强。

2.3.3 历史性城镇景观的案例城市

正是由于历史性城镇景观倡导因地制宜的方法与理念，因此，UNESCO 于 2011 年开始，在各个缔约国寻求适应当地的具体方法与工具，希望通过实践探索总结方法。同济大学的亚太中心 WHITRAP 作为联合国在亚太地区常设的培训机构，承担着这一重要任务。亚太地区的案例城市包括了澳大利亚的巴拉瑞特、中国上海的虹口港地区、中国苏州吴江区、厄瓜多尔的昆卡、巴基斯坦的拉瓦品第、意大利的那不勒斯、荷兰的阿姆斯特丹等，这些城市都是在地方发展的大框架中融入历史性城镇景观的方法，并反映出不同的侧重点。

1. 巴拉瑞特（Ballarat）

历史层积研究：澳大利亚的巴拉瑞特是一个具有丰富历史层积的城市。城市周边的自然景观形成于 5 亿年前，当地的居民中还保留了一大部分原始土著，依然坚守着澳大利亚本土最原始的自然崇拜与传统习俗（图 2.12）。19 世纪维多利亚时期的淘金热使这个地区迅速发展起来，并在金矿业的基础上形成了工商业的全面繁荣，成为西维多利亚州的首府。巴拉瑞特距离墨尔本仅 113 公里，具有良好的区位条件和自身突出的文化特色。巴拉瑞特具有维多利亚时期风格的历史街道景观、城市空间结构清晰而富有识别性，大量精致的维多利亚风格住宅和花园，以及市中心现用的很多公共设施与商业建筑都具有 100 多年的历史（图 2.13 ～ 图 2.15）。这个地区的居民拥有良好的生活方式，当地的传统习俗和节庆活动也被很好地传承下来。

图 2.12　巴拉瑞特土著祈福仪式

（图片来源：作者自拍）

图 2.13　巴拉瑞特城市地标

（图片来源：作者自拍）

风险与脆弱性评估：巴拉瑞特的文化与遗产，吸引了文化旅游的游客和州内迁入的新居民，也带动了经济、社会健康与社会福利事业的发展。但是巴拉瑞特也同时面临超预期的人口增长问题，增长是影响城市近中远期经济发展的最重要的因素。同时，气候变得热和干燥，对这个内陆城市及周边的农场社区有巨大影响。最大的压力来自城市人口增长及气候变化对有价值的特征要素、生活方式和文化特色所带来的影响。2013 年，它成为第一个历史性城镇景观的案例城市，致力于通过 HUL 方法为整个城市谋求更可持续的未来。

图 2.14　巴拉瑞特淘金纪念碑

（图片来源：作者自拍）

编制 2040 发展战略：巴拉瑞特实施历史性城镇景观的方法是编制了 2040 发展战略《今天、明天放在一起——巴拉瑞特战略——我们的愿景 2040》。通过这个发展的框架以确保可持续的发展与变化，指导未来城市的增长。这个计划聚焦于发展基础设施的建设

图 2.15　维多利亚风格建筑

（图片来源：作者自拍）

和规划引导，以确保未来人口增长的协调有序。巴拉瑞特希望通过制定2040发展战略的方式，在未来的长期发展中，保持遗产价值和社区特色保护与可持续发展之间的平衡。这个战略的编制也坚持了历史性城镇景观所倡导的社区参与的方法，通过一个叫“巴拉瑞特意向”的管理程序，实现全社区参与的组织方式，这是迄今为止巴拉瑞特政府做过的最大规模的“社区保护”活动。

充分合作的模式：《巴拉瑞特战略》的实施涉及一定范围的合作性事务，包括两个受到广泛参与的国际研讨会，邀请了亚洲、澳洲和太平洋地区的专家。这些事务还包括长期维护的社区论坛，以确保社区的充分参与。社区参与的过程也纳入管理程序。地方政府成为历史性城镇景观的主导力量，很多大学及研究机构的专家团队、访问学者也参与进来，这一合作模式使很多国际性的、澳大利亚本国的，以及巴拉瑞特当地的各种合作成为可能。巴拉瑞特还获得了外部的学术研究基金和奖金的支持。巴拉瑞特同时建立了两个线上互动平台，以便更好地提供信息，支持合作与决策，为社区参与和专业化研究提供便利。

融入联邦发展计划：巴拉瑞特长期致力于运用历史性城镇景观方法，来实施《人、文化和场所：巴拉瑞特的新遗产计划（2016—2030）》，并将其整合进地方区域发展计划以及地方规划政策领域。这些上层计划都在已有成果《联邦影响城市计划：循环利用与可持续发展》的基础上开创性地融入了可持续的变化和脆弱性评估等内容。

案例成果：巴拉瑞特及周边地区的实践成为UNESCO向各缔约国推介的历史性城镇景观优秀案例。巴拉瑞特城市遗产中的社区价值、良好的生活方式和社区精神被纳入到2040发展战略中，切实成为巴拉瑞特未来可持续发展的重要内容。2015年巴拉瑞特政府以及各种政治团体一致同意2040发展战略的最终决议，在未来的20多年将持续通过历史性城镇景观方法对巴拉瑞特历史城市的发展变化进行管理指导。

经验借鉴：巴拉瑞特的实践充分说明了历史性城镇景观所带来的思想及方法的转变，不再是聚焦如何用纲领性的规范条例进行城市保护，而更应该关注如何解决遗产保护与发展之间的冲突。这意味着对城市管理提出了更高的要求，城市的发展必须引入新的概念。通过历史性城镇景观，地方政府创造出一种新模式来应对变化。这个模式的核心就是本土化，包括了地方特色、地方可识别性、地方价值和地方策略。支撑这个模式的基本原则是以人为本的方式、公众参与与合作，并不断吸收新的知识。这些知识包括巴拉瑞特的知识，以及基于文化视角的解决问题的原则框架。巴拉瑞特对历史性城镇景观方法的应用，使城市突出的文化特色被进一步强调，成为未来规划的首要及核心的内容。

2. 上海虹口港

历史层积研究：上海虹口港地区，是上海历史层积最为丰富的地区之一。早在公元前4000年就有人类在此聚居，由于“黄浦夺淞”原为吴淞江支流的上海浦，成为联通黄浦江和吴淞江的航道，并成为虹口港的前身。清朝1616—1912年间虹口港与黄浦江交汇处成为上海通江达海的重要港口。

1848年上海开埠以前，原有的集镇市场已十分繁荣，以虹口老街为代表的历史街道及部分历史建筑保留至今。1848—1863年的租界早期，由于造船工业的带动，虹口港地区新建了很多道路和公共设施，社会、经济、文化得以快速发展，例如商业、商务办公、公共服务与基础设施、工厂、仓库、码头等。现存的城市肌理主要成形于这个时期。同时，由于上海在战时的“孤岛”效应，大量外地移民迁入，形成了丰富多样的民间文化活动，有剧院和电影院等公共文化设施。日本侵华时期，由于更多难民涌入，被战争摧毁的工厂、商店和住宅，被小型和中型尺度的商业与住宅所代替。很多这时期建设的里弄住宅及1949年以后建的公共建筑被沿用至今。20世纪90年代后，地方工业开始转型，如码头区的许多工厂开始停业整顿。在城市更新进程中，一些棚户区和工厂被改造为新的住宅楼，同时河道水系和城市肌理被保存下来。

虹口港地区保留了很多历史建筑、公共设施和老的城市空间也杂糅了一些更新后的新建筑与新设施。这种建成环境反映出人类聚居的漫长历史，城市发展过程以及文化交融的结晶（图2.16）。

图2.16 虹口港地区历史性景观

（图片来源：作者自拍）

风险与脆弱性评估：过去的几年中，虹口地区的再发展对现存建筑和环境造成了巨大的压力，主要包括三个方面：第一，历史建筑中设施简陋，急需改善，住宅成套率依然很低，例如缺乏独立的厨房和浴室，缺乏天然气等现代化设施，建筑结构老化腐朽等（图2.17）；第二，社会和经济衰退，导致工厂停滞、商业萧条，同时低收入人群在这里迅速集聚；第三，各种被定义为城市再开发的项目为了修建道路或者做房地产开发，破坏、甚至拆除了历史建筑。而且，地方发展的需求与日俱增，并倾向于对现有的社会与物质空间环境做全面改造，包括对道路重新铺装、河道整治与驳岸维护、住宅设施完善、旧工业厂房的再利用等。

权衡发展和保护的地区复兴：虹口港地区运用历史性城镇景观方法，抢救性地对历史环境中的各种要素进行再识别，寻找具有延续性的城市空间，同时，重点考虑如何改善当地居民的生活品质和生活条件，研究城市保护与地区发展之间的良性运作方式，这些内容被介绍给虹口港的政府管理部门。为了实现地区复兴的目标，其中进行了广泛而深入的社会调查，与地方发展计划进行对接，在开放式讨论的基础上对地方计划与政策做出相应调整。地方政府组织了对地区发展的国际咨询，社会民间组织和多个研究机构参与，涉及社会和市场的共同力量。许多地块的建设项目涉及地方工业遗产和历史建筑的再利用。为了促进经济发展，引入的文化创意产业是地方活化政策的重要内容，旨在通过对旧厂房的再利用，保护工业遗产并改善周边空间环境品质（图 2.18）。同时，在再开发的进程中，新的社会群体被新的机会所吸引，从而引导社会结构的变化。

图 2.17　2016 年虹口港地区瑞康里住宅环境
（图片来源：作者自拍）

图 2.18　虹口港地区半岛湾文创园
（图片来源：作者自拍）

案例成果：历史性城镇景观的概念在虹口港地区被很好地呈现出来。虹口港地区有 10 多年致力于管理历史环境的变化，保护的目标从历史建筑的保护逐步转变为对整个地区的保护，到形成地方保护与发展的整体框架，并试图包容新的建筑，新的肌理和新的空间，作为积极的要素融入历史地区的城市更新。作为一个城市遗产保护与活化的实践，地方规划正在编制中。2016 年，涉及 11 个社区的地方传统里弄和工业建筑，被纳入到上海历史里弄保护清单中。

2.4　历史性城镇景观的意义

2.4.1　一种跳出遗产保护领域的新范式

从西方的遗产保护理论看，“历史性城镇景观是突破遗产保护，这一专业性领域的尝试，是把遗产保护过程重新纳入更广泛的城市管理和发展背景的一次尝试”（Francesco

Bandarin & Ron Van Oers，2012）。换而言之，历史性城镇景观是跳出遗产保护领域的一种新范式。第一，对遗产价值的认识被**扩大**：城市遗产的价值，从原来的历史纪念物、教育、身份的功能价值，扩展到场所的美学和象征价值，以及扩展到活态的使用和享受的价值，以及历史层积的价值。第二，对遗产的真实性和完整性的认识更加**丰富多元**：强调当地的价值观；反映自下而上的需求；认为理解了文化多样性才能理解世界的复杂性；强调不是孤立地划定保护区，而是在发展战略中提出长远的遗产价值的保护政策。第三，对遗产的意义更强调**层积性**：把城市看作意义的层积，有利于社区和决策者在开发和保护之间做博弈；不再把历史城区和现代城区在观念和政策上区别对待。第四，强调对**变化的管理**：提出需要用特殊的方法来管理“可接受的变化”，增加对遗产管控的弹性。第五，强调社会、经济和环境的共同**可持续发展**：历史城区需要兼顾社会经济发展和保护的策略，才能可持续发展，尤其在全球化的整体影响下，历史性环境很脆弱，需要重新审视。

遗产保护从最初的对历史纪念物保护，发展到对其周边环境的保护，一直发展到对历史街区、历史城区的保护，经过了对遗产保护的对象、范围及内涵的逐步放大。这个转变的过程体现在三个方面：

- 对遗产本身的认识，从静态片段性的转变为历史层积性的

这里主要是借鉴了文化景观的思想。因为我们现在看到的任何历史片段，都是当时的人类在面对当时自然及社会环境变化所带来的挑战时，做出的某种应对，并且在历史发展中留存下来的痕迹，所以遗产“具有了历史层积和随时间演变的概念”（Jukka Jokilehto，2010）。

- 对遗产环境的认识，从孤立无关的转变为整体联系的

遗产的概念最初与财产有关，因此有权属界定和身份象征的意义，而在欧洲大革命之后，遗产的概念也开始趋于平民化，但是在现代主义运动中，由于过分强调功能分区，同时战后重建的快速建设需求，打破了原有的平衡，原本作为城市功能组成部分的历史城区，要么被破坏掉，要么被划定保护区，成为类似博物馆里的一种藏品，与周围环境的联系越来越弱。而历史性城镇景观的提出，借鉴了城镇景观中关于视觉连续性的认识，以及场所精神所提出的人在空间中活动所产生的文化意义的认识，将遗产与遗产所处的自然、社会、经济、文化环境视为具有持续的交互作用的整体，而不能简单地用孤立的方式来进行保护。

- 对遗产保护的目的，从保存历史转变为为了明天更好的发展

这是历史性城镇景观最重要，也是使其成为具有里程碑意义的一个重大的思想变革。跳出保护看保护，将保护放在一个发展的大背景中，这时的城市遗产，不仅因为其历史价值、艺术价值、科学价值，是个具有保护意义的遗产，而且，还是一个面向未来的发展主体——城市的组成部分，且这种发展是社会、经济、文化、环境综合性

的可持续发展。

城市遗产是一种发展的资源，目前遗产在社会演进中发挥的作用已经有目共睹，遗产已经被当作一种具有经济价值，并且能够创造利润的公共产品资源来加以利用了。

需要特别指出的是，中国的名城保护制度以及中国城市规划体系下的名城名镇名村保护，与西方的遗产保护制度的发展根基有所不同，中国的名城保护制度是建立在城市规划的大背景下，是基于城市发展的宏观背景下，对与外围存在千丝万缕的关联性的一种空间载体的保护，因此从来都不是孤立的存在，这也是我国的名城保护体系与文物保护体系始终平行存在的原因。如果说以法国为代表的欧洲遗产保护方法的发展体现出自下而上，从个体到群体的一种框架建构过程，那么中国的名城保护方法是一种先期构建自上而下的整体框架，逐步明确内部的遗产保护对象及方法的一种过程。针对中国目前快速发展而保护状况堪忧的情况，历史性城镇景观不能作为放弃或削弱现有遗产保护管控力度的方法，而应该更多的关注于现有遗产保护的周边地区，以及核心保护区的外围，将历史性城镇景观作为在城市发展的未来发掘或塑造更多新的遗产的工具。

遗产保护需要积极的保护、整体的保护、作为发展战略的保护，应该导入成长管理的概念，作为管理与实施的对策，要在保护中求发展，在发展中保持特色（周俭等，2003）。

2.4.2 为空间特色的塑造提供联系历史与未来的纽带

城市遗产保护与城市空间特色的塑造经常被分开考虑，并分属于两个不同领域。一个是代表过去，一个是指导未来。历史性城镇景观作为一种公约与国际思潮，启发了城市特色塑造的新思想方法，有价值的历史文化遗产成为今天以及未来的城市特色，今天的城市特色空间也将成为未来的城市遗产，城市特色是联系历史保护与未来发展的纽带。

城市空间特色，不仅限于“物质空间环境”，更着重于包含所有物质和非物质特征在内的整个人文环境特色，即“特征承载的含义”。城市空间特色的塑造，不再是通过分隔出单独的特色区，就像单独的保护区那样的“孤岛”模式，而是空间特色延续与城市经济、环境和社会文化发展等方面共赢的“整体”模式。城市空间特色的认识，从原来对遗产本身“静态”的认识，继而成为承认其具有“历史层积”、“活态”等发展的属性。

任何城市都是一定历史层积的叠加产物，有的可能经历千年的复杂叠加，有的虽然年轻，但依稀也能看到城市建设之初的自然与地理格局，这些都是反映城市特色的重要特征。城市遗产在历史的发展中形成了城市的文化内涵。城市物质空间环境的各种表征，都是隐藏其后的物质与非物质环境共同作用的结果。

2.4.3 尊重城市发展的需求

- 城市发展连续的时空观

首先，城市的发展是个继往开来的连续过程。从时间维度来看是连续的，也就是过去、今天和未来，是一路发展而来，无论是过去的遗产，还是未来的特色，都是在一个时间长廊中。历史的遗产也具有发展的价值，今天的新城也可能成为明天的遗产。同时，从空间维度来看城市各个层面的发展是一体的，无论有没有城市遗产，都需要发展。遗产本身也要发展，需要适应当地居民对生活条件改善的需求，以及作为城市功能区的一个组成部分，承接宏观背景赋予它的新功能，在新产生的社会交往中迸发出新的文化创意的火花，并产生新的影响力；而新建城区的发展，与历史城区的发展同处在一个时代语境下，也应该在适当变化的基础上寻求更好的发展，而不能因为保护的界限划定，人为的剥夺历史城区本身的发展权利。

其次，历史中的城市演变规律，是城市未来发展的经验和教训。凝结在历史层积实物中的文化传统、道德礼法，以及很多古老的手工技艺，所反映出的先人智慧对当今以及后人具有深远的教育意义。甚至包括一些对遗产曾经的破坏，在经过时间沉淀之后，以另一种方式警示后人，如何应对未来可能的变化。

- 将遗产保护纳入城市发展的框架

历史性城镇景观是基于发展的主动保护思想，与城市规划为了谋发展所设置的愿景与实施策略的思想是一致的。历史性城镇景观的方法允许城市遗产作为一种资源进行开发和利用，与城市规划对于土地与城市空间开发的理念是一致的。金融的方式被作为历史性城镇景观的一种工具，用来改善遗产保护的运作环境，而土地经济也是城市规划与开发建设的重要操作工具。

城市特色空间肌理，也是遗产价值的重要体现，区域的保护方法与群体价值的认识，与城市规划的空间范畴具有越来越多的交集。更多的城市区域涉及保护的议题，也更需要研究其历史遗存的特色和价值（图 2.19）。

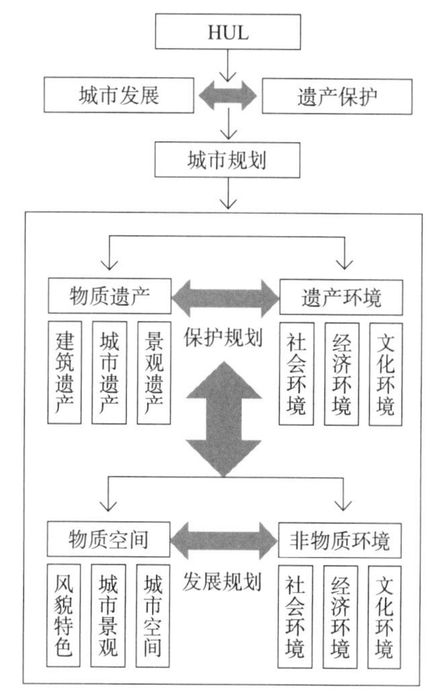

图 2.19　HUL 对城市规划的意义

（图片来源：作者自绘）

《西安宣言》中所提出的“环境”的思想，也再次延伸了对文化遗产的理解——价值不仅在于遗产本身，也来自于与背景环境之间的重要联系。而地方的文化记忆与社会复兴，也是支撑城市遗产价值的背景“环境”，因此，城市规划中考虑社会与文化发展的议题时，需要传递这种支撑联系，加强社会文化发展的历史使命。

2.5 对城市历史空间研究的借鉴意义

2.5.1 城市历史空间研究的三个切入点

2011 年的 HUL 建议书提出了很多遗产保护的新理念，其中，最为重要的三个内容包括：一、历史城区由多层积累加构成，涉及更广泛的城市背景和地理环境（第 8 条）；二、城市遗产是重要的发展资源（第 3 条），并且遗产保护要融入整体发展的大框架（第 5 条）；三、发展必然会使历史城区产生变化，而如何管控这些变化则尤为重要（第 17 条）。

1. 体系构成研究

历史空间多层积累加构成关系的研究，是对现有的遗产保护对象的补充和发展，强调时间维度的纵深影响，以及不同层积之间叠加所形成的关联性影响。通过多层积的研究，能够更为全面的了解城市历史空间体系，便于在多向比较的时空网络中更为准确、清晰的界定其价值。

2. 资源价值研究

将城市历史空间的保护放在城市发展的大背景中来讨论，是一种更为积极的遗产保护观念，也更容易在过去、现在，以及未来的不同利益诉求之间达成一种共识，获得更多的包容与理解，求同存异、避免冲突，从而真正将文化遗产作为体现人类文明的共同财富，促进和平与繁荣。承认城市历史空间自身发展的必然，是对历史延续性的肯定，更是实现文化再创造的前提基础。因此，城市遗产是从发展而来，对城市遗产的保护也是基于发展的大背景，有必要将城市历史空间作为一种推动城市发展的资源，重新认识其资源价值。

3. 保护方法研究

变化是永恒存在的，尤其是城市历史空间具有很多活态的、人居型的、社会性的特征，对城市历史空间的保护不能是如同文物保护一样求其不变，而是需要在动态的变化中，寻找相对可变与不可变的要素，对变化进行管理和控制。从这一点上看，保护的方法其实将更为丰富，对变化管控的精细化程度也更高，这将是对现有的“划保护区”，并“限制建设”的保护方式的有益补充与完善深化。

4. 三者的研究相关性

体系构成、资源价值、保护方法是对城市历史空间研究的三个层次，在逻辑上存在层层递进的关系。

首先，对城市历史空间由多层积累加构成的认识，说明当代以及未来的各种影响也会形成新的层积，不断累积上去，从而持续地对历史空间环境产生影响，因此，城市历史空间具有发展演变的基本特征；而对城市历史空间的保护，需要尊重其发展演变的客观规律，保护并不是要阻止其发展，而是要引导其更有意义、更持续的发展，因此，保护城市历史空间的核心是对其发展演变的管理。其次，历史空间是城市整体环境的一部分，除了表现出较为突出的历史文化价值，在人的活动和对空间的使用上与城市空间融为一体，除了绝对的保护区外，广泛存在于城市环境中的历史空间，其发展演变与城市本身息息相关；而且，随着城市发展目标的转变，城市历史空间越来越成为一种发展的资源，不仅城市历史空间受城市的影响发生着变化，而且城市历史空间还越来越多地影响城市社会与经济发展，因此对城市历史空间变化的管理，不仅以引导其本身的发展演变为目标，而且也以更好地带动城市其他地区、其他方面的发展为目标。

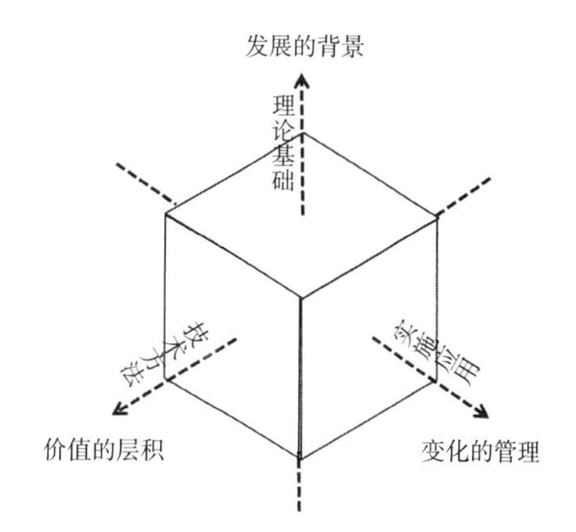

图 2.20　HUL 对城市历史空间研究的借鉴意义
（图片来源：作者自绘）

价值的层积研究将在技术方法上对城市历史空间的体系构成进行研究；发展的背景是从基础理论的角度对城市历史空间的当代发展意义与资源价值进行研究；变化的管理是在实施应用方面对城市历史空间的保护方法进行研究。这三部分构成了本书研究的核心内容（图 2.20）。

2.5.2　借鉴 HUL 的价值层积方法研究体系构成

2011 年的《建议书》中指出，城市地区是文化、自然属性和价值的“历史性层积”的结果，城市遗产可以通过一种**“对价值的历史层积剖析”**（简称价值层积 Layering of Values）的方法来定义。层积“Layering”一词，具有分层剖析的意思，与文化地图“Cultural Mapping”中的“Mapping”具有相似之处。城市历史空间中蕴含着丰富的历史文化价值层积，具有文化多样性的特征，对历史层积的分层剖析是一种基础研究的方法，能够对城市历史空间具有整体及系统性的认识。

1. 对“择优入列”的价值评估模式的反思

法国的文物建筑保护以价值评判为标志，在价值类型上属于历史或艺术价值，同时，列级建筑具有“公共利益”，登录建筑则需要“足够价值”以得到“期望的保护”（邵甬，2010）。英国最早得到保护的对象是在册的古迹，根据 1882 年的《古迹法》，古迹需要具有时间性、稀缺性、代表性、濒危性、群体价值。后来发展出的登录建筑也基本沿用了价值评价的体系对申报对象进行登录筛选（朱晓明，2007）。这种“择优入列”的价值评估与分级体系，也是目前遗产保护中确定保护对象最为基本的方法，也是遗产保护中最为重要的内容。

这种以“价值评估”为核心的方法，其价值评估的标准决定了以横向比较，从中择优的模式来确定保护对象，这种方式通常以某一特定空间载体作为待评估的个体，从而造成了保护对象在空间上作为孤立的个体，即使将其周边环境也作为缓冲区进行保护，但依然是一种从“点”到“辐射面”的空间极化的逻辑。随着文化多样性的认识在全球范围得到共识，遗产保护价值评价体系也更为多元。HUL 理念所提倡的尊重不同历史层积，对整体空间环境进行历史层积再剖析的方法，是对历史背景中多样文化的尊重。文化多元，意味着丰而不缺，具有均化的倾向，与“择优”的基本模式有所不同。而对某个历史城区而言，随着研究的深入，其反映出的价值不仅仅体现在最具代表性的某一层积上，而是多种历史层积所反映出的或突出或不突出的各种价值的综合。

不同时期的历史遗存所代表的某个历史层积不一定具有非常突出的价值，但作为文化多元的象征，反映了其不可或缺的一个侧面。但对于一个文化区域而言，越发丰富的历史层积，则反映出更多的文化多样性，就某个类型的文化遗产而言，也许并不出众，但作为一个整体环境，则具有独特的地方文化价值，从而成为具有某种地方性“文化主题”的文化众生相的空间载体。

HUL 的提出，为“择优入列”的价值评估模式提供了一种全新的审视并选择遗产保护对象的思路，一方面通过深入的剖析，使单个遗产保护对象上的各个历史层积价值更丰满、更立体；另一方面，由于可能存在的不同遗产保护对象之间在某个历史层积上存在的相互关联性，因此，表现出更为复杂的立体交织的群体环境与价值。

2. 对历史层积价值的充分全面解读

我国的遗产保护方法与理念传承自欧洲的遗产保护体系，然而，由于很多城市具有悠久的历史、复杂的层积变化，在鉴别其遗产空间、确定遗产保护对象时，很难从单一角度进行评价。而简单化、符号化的价值评价，很容易造成遗漏或者偏差。尤其是当前，很多地方的遗产保护对象过于纯粹，保护方法也趋于单一，甚至造成了为建造唐宋假古董，毁了明清真古董的遗憾。

在面对具有丰富历史层积的城市历史空间时，以多层积剖析和关联性分析的方法更易于完整真实的保护综合性的历史价值。

从破坏到保护，是源于对遗产价值的认识，但这仅是抢救性保护的第一步，而基于对遗产价值更充分的认识，使保护更为全面细致，则是更为艰巨的前行路。

3. 对新旧空间价值博弈的指导

不同历史层积是不同时期的空间遗存，随着时间的累积，空间上的不断叠合，形成了新旧共融的环境，其中伴随着拆、改、修、再利用、插建等各种可能的建设活动，而伴随其中的，是不断地进行不同历史层积之间的价值评估，是拆除新建更好，还是保留再利用更好，这个过程是自然而然且在城市中随时都在发生着的状况。哪些需要留下，哪些无需留下，价值的评价存在于不同的历史层积之间，而不仅存在于不同的历史空间类型之间。

这也意味着，承认当下新建的历史意义，是在历史的精华上再留下今人的杰作，抑或是在历史的糟粕上留下今人修改的痕迹。这个问题似乎是遗产保护界的禁区，然而，当我们认为那些极有价值的历史遗存已经划入保护区保护起来了，那么对其他那些较为普通的地区，不可避免的需要进行留与拆的博弈、新与旧的并置。

2.5.3　基于 HUL 的资源属性认识研究资源特征

2011 年的《建议书》指出：城市遗产，包括有形和无形的部分，是改善城市人居环境，融入城市可持续发展大背景的核心资源。

融入发展的大背景，是一种完全不同以往的思想理念，因此，HUL 被认为是一种跳出保护的新范式，将保护融入发展的框架中，将城市遗产作为一种持续发展的资源，紧跟时代的需求，不断改善生活的环境，使城市遗产空间的新旧更迭有序，城市文化遗产频出，城市遗产成为一种具有生命力的有机体。

1. 遗产融入城市发展的大背景

HUL 产生的维也纳高层事件，是对发展诉求激烈反映的产物。此前的历史文化遗产划区保护的方法，存在两个方面的问题：第一，经济的作用，由于保护区内的开发权受到抑制，从土地经济的角度看，这些地区的地价与开发强度的关系并不符合正常的经济规律，因此，在很多地方存在对保护区开发权进行转移的措施，尤其在发达城市中，历史中心往往是人口密集的城市中心，来自土地开发的经济压力，使保护区内外的差距很大。第二，居民的利益诉求，虽然被划为保护区，但很多城市中的历史城区、历史街区，依然是人居型的遗产地，成片的街区、至今仍在使用中的各种纪念物，以及大量普通的历史住区，是当地居民日常生活的空间场所，随着时代的发展，社会的进步，城市生活环境的改善是城市发展的重要目标，如地铁站、火车站、环境卫生设施的建设，都需要渗透到城市历史空间中。同时，历史文化遗产往往伴随着文化旅游产业的发展，带来大量游客，对空间与设施的承载能力提出了更高的要求。这些状况，都使保护区无法脱离发展的背景，甚至当地政府也无权剥夺当地居民要求发展的权利。

在中国，发展是硬道理。快速的城镇化发展对城市历史空间是个巨大的挑战，更适应于旧的生活方式、传统习俗的空间要素，在现代化的浪潮中时常被反衬得格格不入，许多城市中高大的现代建筑直接与小巧精致的传统街区撞在一起，甚至为了避免传统街区改造所带来的大量不确定风险，城市的建设与发展或者将其直接拆除，或者避开这些地区。地方政府担心城市发展被遗产保护所禁锢的心态，造成了很多不作为的保护情况。通过借鉴 HUL，将保护与发展的大背景融为一体，对我国目前城市遗产保护思想的转变具有积极意义。

2. 从永久留存到文化传承的积极保护观

很多学者认为，历史文化遗产保护的任务十分艰巨，我们依然需要去不断地发掘并抢救这些历史遗存，保护比发展更重要。不可否认，尽可能多的抢救历史文化遗产是遗产保护的重要内容，然而保护的目的是什么，保下来以后做什么，需要有更为深入的后续研究。按照《威尼斯宪章》的要求，保护是为了永久的留存。“永久的留存”使后人能够了解这段曾经的历史,但也不排除此前的某段历史或此后的某段历史的“留存”。保护是为了留存文化，并使之不断繁盛，而文化的生命力与内涵的丰富程度成正比，保持文化的多样性，意味着保护历史层积的丰富与完整。因此，社会文化的发展才能产生更多新的历史文化遗产，在城市生长的过程中优胜劣汰，从而形成一种不断优化的自我更新机制。

过去的遗产保护理论与实践，是在时代的大变革与动荡的战争环境中产生，是以抢救为目的的保护思路，也是基于新旧思潮与审美价值观的迭代更替。而在目前相对平衡的“全球化”大背景下，尊重文化多样性成为主流，对发展的普遍认识与文化自省使世界各地的人们开始思考新的历史文化遗产会从哪儿产生，显然以麦当劳、迪士尼为代表的全球文化很难产生地方归属感，也不会存在风貌唯一性。因此，在全球化发展的大背景下,梳理地方文化遗产发展的脉络尤为重要,有必要通过地方文化的发展，不断培育具有地方文化特征的新的优秀的城市空间，在不远的将来，使之成为全球化竞争中重要的文化资源。

历史文化是每个城市最具代表性，且独一无二的发展资源，而以历史文化为核心可以演变出城市特色，这不仅反映在历史城区里，而且在城市新建设的区域，也能够通过城市特色的风貌塑造反映出其文化特征，彰显历史文脉的传承。

3. 关注衰败地区的更新与复兴

从资源保护的角度，城市遗产保护还应该关注两种空间：一种是目前尚未纳入保护体系，但作为发展资源，也具有遗产保护价值的空间要素，因此，需要将其纳入现有的遗产保护体系，进行补充；第二种，是城市历史空间中面临衰败的地区，需要通过一定的方法进行适当的更新，以实现历史地区的复兴。

2012 年以来，中国经济增速放缓，东部地区的城镇化速度也明显趋缓，土地资源紧缺，城市发展模式开始由外延型向内生型转变，城市更新成为城市建设的重要工作。HUL 中将城市遗产作为发展资源的思想，一方面为遗产保护地区提供了发展与保护相结合的方法；另一方面也为更广阔的其他地区，提供了城市更新的方法。其中对历史层积的尊重，对城市动态的更新，以及对城市历史空间要素的再挖掘与再认识具有指导意义。

2.5.4　运用 HUL 管理变化的理念研究保护方法

1. 城镇化与全球化带来巨变

城镇化和全球化所带来的巨变是目前文化遗产保护所面临的最大挑战。

UNESO 的报告中指出，当前，城镇化发展需求所带来的矛盾在历史城区中变得越发尖锐。全球化进程对当地人民的价值观产生了深层的影响，无论是原住民还是当前的使用者都发生了根本性的思想转变。一方面，城镇化带来了经济、社会和文化方面新的发展机会，改善了生活品质，也改变了传统习俗；另一方面，城市密度和规模也在不受控制的快速增长，导致场所感丧失、城市肌理被破坏、地方特色弱化。一些历史城区正在失去其原有的功能、曾经的地位，原住民大量流失。而未来城镇化的压力还将进一步加剧，根据 2012 年联合国人居署公布，到 2050 年为了容纳新增的人口，发达国家的城市空间规模需要翻一番，而发展中国家则需要扩张 300% 以上。

2. 发达城市的历史空间是变化与冲突的重灾区

由于城镇化发展进程的不同，城镇化程度高、受全球化影响大的城市，城市规模扩张的速度和人口增长的速度越快，市民对改善自身生活品质、收入增长的预期越高，城市历史空间在巨变中所承受的压力越大。当前我国沿海发达地区城市的历史空间正在遭受巨变的挑战，矛盾的复杂程度、冲突的激烈程度都远远高于欠发达地区。

以上海为例，根据 1993 年《上海里弄民居》一书的记载，上海在 82 平方公里的旧市区范围内，大致有各类里弄民居 3700 处，至 2012 年底，上海仅存里弄 1900 条，总计占地面积 5.87 平方公里，为内环面积的 4.9%（张晨杰，2014）。短短十年中，上海里弄消失了将近一半，现存里弄中仍有大约一半缺少保护机制。上海 1993 年城镇化率为 69%，而 2013 年城镇化率已经达到 89%；1993 年上海总人口 1381 万人，2013 年人口达到了 2415 万人。从城镇建设用地规模看，1998 年底，上海城镇建设用地规模 1073 平方公里，2011 年底城镇建设用地规模为 2408 平方公里（上海市总规实施评估报告，2015）。

3. HUL 的提出为应对变化提供了方向

我国曾经丰富的历史文化积淀在近现代的动荡岁月中所剩无几，以梁思成为代表的早期遗产保护专家在田野调查中抢救了一大批文化遗产，中华人民共和国成立后多次文物普查也是重在发现，将其纳入遗产保护的体系。然而，这种沧海拾遗的方式，在遭遇城镇化与全球化巨变的时候，缺乏更主动、更及时、更有效的应对方法。

世界文化遗产也同样面临这样的问题，一方面是全球化带来的文化特色趋同，使世界各地的文化遗产地都需要面对诸如异形的现代建筑与传统风貌如何协调、新建的高层建筑是否影响景观、麦当劳这样的快餐店能否入驻遗产地这样的问题；另一方面原住民改善生活的需求、就业与收入的需求，使空调、淋浴、停车、电梯等现代设施的置入成为必然。

1964 年的《威尼斯宪章》奠定了世界文化遗产“保护”方式的基础，虽然该宪章是针对纪念物的，但在后来的发展中，也逐步延伸到其他的遗产对象保护方法上。《威尼斯宪章》对“变化”的严格限制，具体包括：1）允许有功能转变，但不能改变建筑的“布局”或“装修”，仅允许因为功能改变带来的“修缮”（第 5 条）；2）不允许“周边环境”超出规模，只要有传统的周边环境存在，就必须保留，任何新建、拆除或修缮都不能改变体量和颜色的关系（第 6 条）；3）除非是出于国家或国际利益的保护目的，所有或部分的移动都是不允许的（第 7 条）；4）纪念物上的雕塑、绘画或装饰也是纪念物的一部分，只有当挪走这些附件是唯一的保护办法时，才允许移动（第 8 条）。

虽然 UNESCO 提出 HUL 的概念时，并没有很明确地指出对**“变化的限制”**是否已经不适用于当前的时代巨变，但指出“HUL 的方法有助于管理和缓解时代巨变所带来的影响（HUL 建议书，2011）”。换而言之，HUL 的方法是针对**“变化的管理”**，其目的是缓解巨变带来的冲突，而不是阻止变化的发生，这一点是对目前普遍认识的“保护”观念以及现行的“保护”制度的一次重大变革。

因此，历史性城镇景观不仅是一种重新阐释城市遗产价值的工具，而且将变化作为一种客观存在。历史性城镇景观推动了对历史城市的管理向可持续发展方向的转变，它不是把历史城区定义为历史纪念物和城市肌理的总和，而是把它看作是长期并正在进行着的动态过程的结果，社会、经济、自然的内在变化均为需要进行管理和理解的变量，而不仅仅是对比参照。

从顶层设计的角度看，HUL 方法存在两个层面的建构：对于已经纳入保护体系的各类文化遗产，需要发动社会的力量，利用金融政策的手段使其进入逐步自我更新的正向变化趋势中，而不是一味地以“保护”的名义限制其发展与自我更新。另一方面，对于未纳入保护体系的各类历史遗存，以发展的眼光重新审视其价值，重新判断其纳入遗产保护体系的必要性，这个标准不一定是严格按照突出普遍价值（OUV）的标准来判定，而是根据自身的发展需求来定，即使在别的地方都十分普通的要素，但对某个地方而言，却是体现其自身特色，构成其地方归属感的重要内容，将其纳入发展的框架，对于这一地区的文脉传承和历史保护具有重要意义。

本书将通过借鉴 HUL 对于“变化的管理”的思想，探究在时代巨变中的城市历史空间的保护方式，强调保护融入发展的城市保护的方法。

第3章

城市历史空间的体系构成

3.1 城市历史空间的概念

3.1.1 城市历史空间的概念解析

1. 相对于“已纳入法律保护”的“遗产”，更侧重于尚未纳入法律保护的“遗存”

遗产与历史有关，是某种前任留给子孙后代加以传承的东西，既包括文化传统，也包括人造物品（哈迪，1998）。

遗产（法语中译为 Patrimoine）最初指继承祖先的东西，具有家族性的指向，并且在生活中随处可见。法国大革命一方面破坏了很多“家族遗产”，另一方面又推动了“集体遗产”概念的产生，从而将遗产概念从家族扩大到了民族。此后人们以普遍利益的名义对私有产权人提出限制，公共力量通过法律和政策对遗产保护进行干预（邵甬，2010）。

这种私有权益和公有权益的博弈，以及诉诸法律、政策的协调机制，催生了欧洲的遗产保护制度。在政治妥协的同时，兼有国家利益和封建权贵利益的各种遗产保护制度与机构应运而生。如法国 1887 年颁布了《历史纪念物保护法》，1837 年法国成立了保护机构，1877 年英国成立了保护机构。自此，“随处可见”的“遗产”衍生出具有“法制”概念的“遗产制度”。“遗产”一词的概念则包含了广义的“继承祖先的东西”和狭义的“受法律保护”的两种。

受法律保护的遗产，是经过一定标准选择出来的，并且需要一定的法定程序将其法律化，以便更好地对其进行保护。

当我们认为历史城区、历史街区、历史街坊、历史场所、历史地段等“历史空间”具有保护价值时，它们才被作为“遗产”，纳入相应的法律、法规进行保护（周俭，2016）。

按照我国《历史文化名城名镇名村保护条例》（2008）的第四十七条，“历史建筑，是指经城市、县人民政府确定公布的具有一定保护价值，能够反映历史风貌和地方特色，未公布为文物保护单位，也未登记为不可移动文物的建筑物、构筑物。”“历史文化街区，是指经省、自治区、直辖市人民政府核定公布的保存文物特别丰富、历史建筑集中成片、能够较完整和真实地体现传统格局和历史风貌，并具有一定规模的区域。”

可见，这些经过评估鉴定，达到某种标准，并由政府最终公布，且受相关法律法规保护的遗产要素，已经从通俗化或广义的历史遗存，转变为被法律遗产化的保护对象。

随着文化保护思想的深入发展，越来越多的历史遗存被纳入遗产保护体系。例如，从文物保护到文物周边的环境保护，从历史文化街区到历史城区的保护等。通过相关研究，发掘具有遗产保护意义，但尚未被纳入法律保护体系的“历史遗存”，对遗产保护事业的发展具有重要意义。HUL 所提出的思想方法，有助于深入挖掘历史层积，并发现有待纳入保护体系的新的“历史遗存”。

因此，本书的研究对象，更侧重于尚未纳入法律保护体系的“历史遗存”。

2. 相对于“历史上产生的 Historical”更具有“历史性的 Historic”意义

在《历史文化名城保护规划标准》GB/T 50357—2018 中，对这些纳入法律保护体系的历史要素术语分别做了定义，包括“历史文化名城 Historic City”、“历史城区 Historic Urban Area”、“历史地段 Historic Area”、“历史文化街区 Historic Cultural Area”、“文物古迹 Historic Monument and Sites”、“历史建筑 Historic Building”、“历史环境要素 Historic Environment”等。

虽然在中文释义中都用了“历史”一词，但对应的英文释义为“Historic”，即“历史性的”，与“Historical”所对应的“历史的”有所区别。例如，“历史建筑 Historic Building”和“历史城区 Historic Urban Area”，不同于“历史的建筑 Historical Building”和“历史的城区 Historical Urban Area”，前者是具有法律性的概念，后者是通俗性的概念；或者说前者是狭义的概念，后者是广义的概念。

历史“History”一词，在英语中有两层含义：一种是指过去曾发生，但在今天已经不重要的人或事；另一种是指对过去发生的人和事进行挖掘、记录、学习、整体性考虑的研究行为（剑桥英文词典）。前者具有即时性片段的意思，而后者是一个长期动态的人为加工与历史参与的过程，因此从历史哲学的角度看，历史审视的过程被称为是“推测性的”（Jukka Jokilehto，2010）。所以“Historic”一词不仅仅指已经成为过去的旧人旧物旧事，更是指那些关乎特殊意义，并赋予其价值的，对历史学科具有重要意义的资源，即“具有历史性的”；而“Historical”一词泛指“历史上产生的”。

本书研究的重点，侧重于尚未纳入法律保护的“历史遗存”，但并不是泛指所有历史上产生的 Historical 要素，而是利用 HUL 的思想方法，进行历史性研究后，认为具有历史性意义的 Historic 物质空间要素。因此，本书的研究对象，更侧重于尚未纳入法律保护体系的，但具有一定历史性 Historic 意义的城市空间。

3. 具有相对于“区域”的“空间”概念：不强调区域范围的内外差异

从遗产“保护对象”的扩展引申为“保护范围”的扩展。从历史文化遗产保护宪章中有关保护对象的扩展演变来看，从“周边 Surrounding—背景环境 Setting—景观 Landscape—区域 Area”，遗产保护的对象从直接空间相邻的周边环境逐步发展为具有一定影响相关性的扩展环境，这一过程存在从“保护对象”的扩展，引申到“保护范围”的扩展的客观状态。而不同的遗产保护对象，与其周边环境的关联度、关联的方式存在很大的不同，对这些空间的保护方式也应有所不同。无论是直接联系的周边环境，还是具有间接联系的扩展环境，目前的保护都以划区的方法为主，虽然不同的保护区对应不同的保护措施，但依然存在保护方式的“区域”化倾向。

通过“划区”的方法进行保护造成整体环境的割裂。按照《威尼斯宪章》的要求，古迹保护的目的是“使之永久保存下去。”因此对于古迹的周边环境，“凡现存的传统环境必须予以保持，决不允许任何导致群体和颜色关系改变的新建、拆除或改动。”由此可见，与古迹直接联系的周边环境，一旦划定了保护范围，也就是确立了区内与区外两种完全不同的发展思路，区内以严格的保护为目标，往往对其中社区居民的建设活动有所抑制；而区外的扩展环境被作为当代城市建设的一部分，存在新建、拆除、改动的各种可能性，即使某些要素与历史遗存本身在社会、经济、文化等方面有着间接的联系，但由于缺乏保护依据、保护内容、没有相应的建设约束条件。过去三四十年中，英国伦敦塔周边、英国利物浦滨水区、德国科隆大教堂周边、中国澳门炮台周边等很多历史城市出现了保护区内外在保护与发展理念上的现实冲突。作为周边环境的保护区内，严格限制新建从而抑制了区内新的发展诉求，而保护区外理应成为其扩展环境的地区，却因为未列入保护范围而没有具体的保护要求，尤其是对高层建筑的建设缺乏约束，致使区内区外的环境被不同的保护政策而人为的割裂开。这一状况，在经济发达的历史城市中愈演愈烈，2003 年维也纳历史中心保护边界上的一个高层建设项目成为导火索，引发了遗产保护界的广泛讨论与深入反思。

通过“划区”的方法进行保护忽略了区外尚未纳入保护的历史遗存。非保护区内的各种历史遗存（也包括未纳入保护的空间对象——历史空间），由于其价值不足以列入保护名录，缺乏保护的依据与措施，因此正在急速的消亡。

空间是个系统性的哲学概念。在广义哲学中，空间是指“与时间相对的一种物质客观存在形式”。就其所涉及的内容来看，包括了空间的本体也包括了空间范围的“区域”的概念。以“空间”为研究对象，有助于突破“区域”的边界范畴。从“历史空间”的本体研究其构成、价值以及保护的方法，有助于跳出“区域”的内外差异思维。以“时间”为维度来分析这种客观物质存在的特征，继而通过对历史空间特征的认识，重新选择“遗产”保护对象，才有可能根据保护对象的不同，有的放矢的制定不同的保护措施。

本书所研究的对象——历史“空间 Space”，有别于历史“区域 Area”，不强调区域范围的内外差异，而是以空间本体为对象，研究其构成、价值和保护方法；以“时间”为维度来系统的分析，避免“划区”方式所带来的内外差异与整体环境的割裂。

城市历史空间在本书中特指未纳入保护体系的，但具有历史意义，并融于城市系统中的空间。

4. 具有相对于“建筑”的“城市”概念

城市遗产的概念是由建筑遗产而来。城市遗产是近期世界文化遗产保护的重要思想理念，也是历史性城镇景观所倡导的新的遗产保护类型。乔万诺尼于1913年提出了“城市遗产”的概念，认为城市遗产包括了历史建筑周围的环境以及历史层积形成的城市肌理。“可以说，城市遗产的概念是由建筑遗产而来，它最开始指的是和主体建筑息息相关的环境（邵甬，2016）。”然而此后多年的保护实践都更多地倾向于保护历史建筑周边环境，较少涉及城市肌理的内容。因此，“城市遗产”一词逐渐成为相对于“建筑遗产”而言，更强调城市肌理，反映较为普通的建筑群体，以及历史中心、历史街区，甚至是近期建设的有场所感的较新的部分。“自从20世纪60年代中期开始，对于城市遗产的理解已经超越了作为历史艺术品的美学的概念，它们被认为是历史的见证而连续着的文化记忆。”

城市并不是若干建筑或建筑群的简单叠加。虽然建筑或建筑群中也存在一定的社会文化内涵，但是城市作为一个社会分工和生产力发展的产物，具有更为综合的社会、经济、文化、政治、军事范畴的意义。一般的认为，“城”与“市”是产生于不同时期，分别侧重于军事防御和商业贸易的两个事物，在空间形式上也有所不同。城市是因为有了社会文化方面的意图，才有了以建筑或建筑群为代表的物质空间形态；人类聚落形成之初，建筑或建筑群叠加在一起，即使形成了军事要塞或集市，也不一定能成为一个城市，只有当社会文化发展到一定程度，才能成为城市。正如我国很多乡镇的产生是源于集市，但只有当设置行政管理机构之后才有建制，才具备了区别于“集市”的“集镇”概念。“城市”中的历史空间除了关注于主体“建筑”（或建筑群）及其相关的环境，还需要考虑其背后的城市社会文化方面对它的影响。

城市处于动态变化中。城市是社会的空间载体，而社会由人构成，时刻处于动态变化之中。完全没有活态社会形式留存下来的城市，无论规模多大，历史有多悠久，都只能是遗址，而不能作为历史城市。城市的形成是长时期社会共同参与，通过建造、使用、改造等等多种社会行为的产物，具有社会公共性。随着社会、经济、文化的变化，城市也处于动态变化中。因此“历史建筑”与“历史城市”,或者“建筑遗产”与“城市遗产”最大的区别在于城市属性所带来的动态变化特征，沿用建筑遗产静态保护的方式，来应对动态变化中的城市遗产保护问题，存在方法论上的巨大鸿沟。

因此，本书所研究的对象是基于动态变化的“城市”属性的“历史空间”，试图探讨动态变化背景下的历史空间保护方式。

3.1.2 “城市历史空间”与“城市遗产”的关系

2011年11月10日，UNESCO通过的《联合国教科文组织关于历史性城市景观的建议书》（第36C/41号大会决议），再次强调了“城市遗产”的定义，明确其包括三方面内容："第一，具有特殊文化价值的遗迹；第二，并不独特但以协调的方式大量出现的遗产要素；第三，应考虑的新的城市要素，例如城市建成结构、空地、街道、公共空间、城市基础设施、重要网络和装备等"（UNESCO，2011）。这一文件里专门附上与 HUL 相关的概念定义，包括"历史区域 / 城市 Historic Area/City"（引自教科文组织 1976 年《建议书》）、"历史城区 Historic Urban Area"（引自国际古迹遗址理事会 1987 年《华盛顿宪章》）、"城市遗产 Urban Heritage"（引自欧盟 2004 年的第十六号报告）。从这三个概念所涉及的区域范围来看，历史区域范围较大，不仅包括了城市所在的历史城区，也包括了农村环境中的居住地等，而城市遗产从根本上就不强调区域的概念，强调新旧环境的整体性；从侧重保护的内容看，历史区域除了历史城区的保护内容，还涉及自然环境中的考古及古生物遗址等内容，城市遗产则不仅包括了具有突出价值的遗产，还关注不突出但大量存在的遗产要素，而且还关注新的城市要素。

"城市历史空间 Historic Urban Space"与"历史城区 Historic Urban Area"的区别在于突破了"区域 Area"的边界，而侧重于"空间 Space"本体。"城市历史空间 Historic Urban Space"与"历史地区 Historic Area"的区别在于更强调"城市 Urban"的属性，包括了城市社会文化的影响，以及城市发展演变的变化特征。"城市历史空间 Historic Urban Space"与"城市遗产 Urban heritage"都关注不突出但以协调方式大量出现的空间要素，如历史肌理；其区别在于"城市遗产"还包括了很多人文精神层面的维系作用，包括当地人的文化记忆、归属感、场所精神等，对"城市历史空间"产生社会人文方面的影响，也是"城市遗产"重要的组成部分。本书的研究更侧重于物质空间本身，虽然也涉及社会人文对城市历史空间的相关影响，但"城市遗产"中的精神文化遗产部分内容并不是本书的研究对象。

3.1.3 "城市历史空间"与"历史性城镇景观"的关系

"历史性城镇景观"并不是一种新的文化遗产类型，而是一种文化遗产保护的新方法（邵甬等，2015）。这种新的方法是对原来静态的、孤岛化的保护方式的重大突破。

1. HUL 将城市历史空间作为一个整体的、发展中的环境

"历史性城镇景观"的提出是源自"划区"的方法对遗产周边环境与扩展环境造成的割裂，但是这个新的概念所带来的对环境整体性的新认识，对历史延续性的新思想，以及保护与发展并重的实践方法，引发了世界各国对在地案例研究的热潮。环境的整体性，意味着直接联系与间接联系都是相对而言的，不同的历史层积的影响相互累加，从而形成了我们目前所面临的整体环境，从空间上的远近、视觉上的有无，不足以判断哪些是周边环境，哪些是扩展环境，哪些是需要保护的历史空间要素。历史的延续性，意味着当下的城市空间，也会成为历史环境；受保护的某些历史地区也需要有所发展，满足新的功能需求。保护与发展并重，意味着保护不仅仅为了"永久的留存"，而且是为了更好地发展，以历史文化遗产作为发展的资源，寻求文化的传承与复兴。

本书借鉴了历史性城镇景观的思想理念，将城市空间环境作为一个整体，因此不仅需要研究城市历史空间的构成要素，而且更需要研究构成要素之间的关联，以及对整体环境所产生的影响。同时，将城市空间环境作为历史产生的综合结果，也是滋养并产生未来新的历史文化遗产的土壤，因此，在未纳入保护区的城市空间环境中更需要通过一定的方法技术去寻找具有历史文化价值，并具有未来发展潜力，能够延续历史文脉的城市空间要素。

2. HUL 将城市历史空间中新旧要素的演替作为动态发展的过程

“城市遗产”相对于“建筑遗产”具有城市属性，也更强调城市层面的遗产。城市遗产既包括了具有较高历史文化价值的遗产，也包括了较为普通的历史遗存；既包括了历史遗留下的空间实体，也包括了新的城市空间要素。新旧协调共存的整体环境是城市遗产的“城市属性”的体现。历史性城镇景观提供了一种活态遗产保护中所必需的处理新旧协调共存问题的思想基础，以“发展变化”为认识的出发点。

历史性城镇景观以发展的眼光看待保护，在保护中充分考虑发展的因素，以发展的方式进行遗产的保护。无论是新建高层建筑、旅游开发，还是社区环境品质的改善，都与发展的主题息息相关，这既是对遗产保护的理念拓展，也是城市发展更具可持续性的重要保障。

我国的文化遗产保护制度，最初建立于 1964 年的《威尼斯宪章》之上，而面对 30 多年的遗产保护与城市发展的现实矛盾，很多专家和学者一直致力于寻找适合中国发展的城市保护方式，而历史性城镇景观，从理念和方法上，提供了思想启示，并以国际宪章的方式，提供了操作路径。

3. HUL 将“城市历史空间”与“社会文化意义”联系在一起

“城市遗产”不仅包括了“城市历史空间”，还包括了“社会文化意义”，即人文精神层面的维系作用，包括当地人的文化记忆、归属感、场所精神等。“城市历史空间”和“社会文化意义”都是“城市遗产”的重要组成部分。历史性城镇景观引入了“景观”的概念，为“城市历史空间”与“社会文化意义”之间的影响关系提供了理论支撑。

2005 年的《维也纳宣言》提出了“历史性城镇景观”的新概念，专门针对此前的“历史中心”、“整体”、“环境”等这些传统术语不足以表达的区域背景和景观背景的意思，借鉴了“景观 Landscape”一词的丰富内涵，从而将保护的对象引向“自然和生态环境内任何建筑群、结构和开放空间的整体组合，其中包括考古遗址和古生物遗址，在经过一段时期后，这些景观构成了人类城市居住环境的一部分，从考古、建筑、史前学、历史、科学、美学、社会文化或生态角度看，景观与城市环境的结合及其价值均得到认可。”正是由于“历史性城镇景观”所要表达的内涵比以往的保护对象更复合、更复杂，同时，又需要与此前的保护理念既有所传承，又有所区别，因此在释义与地方转译的过程中,带来了一定程度的困扰。尽管如此,鉴于这一概念的重要性,2005 年 10 月,UNESCO 在“第十五届世界遗产公约缔约国大会”上通过了《保护历史性城镇景观的宣言》;2011 年 11 月 10 日,“联合国教科文组织大会”通过了《联合国教科文组织关于历史性城镇景观的建议书》(第 36C/41 号大会决议),向各个缔约国广泛推广历史性城镇景观 Historic Urban Landscape(HUL)的概念和方法,并在世界各地寻求合作试点。各缔约国就此达成共识,HUL 成为一种国际性的“软法律”,指导各国的文化遗产保护工作(UNESCO,1972,1976,2003,2005,2011;Ron,2012)。

3.2　城市历史空间的构成体系

3.2.1　遗产保护对象的拓展

1. 历史建筑中无形的意义

历史纪念物是遗产保护的核心,也是城市历史空间中最重要的遗产。

1849 年罗金斯在《建筑的七盏明灯》中提出建筑作为“牺牲的明灯、真理的明灯、权力的明灯、美的明灯、生命的明灯、记忆的明灯、顺从的明灯”的意义。在其第二版的序言中指出,“在仔细研究受过良好教育的人对各种形式的优秀建筑所做出的反应之后,我发现这些情感反应大致可以分为四类,即感情欣赏、自豪欣赏、匠人欣赏、艺术和理性欣赏”(约翰·罗斯金,2006)。其中所涉及的附着在历史建筑上的无形的意义,是建筑遗产的重要价值。但也应看到,这个重要的价值是建立在所谓的“受过良好教育”的基础上,因此,无法脱离文化教育及艺术审美的无形环境。

勒杜克认为“建筑是理性的。哥特建筑的美观是其结构的艺术表达。建筑的建造方法和使用功能是真正决定建筑的因素。”(邵甬,2010)他所提出的“风格”,已经不满足于对建筑实体本身的关注,而是蕴含着理性主义的历史分析与现代性的诠释——这一无形的内在逻辑。

2. 城市空间中的生活之美和创造力

1889 年卡米洛·西特在《遵循艺术原则的城市设计》中指出,最重要的不是单个建筑的形体或形式,而是城市空间中固有的创造力。在古希腊的雅典,那些集会性的广场或者论坛性的广场都是城市空间的典范,其中蕴含着生活之美和创造力。西特所指出的历史肌理中的城市空间,是一种物质实体在空间上投射出的虚体,也是城市遗产的有形部分,而其中所蕴含的生活之美、心理感受以及创造力,是另一种无形的城市遗产。

3. 历史肌理中异质混合产生的空间意义

1922 年维尔纳·黑格曼(Werner Hegemann)在《美国的维特鲁维斯——建筑师的市镇艺术手册》中提到虚与实的相互影响,构成了城市连续性的要素,他提出城市是一幅连续且不断累加的拼贴画,其中所有的组成部分,都在维持自身属性的同时相互作用，进而产生了一种全新的空间意义（图 3.1）。历史城市作为这一漫长进程的物理结果，是其自身发展的物质表征，并具有了发展的意义。

图 3.1　维也纳街头折线型的城市空间

（图片来源：作者自拍）

4. 公共空间的场所精神

1915 年，苏格兰生物学家帕特里克·盖迪斯（Patrick Geddes），提出了城市是有机体连续演进的环境，历史线索、记忆和共同关联是城市演变的主要决定因素，集体公共空间中蕴含了场所精神。

此后，挪威城市建筑学家诺伯·舒兹（Christian Norberg-Schulz）在《场所精神——迈向建筑现象学》（诺伯·舒兹，2010）一书中首次提到了“场所精神”的概念，进一步阐述了城市公共空间中的特殊意义。场所不同于一般的城市空间，除了具有静态的实体设施以外，还具有两个重要的特征：其一是活动，即建筑物和景观如何被使用，身处其中的人们如何互动，以及文化习俗如何起到影响作用。其二是含义，更多的指向精神上的意义。

5. 城市遗产中传承历史并旨在发展的意义

乔万诺尼在 1913 年发表的专著《城市规划和古城》和《城镇规划和古城》中，创建了“城市遗产”一词，其中包含两个方面的内容：

第一，历史建筑周围的环境 Surrounding：次要建筑构成的环境是产生主要建筑的基质。他认为，破坏历史建筑周遭的环境就如同给这栋建筑判了死刑。因为环境是主要建筑 Major Architecture 和次要建筑 Minor Architecture 之间的逻辑结果。主要建筑是指公共建筑、次要建筑是指住宅。他认为对历史城市而言保护次要建筑比保护主要建筑更为重要，历史城市的每个片段都应统一在总体设计中。后来在这一概念的影响下产生了“历史保护区 Secteur Sauvegarde（SSs）”的立法，重点考虑历史街区的整体性（张松，2008）。

第二，历史层积形成的城市肌理 Urban Fabric：记录并传承历史城市形态，为当代提供美学借鉴，并容纳现代功能。乔万诺尼指出，历史城市是城市功能网络的一部分，而不仅仅是卡米洛·西特所认为的只是为了创造新的城市中心而参考的一个模型，相反，它更是一片可以吸纳与传统城市形态相匹配的新功能的区域。历史层积形成的城市肌理，既是传统城市功能不断调适的产物，同时又能够对新的城市功能具有包容性，而且还能够在其中培育出不同于城市新区的全新的功能。虽然传统城市肌理所表现的紧凑密集的空间尺度，一度因为缺乏现代城市所需要的阳光、通风条件，以及车行交通的便捷性，成为现代主义运动摒弃的对象，但是随历史层积形成的城市肌理，不仅仅只有片段式的一种空间尺度，而这些如拼贴画一般的城市肌理，却使历史城市始终保持着历史与当代的对话，在记录并传承历史城市形态的同时，不断整合（Reintegration）缺失部分，稀释（Diradamento）额外部分，对功能进行调适。这些历史层积形成的城市肌理，在城市生活和社会交往中发挥着重要作用，它使历史空间的使用价值、社会延续性、当代技术的表现统一在一起。

乔万诺尼创造性的利用现代主义方法，将罗金斯的浪漫主义记忆功能和西特的理性主义的美学范式结合在一起。他所提出的城市遗产的概念，对此后的遗产保护及国际章程的制定产生了深远的影响，但是在逐步对遗产概念进行扩展的过程中，存在不同文化语境下的理解偏差，以及在城镇化发展的不同阶段所反映出来的不同情况。因此直到历史性城镇景观的提出，这个早在 100 多年前就已出现的“城市遗产”的概念，被重新拿出来着重讨论。

6. 城市遗产作为推动发展的文化资源

● 城市遗产是一种整体的历史文化环境资源

2008 年张松教授在《历史城市保护学导论》中指出，“城市遗产一般包括：1）历史建筑及其周边环境；2）城市内的历史地段，如历史中心区、传统街区、工业遗址区等；3）历史性城镇。有时为了与建筑遗产区分开来，在狭义的学术范畴上，城市遗产更强调包含公共空间、历史环境、文化景观、街巷肌理等在内的综合、整体性建成环境。”

2011 年 UNESCO 的《关于历史性城市（镇）景观的建议书》（Historic Urban Landscape Recommendation，UNESCO，2011）中明确提到：“城市遗产对人类来说是一种社会、文化和经济资源，其特征是接连出现的文化和现有文化所创造的价值在历史上的层层积淀以及传统和经验的累积，这些都体现在其多样性中”。

城市遗产是城市中所有具有保护价值的历史留存的总和，城市遗产可以理解为一种整体的历史文化环境（周俭，2016）。这种环境如同人类赖以生存的自然环境一样，具有资源属性，对人类社会、文化、经济的发展具有推动作用。

● 城市遗产聚焦于人为物象

2012 年常青教授提出“城市遗产”或“城市文化遗产”,外延比“建筑遗产”更大，理论上应包括受保护的、物质和非物质的一切城市历史事物，已大大超出本学科领域的语境，因此，倾向于将“城市遗产”限定于街道、广场、景观等人为物象（Artifact），并看作是“建筑遗产”概念的广延（常青，2012）。

城市遗产的人为物象，存在物象与人为两个层面的含义。物象即物质空间环境，而人为则代表了产生这一物质空间环境，并蕴含于其中的非物质的社会文化内涵。它们之所以被统称为“城市遗产”这一大概念，是因为它们相互之间在空间上和文化上具有不可分割的关联性，这也就是城市遗产的特征与价值所在。

● 城市遗产是对现有遗产保护类型的补充

尽管城市遗产的概念已经提出多年，所涉及的空间类型及其价值的理论研究也取得了一定进展，但是实际的遗产保护工作存在一定的滞后性。就如不是所有的历史城市都是历史文化名城、不是所有的历史街区都是历史文化街区一样，学术概念所包含的对象总是大于法律概念（周俭，2016）。

2011 年 11 月 10 日，UNESCO 通过的《联合国教科文组织关于历史性城市景观的建议书》（第 36C/41 号大会决议）中将城市遗产定义为三方面内容：“第一，具有特殊文化价值的遗迹；第二，并不独特但以协调的方式大量出现的遗产要素；第三，应考虑的新的城市要素，例如城市建成结构、空地、街道、公共空间、城市基础设施、重要网络和装备等”。可见，城市遗产不仅仅包括现有的遗产保护的内容，而且包括了构成整体空间环境的普通历史遗存以及新的空间要素，是对原有遗产保护类型的补充。

3.2.2 城市历史空间的要素—结构—环境体系

1. 空间系统由要素—结构—环境构成

城市历史空间作为一个系统，由三个部分组成，即要素、结构、环境。

要素：是客观物质，具有自然衰变的特性。城市空间的要素是客观的实物个体，例如单个的建筑、树木、雕塑，或者是某一个成片的特色街区，抑或是一个相对独立的历史城镇。要素是环境构成的基础，某一类要素的构成达到一定的规模，其环境可处于平衡稳定状态。环境中异质要素的存在，以及异质要素与同质要素产生的相互作用，对系统环境的生长变化具有积极意义。

结构：是组成要素的内在联系与逻辑。要素的组成结构由其背后的社会联系、文化传统、经济规律所支配，表现为有形的外在空间或无形的内在联系。相对于一片里弄住宅街坊，其主弄、支弄空间是其外在的空间结构，而其背后的交通模式及相邻住宅之间的组合关系，是其内在的组织结构。相对于水乡古镇，其结构性道路及水系网络组成了其外在的空间结构，而其作为水网地区的交通出行距离和集市贸易的文化传统是其布局的内在结构。结构是空间环境存在的根本，虽然结构本身也在变化之中，但相对于要素的变化更为缓慢和隐性。结构的变化具有利弊两重意义。结构循序渐进的发展，既有旧的联系的淘汰，又有新的联系的产生，是结构发展的正常态势。完全一成不变的结构会陷入僵化，缺乏活力与创造力，而具有一定变化弹性的结构更利于空间环境的延续与传承。但是结构一旦被大幅改变，则不同要素间的组织关系发生变化，空间环境的构成仅仅是一定规模的要素，则必然被新的结构所取代，转变为一种新的环境，并产生新的要素。

环境：具有相对性和整体性，由一定规模的各类要素组成，在同类要素规模达到一定程度，与周边环境出现质的差异时，该环境即成立，因此具有相对性，并构成一个环境的整体，其中结构在环境中具有支配作用，要素具有从属作用。例如，一片历史文化街区中，历史建筑是其中的部分要素，占所有建筑的一定比例，而街区由某条历史道路作为空间骨架，以一种无形的空间组织方式将不同的建筑要素组合在一起，形成相对于周边环境较为独特的建筑群，即成为一个系统环境。系统环境的成立，既取决于构成这一环境的主体要素规模较大或特征突出，也取决于这一环境与周围环境相比的差异大小。因此，为了突出某一历史环境的特征，在实际操作中，往往有两种趋势：第一，将组成该环境的各类要素进行纯化，例如在历史街区中除了保护历史建筑以外，将其他一般建筑或新建现代建筑也建成与历史建筑相似的传统风貌外观，以增加该要素的规模与纯度；第二，将该环境以外的具有类似特征的要素进行清除，以凸显该环境与周边环境的差异，例如将保护区以外的具有相似风貌的传统建筑拆除，仅保留保护区内的所谓的历史精华部分，但这种对环境的提纯与凸显，并不利于保持历史空间的真实性。

2. 结构主导了环境的整体性特征

城市历史空间是指城市地区拥有一定历史文化价值的区域（董卫，2014）。这一区域即具有相对性与整体性的空间环境。在单一空间环境中，具有不同历史文化价值的要素以某种结构逻辑组合在一起，并形成了相对突出的整体性特征。

作为一种空间系统，城市历史空间具有“整体大于部分之和”的系统性特征，即各种空间要素的简单相加，并不能反映出空间环境的整体意义。要素间组合的结构性关系，以及反映这一关系的结构性空间要素，对环境的整体意义起支配作用。因此，从空间环境的整体性角度来看，要素的局部消亡或更迭，对环境的整体性影响较少，而结构的改变，则对环境的整体性影响较大。

结构在环境中的支配作用越大，要素在环境整体中发挥的作用越弱，因此，其可变性越大。例如，印度位于加德满都峡谷中的帕坦（Patan）历史城镇的一处历史广场，是一处延续了上千年的宗教活动场所，围合广场的建筑外观一直随着时代的发展在改变，甚至作为宗教活动核心标志物的佛像也是可以移动的，但由于宗教信仰和公共活动作为一种无形的结构延续下来，这个公共开放空间成了一种支配性的空间结构，围合这一历史空间的建筑要素的变化对这一环境产生的影响则非常有限。

而对于失去结构的环境而言，所有的要素之和就是系统整体，微小的要素变化都会对系统产生巨大的影响。例如，失去居住功能的里弄街坊，仅仅是一堆反映石库门建筑符号的建筑群，则这些建筑要素的细微变化对该街坊的整体都有巨大影响。最极端的情况如博物馆中的文物器物，没有了其存在的环境与结构关系，因此，上面每一个细节的变化都会影响其整体价值。例如，敦煌壁画，每一处的色彩氧化，都是系统整体性衰竭的表现。而相反，很多草原上的玛尼堆，根本不在意石头是否风化，多一个还是少一个，因为结构的意义一直存在，而且始终主导着整个系统环境（图 3.2）。

图 3.2　呼伦贝尔草原上的玛尼堆

（图片来源：作者自拍）

3. 空间环境具有层次性

时间维度上的层次性：城市历史空间是个复杂的环境综合体，是历史上不同阶段所形成的空间环境的叠加与组合，体现出多层次环境在时间维度上的累加特征。例如，上海的历史城区由明清时期形成的老城厢片区、租界时期形成的租界片区，以及国民党统治时期所形成的江湾片区构成，体现出不同时期的环境层次。

空间维度上的层次性：某一历史阶段所形成的空间环境，是当时的社会文化背景等无形结构影响的产物，表现出一定的空间结构特征，并具有相对的空间范围。例如，老城厢片区由于历史上城墙的边界限定，形成了相对独立的空间范围，其中的空间结构与界外的租界区形成了鲜明对比，体现出两种环境层次在空间上的拼接关系。

由于城市历史空间一直处于活态变化的城市之中，单一的空间环境并不是一个封闭的系统，而是不同层次的空间环境彼此相互关联，既存在前因后果的关系，也存在平行影响的关系。因此，单个空间环境的层次性会逐渐模糊，形成一个综合而复杂的整体环境，并相应的产生多样而复杂的各类空间要素。

3.2.3　城市历史空间的纵向层次与横向要素体系

根据空间系统性的分析，以及对遗产保护对象逐步拓展的认识，城市历史空间的构成体系可以分为层次和要素两个方面。城市历史空间在纵向层次上包含了“历史城区—历史地段—历史街区—历史街坊”4 个具有层层涵盖关系的层次，每一个层次都是由结构要素主导形成的空间环境，不同层次表现为随时间的叠合累加，以及在空间维度上的拼接共存；城市历史空间在横向要素上包含了“历史性建筑—历史性开放空间—历史性环境要素”三类具有平行关系的要素。而历史性开放空间与历史建筑共同形成了历史肌理。历史性开放空间按照其公共性的类型，又可分为历史性场所和历史性景观。历史性景观又包括历史风貌道路 / 街巷、历史公园、历史河道等（图 3.3）。

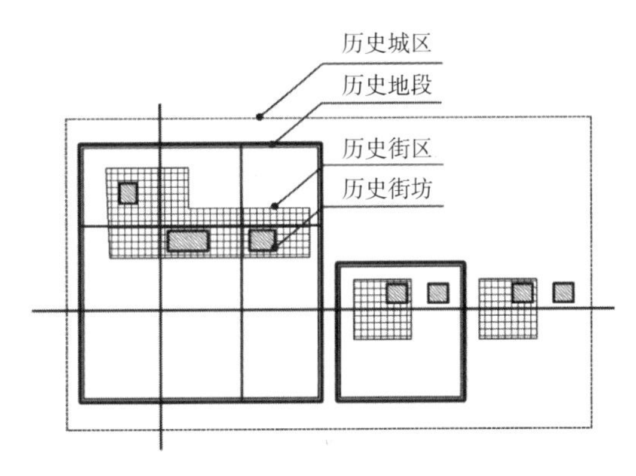

图 3.3　城市历史空间纵向层次体系

（图片来源：作者自绘）

纵向层次体系的建立对保护城市历史空间的完整性具有重要意义，层层套叠的空间范围反映出不同层次上的城市历史空间的整体价值，因此，其保护范围的确定及其保护目标也应以保护其历史空间的完整性为原则。

横向要素体系的建立是为了更有针对性的确定保护目标。不同历史空间要素的类型不同，价值也不同，其保护的目标与方法也不同。历史建筑需要保护其真实性，历史景观环境需要保护其整体性，而历史场所需要保护其延续性。

1. 纵向层次体系

历史城区 Historic Urban Area：源自 1987 年的《华盛顿宪章》，我国《历史文化名城保护规划标准》（GB/T 50357—2018）中将“历史城区”特指“城镇中能体现其历史发展过程或某一发展时期风貌的地区。涵盖一般通称的古城区和旧城区。本规范特指历史城区中历史范围清楚、格局和风貌保存较为完整的需要保护控制的地区。”由于大部分历史文化名城的历史城区已经风貌改变，故实际规划中往往没有此项内容。但历史城区却是城市历史空间的“本底”，“历史城区内除文物保护单位、历史文化街区和历史建筑群以外的其他地区，应考虑延续历史风貌的要求”，这些历史风貌正是基于历史性城镇景观思想，反映历史城市整体环境的空间载体。

以上海为例，虽然上海的历史城区界定问题至今尚未有深入讨论，但 1950 年前形成的连片的建成区基本集中在内环以内，如果以此作为历史城区范围进行统计，其中法定的各类遗产占地面积约 26 平方公里，占历史城区 61 平方公里的 43%；除法定遗产外，另外还留存有 9.8 平方公里的历史街坊，如果将这些历史街坊也算上，则现存历史文化环境的总量占历史城区面积的 58% 以上，且分布相对均衡，可以说上海的历史城区至今保存相对完整，具有整体保护的价值（周俭，2016）。

历史地段 Historic Area / District：历史地段源自 1976 年的《内罗毕建议》，我国《历史文化名城保护规划标准》（GB/T 50357—2018）中规定“经省、自治区、直辖市人民政府核定公布应予重点保护的历史地段，称为历史文化街区”，并将其作为法定的保护对象。2010 年颁布的《历史文化街区保护管理办法》（征求意见稿）中规定：“历史文化街区核心保护范围内的文物古迹、历史建筑、具有传统风貌建筑的占地面积不小于总占地的 60%”。但由于各地名城、名镇、名村的情况多有不同，因此，在实际操作中具有较大的差异性。历史地段一般规模较大，不仅限于某一条街道周边，而往往是由多条历史街道为骨架形成的成片的地区，其中除了涉及历史文化街区所界定的历史空间外，还覆盖了较大规模的现代建筑群或可拆除的旧建筑群，这些历史空间虽不具有很高的保护价值，但却是构成历史文化街区的整体环境。

以上海老城厢历史文化风貌区为例，人民路和中华路是上海老城厢历史上城墙的位置，也是老城厢历史地段的空间边界。如果按历史建筑与历史环境留存的现状去判断，老城厢的保护范围不仅将大大缩小，而且会成为多处孤立的历史街区和历史街坊，这显然与城市遗产和历史文化名城保护的理念是不一致的（周俭，2016）。因此，历史地段并不仅仅是若干历史街坊或历史建筑群的组合，而是一种具有整体意义的空间范围，只有当其为一个整体时，其价值才能够体现出来。

历史街区 Historic Blocks：与《历史文化名城保护规划标准》GB/T 50357—2018 中定义的历史文化街区基本一致。由于历史街区相较历史地段规模更小，其核心保护范围内的文物古迹、历史建筑、具有传统风貌建筑的占地比例更高，表现为以某一条历史街道为骨架或以某一处历史建筑为核心的历史街坊群。以中山市为例（图 3.4），孙文西历史文化街区以孙文西路为骨架，包括了其两侧的连续商业骑楼建筑群；西山寺历史文化街区以西山寺为核心，包括了其周边的岭南民居建筑群；从善坊历史文化街区（图 3.5）以从善坊历史道路为骨架，包括了其两侧的传统民居建筑群；沙涌历史文化街区是以“鱼骨型”布局的华侨建筑群。这 4 个历史文化街区面积最大的为 16 公顷，最小的仅为 1.6 公顷，核心保护范围均达到了 100%，是典型的历史街区。

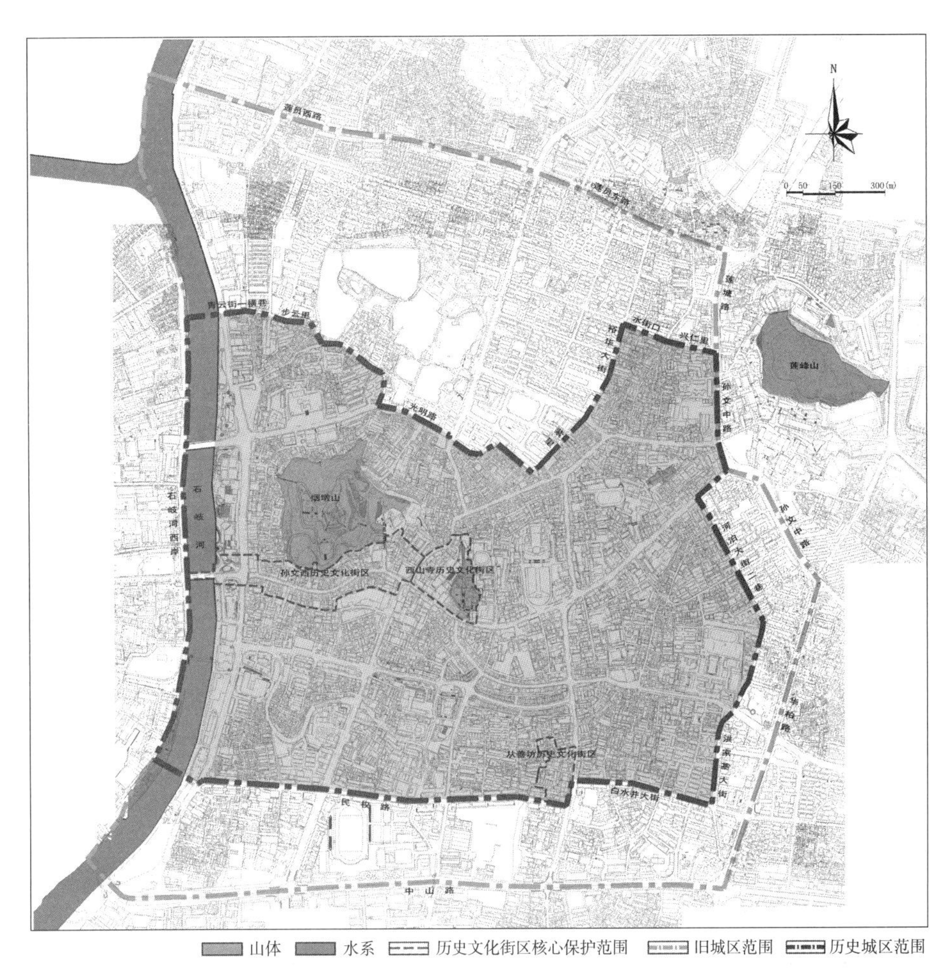

图 3.4　中山市历史文化名城保护规划范围

（图片来源：中山市规划局官网 http://www.zsghj.gov.cn/uploads/soft/160114/2016011402.pdf，检索日期 20180927）

图 3.5　中山市孙文西历史文化街区（左图）和从善坊历史文化街区（右图）

（图片来源：作者自拍）

历史街坊 Historic Block：按照《历史文化名城保护规划标准》GB/T 50357—2018，规模达到 1 公顷以上可作为历史文化街区，而规模小于 1 公顷的历史建筑群 Historic Buildings，虽然不是历史文化街区，但也是历史空间的重要组成部分。作为比历史街区及历史地段更小的层次，其历史建筑群往往集中于一个街坊内，是名城保护中最小的单元。2016年上海在“历史风貌区”的基础上，又增加了“风貌保护街坊”的类型，从而将具有保护价值的历史街坊纳入了上海历史文化名城的保护体系，进一步完善了保护层次和环境的整体性，这些风貌保护街坊包括了里弄街坊、工人新村、混合型街坊和部分工业遗存街坊。

2. 横向要素体系

历史建筑 Historic Building：包括了三种类型：第一是按照文物保护法确定的文物保护单位；第二是《历史文化名城名镇名村保护条例》中规定的“历史建筑”，即“经城市、县人民政府确定公布的具有一定保护价值，能够反映历史风貌和地方特色，未公布为文物保护单位，也未登记为不可移动文物的建筑物、构筑物”；第三是《历史文化名城保护规划标准》GB/T 50357—2018 中规定的“保护建筑”，即“规划认为应按文物保护单位保护方法进行保护的建（构）筑物”。

历史开放空间 Historic Public Space：包括了具有历史风貌的道路与街巷、历史公园、历史河道、历史广场等，这些空间要素构成了城市的虚体部分。开放空间的虚体与建筑群的实体共同构成了虚实相间的图底肌理，也被称为历史肌理。

历史环境要素 Historic Element：即反映历史风貌的环境要素，是城市历史空间整体环境中介于建筑实体与空间虚体之间的柔性要素。具体包括两种类型：第一，构筑物或小品，包括古井、围墙、石阶、铺地、驳岸、雕塑等；第二，自然山水环境，包括风貌街道的行道树、古树名木、山水格局、历史水系等。

历史场所 Historic Place：即具有场所精神的历史空间。历史场所是人与空间环境长期互动的产物，物质空间环境与其背后的社会文化内涵共同形成了历史场所的意义。因此，包括了三种类型：第一，物质空间环境已经基本消失，但社会文化意义依然存在的历史场所，例如上海的静安寺地区、曹家渡地区、小东门地区、老西门地区、打浦桥地区等，其大部分的历史建筑、空间环境已经不存在，但作为曾经历史上的中心地段，依然具有场所精神。我国非物质文化遗产保护所涉及的文化空间，即定期举行传统文化活动或集中展现传统文化表现形式的场所，也属于此类；第二，物质空间环境中的结构性空间尚存，其背后的社会文化内涵也依然存在的历史场所，例如上海老北站地区、玉佛寺地区、虹口公园地区等；第三，物质空间环境与其背后的社会文化内涵都较好的保留下来的历史场所，往往是历史文化街区或历史风貌保护区中的核心保护要素。

开放空间具有一定的公共性，按照其公共性的类型，又可分为两种类型：第一是公共活动型的开放空间，是形成历史场所的空间载体；第二是公共景观型的开放空间，是形成历史景观的视觉感知对象。

历史景观 Historic Landscape：特指历史上形成的具有视觉标识性的景观形象。按照视觉特征又可分为两种类型：第一，俯瞰类的面域性历史景观，由历史城区的整体

形态及城市轮廓线共同构成。以苏州古城为例，北寺塔作为古城的制高点，也是俯瞰历史城区的重要站点，因此，古城中各类建筑高度共同形成的整体轮廓线，是重要的历史景观。第二，框景类的廊道性历史景观，由某个景观站点、景观对象及景观视廊共同构成，限定于一个特定的角度与视域范围。例如，维也纳高层事件中，正是由于拟建的高层建筑，将破坏历史上形成的代表维也纳城市形象的框景景观，而引起了国际社会对当代建筑与历史景观冲突的激烈讨论。例如，苏州拙政园中运用借景手法，将位于园外 800 米左右的北寺塔框入景中，形成了一条具有 500 年历史的著名景观廊道，这一历史景观由北寺塔、拙政园以及中间约 800 米范围内的建筑群共同构成，因此，这些建筑群所形成的空间轮廓也是历史景观的组成要素（图 3.6）。

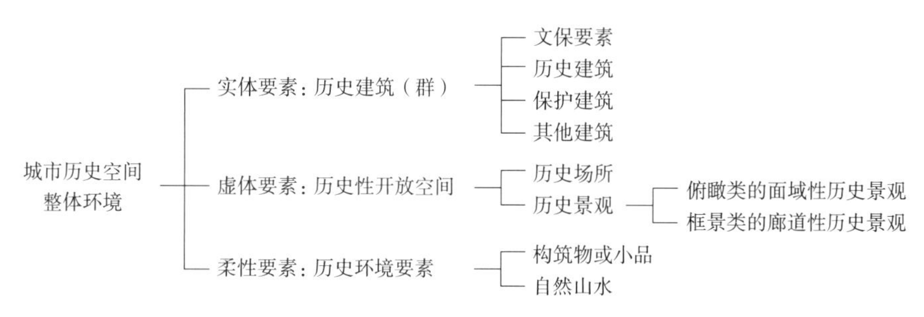

图 3.6 城市历史空间横向要素构成体系

（图片来源：作者自绘）

3.3 城市历史空间的层积关系

城市历史空间作为一种整体的历史环境，具有文化生态的价值，因此，保护其完整性与多样性具有积极的意义。澳大利亚的尹·库克（Ian Cook）与肯·泰勒（Ken Taylor）教授，在《文化地图的当代指引》（A Contemporary Guide to Cultural Mapping）一书中指出，“Map”地图是一种人们表达自身的方式，而“Mapping”强调的是很多方式交织的过程。地图体现了事物之间水平向与垂直向的距离关系，以及规模尺度。文化地图的核心要素包括位置、场所（物质的和人类的特征）、关联（原因）（Ian Cook & Ken Taylor，2012）。借鉴文化景观中文化地图的分层研究方法，对城市历史空间进行分层剖析，对构成整体环境价值层积的主导作用及其结构性要素进行剖析，这一方法将有助于抽象并解释不同层积间相互交织的复杂过程，从而提炼出历史层积中的结构性要素，及其在整体环境中所发挥的作用。

3.3.1 多层次累积构成城市历史空间的整体环境

1. 单一层次的环境以结构性要素为主

以上海老城厢为例，历史上城墙的位置被保留下来成为老城厢历史地段的空间边

图 3.7 上海吉如里影像图

（图片来源：https://map.baidu.com/，检索日期 20170304）

界，在这一范围中，空间肌理与周围不同，构成了一个相对整体的历史环境层次。其中的河南路、复兴路等骨干道路是空间骨架，人民路和中华路是地段边界，老西门、豫园则是重要的历史场所，共同构成了这一历史环境的结构性要素，而其中的历史建筑与一般建筑，历史街区与一般街区，历史街坊与一般街坊都是组成这一层次环境整体性的要素。在 2016 年公布的上海历史风貌保护区扩区名单中，编号 HP-019 的里弄住宅风貌街坊吉如里（东至江西南路、南至人民路、西至紫金路、北至金陵东路，图 3.7）作为下一个层次的历史环境，功能以居住为主，建筑风貌为传统里弄住宅，空间肌理与老城厢不同，是以四条城市道路为边界形成的一处约 60 米 ×60 米见方相对整体的历史环境，其中的主弄和支弄是其结构性空间要素，而其中的里弄住宅是一般性要素。

2. 不同层次随时间累积融合构成整体环境

以上海为例，上海的历史城区以上海解放前形成的区域为主，基本位于浦西内环线以内，以及黄浦江沿线部分。这一整体环境是在漫长的历史中逐渐形成，并体现为几个历史阶段所形成的层次性（图 3.8）。上海开埠前已形成的老城厢地区，按照中国传统礼制营建，商业与文化设施布局亦依附于其结构，形成了独特的道路轴线、肌理脉络和城防边界。其北侧为形成于租界早期的英租界区，按照现代土地经济模式形成方格状路网，形成了以外滩、苏州河、洋泾浜（今延安路）为边界的独立环境层次。老城厢以西的法租界区，则按照法国当时的城市建设理念，以教堂、公园、学校为中心，形成兼有轴线景观，又有方格网肌理的社区环境。租界后期形成的公共租界区，则在原英租界的基础上沿网格状道路向外拓展，按照不同的功能用途，其形态略有差异。民国时期按照大上海计划形成的江湾片区，则形成了中西合璧的独特结构，与租界区与老城厢所在的华界区有较大的不同。

单从每一个历史时期形成的层次看，无论是英租界、法租界、公共租界，还是老城厢或江湾片区，都具有相对独特的结构特征，以及相对独立的整体环境。而随时间层层累积后，彼此之间形成了相互融合的关系，表现为空间界线的越发模糊，空间肌理的相互渗透，以及不同层次间某些要素的重复出现。从当代表征来看，不同阶段形成的不同空间层次相互融合，形成了要素丰富多样的环境肌理，具有整体性感知。

3. 整体环境具有文化生态价值

“文化生态”一词，借鉴于自然遗产保护中对生态环境及其生物多样性保护的概念，

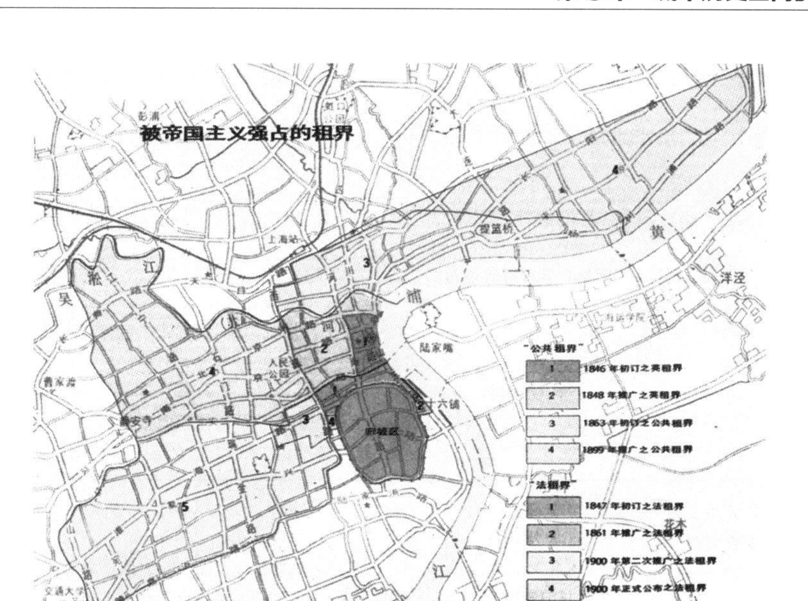

图 3.8　上海租界及其形成时期

（图片来源：《上海城市规划志》，1999）

强调对文化遗产的保护，也需要将其完整的历史环境作为一种文化生态环境，以保护文化遗产的生境，其重点是保护其中的文化多样性与环境的整体性。

文化生态是历史过程的动态沉淀，是为社会成员所共享生存方式和区域现实人文状况的反映，它与特定区域的地理生态环境和历史文化传承有着密不可分的因缘关系（张松，2009）。

城市历史空间的整体环境，不仅包括了不同时期所形成的历史遗迹与习俗，还包括了历史遗迹周围地区的地理风貌，以及居住在该地区的居民及其传统和经济活动等。整体环境是历史遗迹产生的生态基础，其中的文化多样性是文化遗产保持活态的生命源泉。维护整体环境中的文化多样性，与保护生物多样性和维持生态平衡同样重要。

3.3.2　层积关系中的主导作用

美国康奈尔大学的罗杰·特兰西克（Roger Trancik）教授，在对城市空间的历史典范进行研究后发现，最成功的城市空间范例都是由“三维立体构架，即空间边界、围合度，以及围合界面的特性”，“二维平面形式，即平面的处理和连接方式”，以及“空间中的实体，即记忆要素以及使用者”，通过有组织的充分混合而构成（罗杰·特兰西克，2008）。按照这一理论，城市空间组合可以归纳为图底、纽带和场所三者的整合关系。其中，场所与纽带分别起到了时间延续与空间关联的作用，而图底是前两者作用共同影响下的综合反映。

城市历史空间包括两方面的内容，其一是集聚一定历史文化价值的空间区域；其二是构成这一空间区域的要素。不同层次之间的累积融合是个复杂过程；在价值层积中起主导作用的要素，是城市历史空间整体环境的结构性要素。

借鉴文化地图的方法，可将层积的主导作用抽象为以时间维度的延续为基础，以空间维度的锚固、连接与拓展作用为核心，以及两者相互融合的过程（图 3.9）。

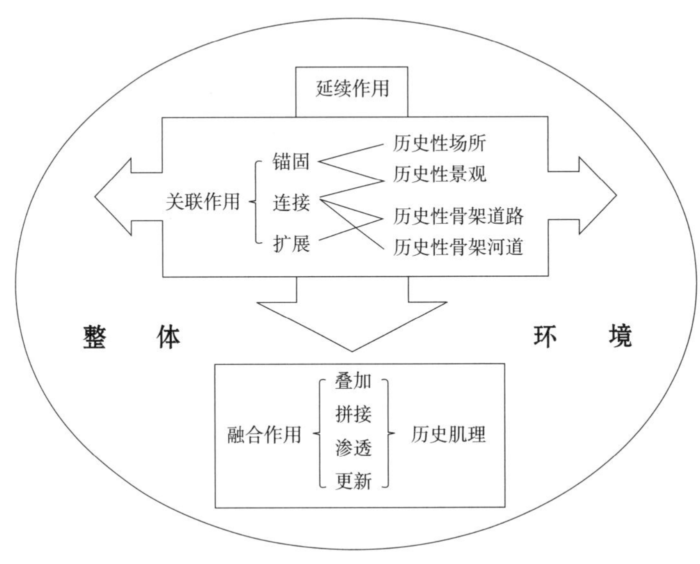

图 3.9　层积关系中的主导作用

（图片来源：作者自绘）

城市历史空间的层积作用，既包括了传承历史的价值，也包括了与城市周边环境的关联作用。单一强调历史文化遗产的延续，却忽略历史空间与当代城市空间的相互关联，则不能反映城市遗产的整体环境的价值；单一强调当代城市空间的相互关联，忽略历史空间的延续，则不能反映城市遗产的历史层积的价值。

1. 以时间维度的延续作用为基础

历史层积在时间维度的延续作用，表现为不同层次间某些要素的重复出现。历史场所及其记忆是起到时间延续作用最重要的结构性要素，也是层积价值的基础。

上海黄浦公园最初是苏州河口的一块浅滩地，在 19 世纪 60 年代，英美租界工部局在与上海道台反复交涉后，将其建设成公园，成为当时在沪外国人的公共活动场所，曾长期举行户外音乐会，也是观赏黄浦江景的最佳去处（图 3.10）。由于公园起初不准中国人入内，甚至在公园门口挂出“华人与狗不得入内”的牌子，因而激起国民的极大愤慨，这个地区又成为爱国进步人士与外国殖民统治者进行抗争的重要场所，经过 60 余年的坚持不懈的斗争，工部局终于宣布从 1928 年起公园对中国人开放。抗日战争结束后，政府工务局对公园进行了修复，成为市民大众的公共活动场所，还曾作为黄浦江龙舟大赛的观赛区，游客量达到 7 万多人。上海解放后黄浦公园延续了城市公园的功能，在 1989 年的改建中，公园以人民英雄纪念塔为主体，成为革命传统教育的重要基地之一。可见，黄浦公园在 150 多年的历史中，一直是重要的公共场所，其中蕴含了丰富的历史信息，而这些形成于不同时期，适用于不同个体、不同群体的场所意义，在这一历史性场所上得以延续。尽管这 150 多年中，黄浦公园周边的城市空间已发生巨大的变化，甚至公园本身的空间布局、围墙、植被等要素都已今非昔比，但是这个历史性场所在不同历史层积中延续下来的精神意义，使不同的历史层次具有了时间上的相通性。

图 3.10 上海黄浦公园历史照片

（图片来源：陈丹燕，2014）

城市历史空间的层积在时间维度上的延续作用，主要体现在历史场所中。按照记忆与场所的相关性，人的不同社会活动功能，产生不同的场所精神，通过个体记忆演化为集体记忆（张亚秋，2010），历史场所成为锚固中心，成为环境活力的结构性要素，在不同的层积中起到价值延续的作用。除此之外，历史性骨干道路、河道以及历史性景观也多少反映出时间延续的作用。

2. 以空间维度的关联作用为核心

● 历史空间的周边环境具有关联性

城市历史空间存在空间域拓展的现实问题，特别在快速城镇化的地区，城市中心区的周边环境，由原来的农业区或小型乡村居民点，转变为城镇化地区。这些周边地区，曾经是城市居民的农产品基地，与城市中心区在历史价值上具有同等地位，而且或多或少的在历史中形成了文化景观，成为当地历史和文化特性的组成部分。而快速城镇化以及城市空间的外拓，导致地价上升，这些城市周边地区面临开发压力，又缺乏适当的规划引导，使农田被改成工业或仓储用地，传统的居民点丢失了那种具有较好的城郊型特色的乡村本质，同时快速建设的系列问题又导致了环境品质的进一步恶化。正是基于这一问题，2005 年在西安召开的 ICOMOS 联合大会上，专门讨论了经济快速发展背景下的遗产地区周边环境的问题。该会议采纳了西安宣言关于保护遗产结构、场地和地区环境的观点。遗产地区的环境被界定为直接环境和扩展的环境，他们是重要性和可识别特色的一部分，并且有助于形成重要性和特色（ICOMOS，2005）。

历史地区通过和其他的文化背景及环境之间产生物理的、视觉上的、精神上的关联，产生了重要性和独有的特色。因此，这些与历史地区相关联的环境，虽不具有与历史地区一样的历史价值，但是与历史地区共同形成的环境具有整体价值。按照空间维度的位移关系，以及作用的方向性，可以分为锚固、连接和拓展三类作用。城市历史空间的价值层积在空间维度上的拓展与连接作用，主要体现在历史性骨干道路、河道以及廊道性的历史景观中，而空间维度上的锚固作用，主要体现在历史性场所和面域性的历史景观中。基于要素间连接关系的研究，历史空间要素之间的连接关系，包括空间实体的连接、功能性连接、视觉性连接等，而且这些连接不仅在历史空间中发挥作用，而且更重要的是与不同时期形成的，或新或旧的空间环境产生联系。

1）锚固作用

“能在某段动态事件中呈现为相对静态的空间，且曾以之为核心引领过动态发展的，在城市中至今仍然留存的空间片段，可称之为城市锚固点”（刘祎绯，2014）。人们需要一个相对稳定的场所来展现自我、建立社会生活和创造文化。这些需要赋予人工空间一种感情的内涵，是超物质的存在。边界，或者说限定的边缘对于这种存在而言是很重要的。正如马丁·海德格尔（Martin Heidegger）说的，“边界不仅仅是事物发展停止的地方，而是如同希腊人所认识到的，是事物开始表现出它之所以存在的地方”（罗杰·特兰西克，2008）。这种锚固作用是保持其“存在价值”的基础。

2）连接作用

不同的历史空间区域的边界具有相对性，在形成之初，边界相对明晰，例如城墙或四至道路的界定等，但在长期的人地互动作用下，不同历史空间之间存在连接的纽带或相互的渗透，而这些产生相互影响及变化的空间区域或空间要素，是城市历史空间产生整体性与多样性的结构性要素。以联系老城厢与外滩风貌保护区的河南路为例，历史上是租界与华界的重要连接纽带，不仅促进了社会文化的交流，还是经济贸易的联系，在空间联系上以及功能联系上都具有结构性作用。

3）拓展作用

城市历史空间，在不同的发展阶段有不同的结构特征，总体上具有四种历史结构，均具有拓展作用。

第一种，防御型边界。古代和中世纪，城市居民点通常都是围绕着防御工事建的，因此，以防御工事所形成的边界十分清晰。但防御工事所形成的围墙在非战争的年代，并未成为城市内外社会交往的屏障，所反映出的空间形态，体现出沿某个历史结构向外的拓展与联系。例如苏州古城从阊门向西沿山塘街和上塘街向外拓展的商业街市（图 3.11），张家港的杨舍堡城从东水关、青龙桥向东沿杨舍东街和向阳弄向外拓展的商业街市（图 3.12），上海老城厢从老西门向西拓展的商业街市等。

第二种，规则格网。源自罗马的百户区制 Centuriation（图 3.13），就是一种大尺度的土地分割技术，一个方格的边长为 710 米。例如豪尔萨巴德（Khorsabad），萨尔贡二世的首都，现在是伊拉克北部的村庄，就有这样的格子，中东、古埃及和古波斯也都有，古罗马和墨西哥也有。中国江南水乡圩田制下的格网状田埂，也是后期城镇发展所依托的道路骨架。这种格网状的历史结构，具有很大的延展性，即使在现代化的新城区或是开阔的城市外围地区，依然还能够提供一种整体区域结构的呼应。

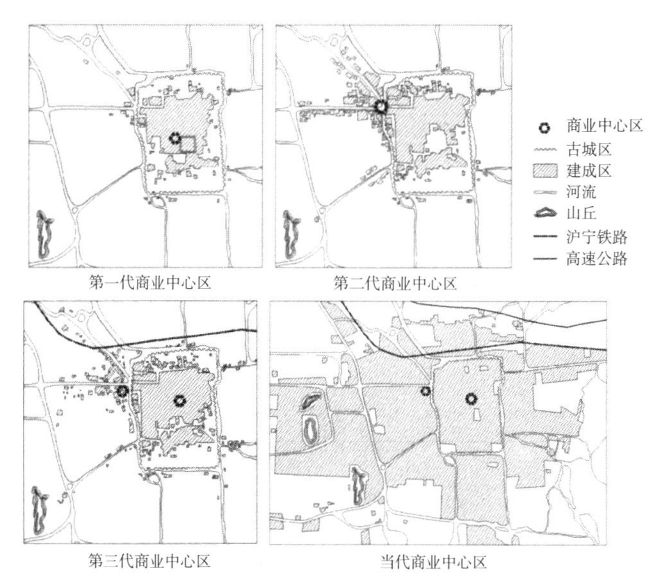

图 3.11　苏州各时期商业功能拓展示意

（图片来源：陈泳，2006）

图 3.12　张家港 1954 年影像图

（图片来源：张家港市规划局）

第三种，有机生长。类似欧洲中世纪城镇以及很多伊斯兰城镇，历史空间的形成是以一个历史场所或标志性建筑为中心，形成向外蔓延式生长的建筑群。这种历史空间的结构即中心集聚。因此在向外蔓延的过程中，并没有明显的时空界定，具有较大的延展性。

第四种，轴线景观。从 15 世纪开始，随着城市规划的发展，城市地区开始进入到没有明确边界的领域。17-18 世纪，许多城市被设计成大尺度景观和轴线布局的焦点，一些欧洲城镇通过设计景观层积的方式，将历史景观整合进新的规划中，例如德国汉诺威和西班牙的阿兰胡埃斯（Aranjuez）文化景观，就是这一时期的杰出代表。除此之外，规则格网与轴线景观相结合的空间布局方式成为兼顾城市美化与空间拓展的新模式，1791 年美国华盛顿以及 1859 年西班牙的巴塞罗那所建设的轴线格网布局，都为无止境的发展提供了一种结构。中国的历史城市，大多具有象征权力的轴线景观，在历史时期中不断延展，以北京中轴线为例，2008 年的奥运场址建设，依然延续了这一轴线景观的基本结构，成为新的历史层积。

图 3.13　意大利 Cesena 的 19 世纪晚期军事地图（依然清晰可见百户制下的格网 Centurisation）

（图片来源：https://zh.wikipedia.org/wiki/File:Centurisation.jpg，检索日期 20180927）

3. 表现为整体环境的融合

城市历史空间的价值层积在时间维度的延续作用以及空间维度的锚固、连接与拓展作用下，形成相互融合的空间整体，表现为历史肌理的图底关系。不同的历史层积，在相互叠加——没有空间位移的累积、拼接——具有空间位移的累积的作用下，伴随连接与拓展的相互渗透过程，同时伴随着周期性改造更新，最终呈现出一种新旧共存的马赛克式的空间肌理，既反映出时代的片段层积，同时表现出丰富的多样性。这些复杂的空间肌理是城市历史空间的文化生态价值的综合反映。

3.4 发挥层积主导作用的结构性要素

构成城市历史空间的结构性要素，包括历史场所、历史道路、历史景观、历史河道、历史肌理等。

3.4.1 历史场所

每个场所都是唯一的，呈现出周遭环境的特征，这种特征由具有材质、形状、肌理和色彩的实体物质和难以言说的、一种由以往人们的体验所产生的文化联想共同组成。因此，场所除了具有静态的实体设施以外，还具有“活动 Activities”和“含义 Meanings”两个重要特征。这一理论为空间研究的纯物质研究方法另辟蹊径。

1. 可感知的存在空间

按照罗杰·特兰西克的研究，经典的历史空间范例，需要在空间上体现三维的立体架构、二维的平面形式，以及空间中的实体布局，三者组合构成了具有积极意义的空间。具体特征表现在边界的围合、平面铺装的延续，以及成为活动中心或者视觉焦点的实体布局上，**其中边界围合感是其作为城市历史空间需要保护的核心**。

● 边界围合

无论广场或者街道，都需要一定的边界围合感，对空间有所界定。在广场中主要表现为周边界面对广场空间的封闭程度，而街道是广场封闭空间的延续，并同时需要以两侧界面高度与街道宽度形成的适当的高宽比，定义街道空间的尺度，因此，**两侧界面高度、街道的宽度是其核心的空间保护要素**。围合的边界赋予空间以定义，并界定了一个“场”的范围，给人以进入感，使人能强烈感受到一种差异性。按照“存在空间”的定义，这种围合使空间成为可感知或者“已知”，不同于此前的“未知”的空间（图 3.14）。

● 平面及铺装连续

从视觉心理角度看，平面及铺装的连续完整，增强了空间的整体感。对步行者来说，地面铺装是最近距离的环境感受，同时在视觉上，超宽视野对视线具有拉伸作用，铺装的连续完整会强化场所空间的整体性。

● 活动中心或视觉焦点

在经典的历史空间中，无论是广场还是街道，都具有公共活动的属性。具有轴对称空间布局的广场，在中轴线上设置视觉焦点，并成为公共活动中具有象征意义的地标，如政府大楼、教堂、宣讲台或纪念碑；非对称空间布局的广场，往往在围合的边界上以某个立面突出的建筑作为视觉焦点，虽不是公共活动中的主角，但也以配角的方式成为一种提示性的地标，例如广场边的钟楼、某个著名雕塑等；以闲散的日常活动为主的场所，则通过提升环境品质的喷泉、花坛、座椅成为公共活动的辅助设施，而最中心的空间则留给集市、艺术家表演、餐饮茶座等（图 3.15）。但无论是作为主角、配角，还是辅助设施，这些公共活动的促成者都对实体空间中人的活动产生重要意义，也因此使实体空间本身具备了精神上的意义。

图 3.14　捷克 Namesti Premysla Otakara Ⅱ广场的涡轮形布局对景与界面

（图片来源：作者自拍）

2. 持续的人的公共活动

城市是人类活动的中心地区，是人类从事生产、生活活动的产物。城市历史场所中人的活动，主要包括日常性活动和仪式性活动两类。**持续的人的公共活动是历史性场所保护的核心内容。**

- 仪式性活动

仪式性活动又分为神圣性仪式和礼俗性仪式，主要以广场为空间载体。城市历史空间中，具有宗教色彩或标示政治权力的场所，往往是神圣性仪式的活动空间，如北京的天安门广场、梵蒂冈的圣彼得广场等；而传统戏台、庙会集市、牌坊等所在的空间则更多的体现传统节庆与风俗性的仪式活动。

- 日常性活动

城市中的日常性活动则较多的集中在城市街道和社区级的小型广场中。日常性活动有别于具有宏大、神圣的价值意义的活动，具有自发和无序的特征（张雪伟，2007），既包括有

图 3.15　捷克 Namesti Premysla Otakara Ⅱ广场作为视觉焦点的雕塑喷泉

（图片来源：作者自拍）

意识的活动，如工作、居住、娱乐活动等，也包括无主观意识的偶发性活动（图 3.16）。

图 3.16　意大利维罗纳（Verona）广场的自发集会

（图片来源：作者自拍）

人在从事各种活动的过程中，通过对空间产生关系，同时空间反过来对个体以及社会群体产生持续的反馈。这些活动虽然在意义与重要性上各有不同，但都在长期的人—地互动过程中，产生了社会价值，以及一种独属于这一空间的存在意义。

3. 附着于空间上的社会认同

场所具备了实体空间所带来的环境心理感受，并通过各种类型的活动产生持续的人地关系之后，在个体记忆向集体记忆过渡的过程中，逐渐产生社会认同，而这种社会认同，又反作用于这一实体空间，继而产生了精神层面的意义，即场所精神。

按照哈布瓦克（M. Halbwachs）的记忆社会学理论，场所在记忆的形成和维系的过程中起到了关键性的作用。一方面，场所为记忆提供了某种空间框架；另一方面，记忆也对场所有着极其重要的影响，表现为人们对特定场所的朝圣、情感维系以及自发性的纪念行为，伴随着这些行为的往往是场所本身的改变、修复甚至是消失。

- 从个体记忆到集体记忆

个体活动无论是日常性活动还是仪式性活动，在实体空间中产生个体记忆。按照涂尔干（E. Durkheim）对“共识”产生过程的论述，宗教和道德构成了人类社会共同的基石，正是在宗教信仰、仪式和道德律令等社会关系的约束下，人们得以形成某种超越个体的“集体力”，个体记忆被高度概括为集体记忆。而集体记忆形成的过程对个体在社会集体中的自我界定以及集体关系的认知具有影响，这种影响将个体凝聚在一起。从某种程度上说，集体记忆的形成过程也是社会凝聚力产生的过程。涂尔干指出“之所以个体之间能够克服差异，无非是通过集体记忆这一工具。群体对历史事件的回忆，不但巩固了个体心中对于自我、他人、集体的意识，更加保证了在当下和未来，这一超越性的力量不会消失。”

● 历史记忆的时空锚固

历史记忆与历史场所之间存在相互锚固的关系。个体记忆在社会关系的约束下，形成一种共识，而这种共识被特定的空间环境进一步符号化、抽象化，形成了附着于空间之上的集体记忆。场所在记忆的影响下，逐渐脱离其物质性，并随着社会的变迁修正、消失或产生时空错乱，成为一种符号化的意向（图 3.17）。通过场所，记忆找到了一个空间框架，人们得以将时间和空间锚固在特定的场景之下；透过记忆，场所超越了其物质性，它所蕴含的空间、环境和建筑等因素无一不打上了人的烙印。正是在这种复杂的互动过程中，个体脱离了自我而将目光转向他所属的群体，他同这个群体的其他个体分享着同样的记忆，也分享着同样的场所，社会认同就此产生，而这种社会认同即场所精神的意义所在（陈晋，2015）。

图 3.17　2005 年北外滩地区拆迁现场带有 Logo 的红砖

（图片来源：作者自拍）

3.4.2　历史道路

1. 功能与风貌的留存

以上海城市历史空间中留存下来的历史性道路为例，共包括三种类型：第一，历史性交通主干道，例如按照《ATLAS DE SHANGHAI》和 1937 年的《大上海新地图》，可以识别出上海在 1937 年以前作为主干道的历史道路，共 50 条①。第二，历史性生活主干道，由于租界时期上海的公交线路基本设置于人流较为密集的地区，并串联当时的生活与工作的场所，因此，可以根据 1932 年《上海新地图》中的电车线路和无轨电车线路②，从侧面反映历史上的生活主干道。第三，历史留存下来目前风貌完好的道路，即历史风貌道路，根据 2007 年上海市规划和国土资源管理局提供的资料，在《关于本市风貌保护道路（街巷）规划管理若干意见的通知》中确立了 107 条风貌保护道

① 包括北京路、南京路、西藏路、黄陂路、福建路、衡山路、江宁路、四川路、延安路、人民路、中华路、中山路、浦东路、肇嘉浜路、斜土路、广元路、漕溪路、吴中路、虹桥路、天山路、长宁路、曹杨路、番禺路、康定路、余姚路、海防路、长寿路、宜昌路、新闸路、交通路、常熟路、沪太路、九龙路、同心路、东大名路、东长治路、长阳路、宁国路、四平路、山阴路、溧阳路、宝安路、杨树浦路、军工路、翔殷路、淞沪路、邯郸路、黄兴路、新建路、东江湾路。

② 主要集中在西藏路—天目路—中山东路—金陵路围合的区域。外围线路西向主要沿淮海路、北京路—愚园路、新闸路、江宁路；南向主要沿中山路、人民路、西藏路；北向主要沿长阳路、杨树浦路。

路，其中一级风貌保护道路64条[①]。

历史道路作为历史遗存，具有一定的历史价值，但在发展的过程中，存在功能的改变和风貌的改变。例如，九龙路由历史上的主干道转变为现在的支路，沪太路的历史风貌已发生巨大改变。兼有历史风貌又保存历史功能的道路，如江西中路等，则具有较高的层积价值，代表了其历史功能与风貌景观的时间延续性，同时在当代的城市空间中依旧发挥作用。

2. 文化意义的集聚

从文化价值角度看，历史道路也可被视为场所空间的拓展，具有“文化走廊”的意义，是文化交流相对集聚的线性空间。荷兰学者汉斯·莫马思（Hans Mommaas）提到“单一功能是一种基于日常消费和呈现功能的松散的集聚，就像放在博物馆的一角。而多功能是建立在一种对消费、呈现、交流转化的更加复合的集聚，其产生的结果具有更强的纽带联系。2007年保加利亚的瓦尔纳的巴尔干文化走廊（Trans-Balkan Cultural Corridor）是第一个文化走廊实践，被总结为将“昨天的走廊转变为明天的不同文化之间交流的主要轴线”，这个项目的目标是通过在这个文化走廊上展示、保护、可持续的使用，以及为完整的文化旅游发展普及其价值含义，来保持区域的可持续发展。

按照这一观点，历史道路中具有多次功能转变的道路，是文化交流更为集聚的地区，具有更为复合的文化意义，其产生的结果具有更强的纽带联系。例如，上海人民路和中华路是上海县曾经的城墙边界，在明清时期曾多次在抵御倭寇的斗争中发挥作用；上海开埠以后，这一城墙又成为华界与租界的分割界限，成为上海殖民早期中西文化对峙的实体象征；1912年拆城墙筑路事件，成为“华洋杂处”的标志，此后租界与华界频繁的社会交流，又促成了中华路、人民路一带的商业繁荣，中华路一度成为上海旧时粮油食品交易中心。因此，人民路和中华路的功能包括了军事防御、社会隔离、文化贸易交流以及交通联系等多重历史性功能，具有更丰富的历史文化及社会意义；同时，沿路部分历史建筑，以及街道的单侧空间尺度，较好的延续了历史上的实体空间感受，具有较高的层积价值。

3. 连接的历史重要性

历史道路在连接不同功能区块的重要程度上存在差异，**而连接性是其作为城市历史空间需要保护的核心**。具有对外交通联系的道路，以及联系重要功能组团的道路，在历史结构中发挥更重要的作用；而城镇内部网格状的道路，具有交通出行的多种选择，不具有功能联系的唯一性，且密集的生活性道路在功能联系的重要程度上也不如骨干道路，因此其连接的重要性较弱。

从1908年伦敦出版的《上海近郊地图》中发现，当时上海有5条重要的对外联系

① 2015年随着上海历史文化风貌区范围将扩大，又增补了23条风貌保护道路，共计130条。

道路，分别联系周边的城镇，也是上海陆域上的物资与人流输送的重要通道。1）西北向连接南翔火车站和嘉定老城的沪宜公路，在历史上是嘉定县与上海县联系的重要结构性道路，现在又名烟沪线，是国道 G204 的起始段，终点为烟台。2）正北方向连接上海火车站和太仓浏河镇的沪太公路，在历史上是浏河镇（原刘家港）与上海县联系的重要结构性道路。沪太路在 1921 年建完通车，是上海到外省市最早的公路，由太仓的爱国乡绅与民族资本家捐资建设，在淞沪战争中发挥了重要的物资输送作用。3）东北方向连接吴淞口和公共租界东部工业仓储区的军工路，是运输军事物资和出海货运的重要通道。4）西南方向连接法租界和闵行，直至杭州湾金山卫的沪闵—沪杭公路，是联系上海南部地区的通道，其跨越黄浦江的渡口至今仍在使用。5）正南方向从浦东白莲泾渡口到南汇周浦镇的上南路，是上海连接南汇地区的重要通道。从周浦镇通往芦潮港的路段曾有铁路，后改为公路。周浦镇在明清时期就一直是棉粮集散中心，漕运发达，当时是集铁路、公路、河运为一体的交通枢纽（图 3.18）。

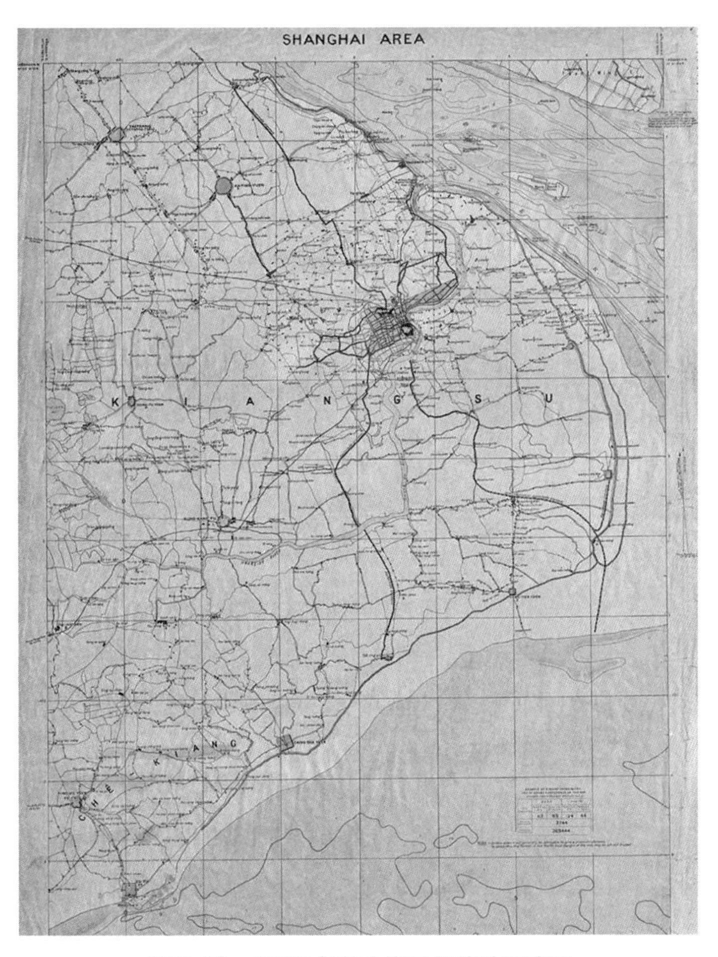

图 3.18　1908 年的上海及周边地区路网

（图片来源：http://www.oldmapsonline.org/map/britishlibrary/4998126，检索日期 20180927）

4. 连接的当代重要性

今天依然留存的历史道路，在当代城市空间中所发挥的作用有所区别，而历史上的重要程度与当代的重要程度的叠加，才代表了其层积的价值总和。换而言之，众多历史道路中，在今天所发挥的现代作用越大，则代表其现代功能的包容性越强，其综合的价值越大。

对比上海中心城区目前的结构性道路网络，其中部分历史道路成为现在的高架道路，如邯郸路成为中环的一部分，中山路成为内环的一部分；部分历史道路成为现在的地面结构性道路，如四平路（原名其美路）、沪太路等。

5. 当代的活力

历史道路无论功能延续还是改变，所容纳的当代活动的丰富程度以及活动密度代表了其当代的活力。通过百度 Poi 数据分析能够发现，历史性道路并不都是今天的活力街区。例如上海的政修路及周边街道是按照大上海计划建设并保留至今的城市道路，串联周边居住社区，并在空间上构成斜向对景。虽然其功能、风貌、尺度都较好的保留下来，但由于周边均为封闭围墙的居住区，缺乏商业及公共活动设施，同时夜间照明不足，成为昏暗幽闭的通道空间，缺乏活力。

而具有当代活力的历史道路，通常具有丰富的公共服务配套设施，同时具有较为舒适的步行环境，反映出较高的层积价值。

3.4.3 历史景观

这里所指的景观，特指视觉上所看到的景象。历史景观是历史上形成的具有一定公共标识性的景观，这种公共标识作用随着时间层层积淀，也具有个体记忆向集体记忆转变的倾向，并产生某种精神或情感的象征，具有一定的文化与社会价值。引发历史性城镇景观的维也纳高层事件就是由于象征维也纳城市形象的历史景观受到了当代高层建筑的影响，在重要视觉廊道上，城市空间轮廓线发生了变化。城市空间轮廓属于面域型的整体景观，而具有单一方向性和标的物的景观为廊道景观，另外还有限定于一定面域中的框景景观和具有移动性特征的动态景观等。城市历史空间中，较为常见的是面域型景观和廊道型景观。**对于历史景观来说，视觉框景中视觉焦点附近的视觉效果是其作为城市历史空间需要保护的核心。**

1. 面域型景观

霍尔·默瑞吉（Hal Moggridge）在《视觉分析：发展中的城市视廊保护》中提出历史城区与发展地区最大的影响和冲突，就是视觉影响，所以对历史城镇进行高度控制十分有必要。人的视觉存在选择性聚焦的问题。在广角镜的影响下，前景和视觉边上的景象被放大，是核心焦点区的四倍大，可以从照片与画的对比中发现。在全景的影响下，新建的高层塔楼看似比较小，被一系列对过焦的广阔场景所包围。但其实这是个误区，因为人的眼睛只能聚焦在一定宽幅的视野内，其他都是模糊的，同时，人眼只在关心的东西上移动，会自动忽略其他不重要的景象。因此，当很多不相关的景象堆积在一起时，真正关键的影响非常少，而突兀的高层建筑往往具有视觉焦点的作用，其视觉影响会在人眼的作用下被自动放大（Hal Moggridge，2010）（图3.19）。

图3.19　照片拍摄景观（左图）与肉眼实际聚焦后的景观（右图）对比

（图片来源：作者自拍）

由于城市历史空间中作为基底的大量建筑群，具有相似的肌理以及整体较低的高度，因此面域型景观，对建筑高度的突变极为敏感，一方面是产生了焦点强化的干扰作用，另一方面是高层建筑对后面的景观具有遮挡作用。面域型景观一般以较高的位置为观景点，以形成宽广的视域，景观视线的角度越大，对空间整体轮廓的敏感度越高。同时，前景的建筑越高，对后方的遮挡越大；前景的建筑距离视点越近，对后方的遮挡越大。因此，从层积价值的角度看，历史景观中的前景建筑越高，距离越近，其后方布局突变建筑的可能性越大，在当代或未来的建设中所受的限制越小。

上海外滩历史建筑群形成的历史性景观，由于前景建筑普遍不高，只有在中山东一路上才能形成较为完整的景观意象，而从浦东滨江向西所看到的这一历史景观，则受后面高层建筑的干扰，失去了原有的景观效果。相反，从浦西外滩看浦东的景观，其前景的建筑高度已然几百米，因此，其后建筑高度对整体轮廓线的影响比较小。也因此，浦西外滩滨江带是兼能观赏浦东标志性景观与外滩历史性景观的观景站点（图3.20和图3.21）。

苏州老城的整体空间轮廓线受制于北寺塔俯瞰全城的历史性景观，由于北寺塔本身具有76米高，而城内以1—2层的传统江南民居建筑为主，有少量重要的公共建筑，如寺庙、道观、府衙、城楼等略高于居住建筑，因此，从北寺塔俯瞰全城的历史景观具有清晰的高度与等级层次。为了满足城区现代化生活的需要，在旧城改造中，基本遵照了原有肌理，同时建筑高度有了整体提升，但在高度的严格控制下，基本呈现较为整体的城市轮廓线，历史景观虽有变化，但属于整体渐变，并未出现明显突变。2013 年政府启动护城河以外的若干旧住区改造，第一批改造完成的南环新村，建筑高度达到 100 米，虽然位于古城保护范围以外，不受北寺塔景观的高度限制，但是由于整体规模较大，成为面域景观中的新视觉焦点，对历史景观产生了负面影响（图 3.22）。

图 3.20　从黄浦江西岸分别看浦东（左图）和浦西（右图）的景观

（图片来源：作者自拍）

图 3.21　从黄浦江东岸分别看浦东（左图）和浦西（右图）的景观

（图片来源：作者自拍）

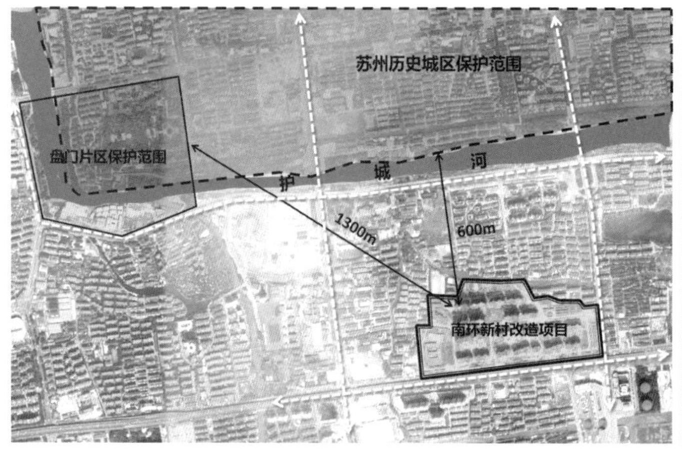

图 3.22　苏州南环新村改造项目对历史景观的影响示意图

（图片来源：作者自拍）

2. 廊道型景观

廊道型景观包括了由空间廊道界定的景观，以及没有空间廊道界定的眺望型景观。1）笔直的空间廊道具有实体感知性，以及被强化的视觉聚焦作用，对焦点上的景观标的物具有较高的标识作用，因此，经过时间延续形成了丰富的个人记忆并产生集体记忆，具有类似历史场所一样的社会共识与精神意义，其两侧的界面围合度及功能、廊道的空间尺度等对历史景观都有较大影响。2）具有弯曲变化的空间廊道，具有移步异景的效果，两侧的景观富于变化，因此，在当代具有较大的灵活度，对变化的接受度比较大。同时，由于观景过程具有一定的动态性，因此，对两侧空间界面的韵律变化较为敏感。以黄浦江景观为例，由于观景位置随河道走势动态变化，因此更关注于小陆家嘴、前滩等转弯处的景观效果。3）眺望型景观并不依托空间廊道，因此具有图幅框景的静态效果。

3. 山水城市景观

山水城市是钱学森于 1990 年首先提出的，是具有中国传统自然观，体现天人合一哲学观的一种人居环境。吴良镛认为“山水城市是提倡人工环境与自然环境相协调发展的，其最终目的在于建立‘人工环境’（以城市为代表）与‘自然环境’相融合的人类聚居环境”。其中山水城相融合的景观在中国具有独特的文化与精神内涵，是中国历史景观的典型代表，是多种景观类型的复合体系。

山水城市的景观意向与中国文人山水画的发展一脉相承。2012 年王澍在巴黎夏约学院的首堂理论课中，展示了南宋李嵩的画作《西湖图卷》，对比 1930 年代杭州西湖景观，杭州作为山水城市的景观意向被完好的保留下来。独特的山水自然环境与南宋文人精神意向相结合，使浙江成为中国山水城市景观的杰出代表。

温州地处浙南瓯江与楠溪江交汇处，是历史上永嘉县所在地，谢灵运任永嘉太守期间，受当地自然山水影响，开创了山水诗流派。温州是中国山水城市景观的代表性城市，尤其以瓯江与南溪江口交汇处附近的山水城市景观为标志。江心屿上的双塔始建于唐宋年间，是具有标志性的历史景观，素有“潮声喧万马，塔影浸双龙”的山水景观意向。

对温州双塔周边地区的景观分析发现，山水、标志性人工景观（多为名胜古迹）、站点，是这一历史景观中的三大组成要素，其重要性按照三大要素的两两叠加（图 3.23），可以分为三种类型：

1）山水景观与标志性人工景观的结合，即山水人文景观；

2）标志性人工景观和站点的结合，即游憩型名胜点；

3）山水景观和站点的结合，即登高远眺点。

同时具备这三种要素的景观，则是反映人与山水景观“天人合一”的最高境界（图 3.24）。

图 3.23　历史景观中的山水、名胜、站点三要素
（图片来源：作者自拍）

图 3.24　兼具三要素特征的温州双塔历史性景观
（图片来源：作者自拍）

山水城市景观涉及站点、视域及方向、景观标的物三者的组合。站点位置的重要性取决于该位置的活力水平或人流密度；视野的角度越大，其景观的影响范围越大；景观标的物本身的重要性取决于其社会文化价值以及视觉的可识别性。

结合上述两方面情况，历史景观可以分为重要山水景观点和一般山水景观点，以及不同的视域和视廊的叠加，这些地区对保持历史景观的完整性具有积极意义，对新建建筑的高度较为敏感。

山水背景与城镇所形成的整体景观，存在主景与配景、前中后景、景观层次等复杂的组合关系。其中，最为典型的历史景观是背山面水，街道空间轴向连接山水两端的城镇，这些廊道型的街道景观，在对景为某处山峰或名胜古迹时，具有焦点强化的突出作用。而作为一个建筑群的整体，其建筑轮廓线应以不遮挡背景的山脊轮廓线为原则，尤其对近景的建筑更需要进行严格的高度控制。

由于瓯江南岸是温州重要的公共活动岸线，站点具有动态移动的特征，因此这段位于楠溪江口的 3 公里长的历史景观带可以结合重要的街道空间轴线分解成若干的景观剖面，从而对整体动态景观进行分解（图 3.25）。

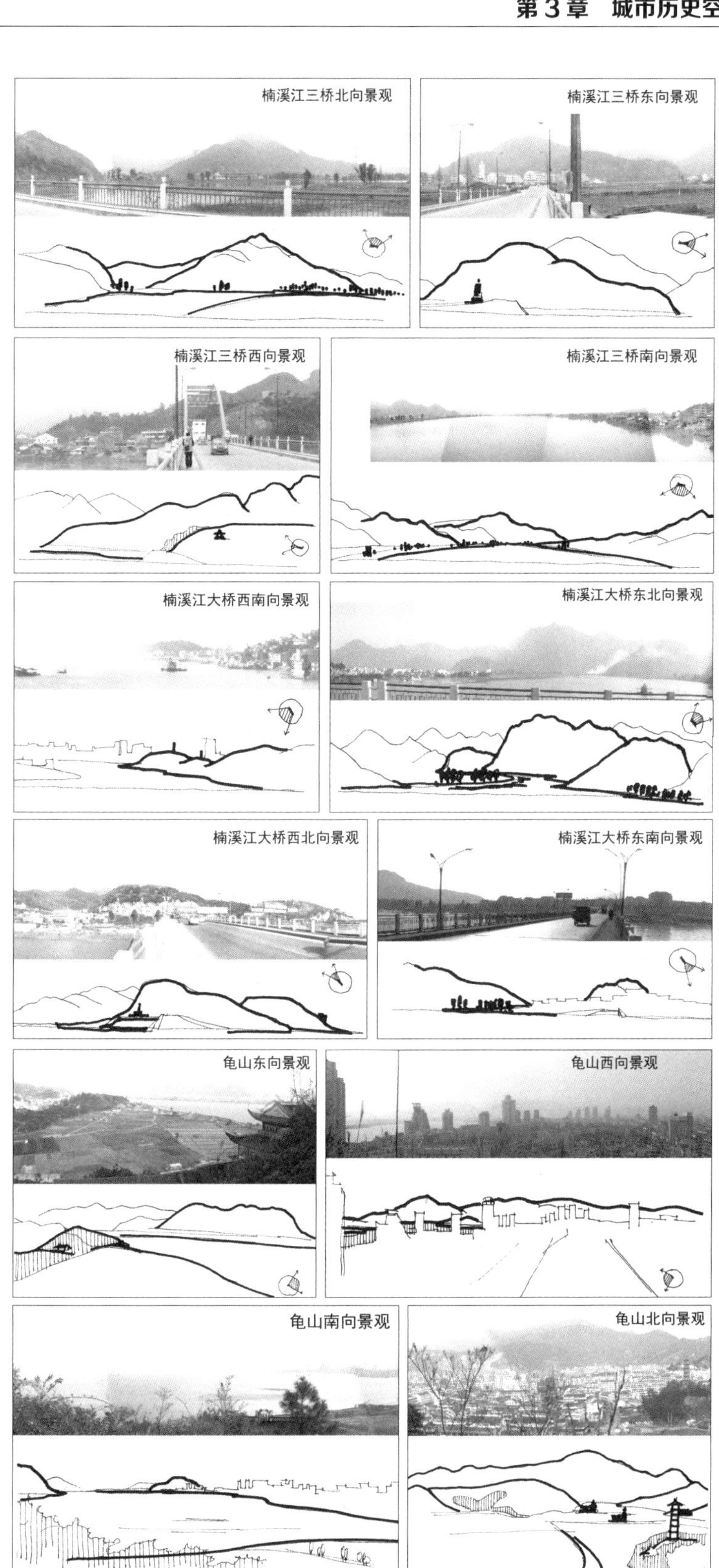

图 3.25 温州楠溪江沿线山水景观分析

（图片来源：作者自绘）

3.4.4 历史河道

历史河道是人们为抵御自然灾害，便于生产生活，而长期对自然水系改造及利用的产物，属于一种文化景观。按照历史河道在形成过程中人的活动类型，以及河道对人居环境的作用，可以分为水利疏浚、农田灌溉、交通航运、工业仓储、公共活动五种，人与河道的不同关系形成了不同的层积价值。

1. 水利疏浚

按照《太湖水利技术史》的记载，我国东部滨海的很多地区，在新生代的第四纪，由于地壳升降以及大洋水面高低变化的影响，海陆面积开始频繁的此消彼长，相继形成了相互重叠的古三角洲。公元前 226 年左右，上海地区海平面较低，海水直达太仓、外冈、漕泾一带，形成一条自西北向东南的沙堤，将西部太湖洼地与大海隔开，后又形成数条平行沙带，因海浪作用被泥沙、贝壳等填高，形成天然堤坝，称为“冈身”。受长江、钱塘江以及太湖流域的共同影响，冈身线以西分属苏锡常平原和杭嘉湖平原，形成鱼米经济和桑蚕经济，分别反映出水网平原和湖荡平原的特征；冈身线以东成陆较晚，以圩田、滩涂为主，多种植棉花，反映出三角洲平原的特征。冈身线形成的同时，也有了如今西部淀泖洼地的雏形（图 3.26）。

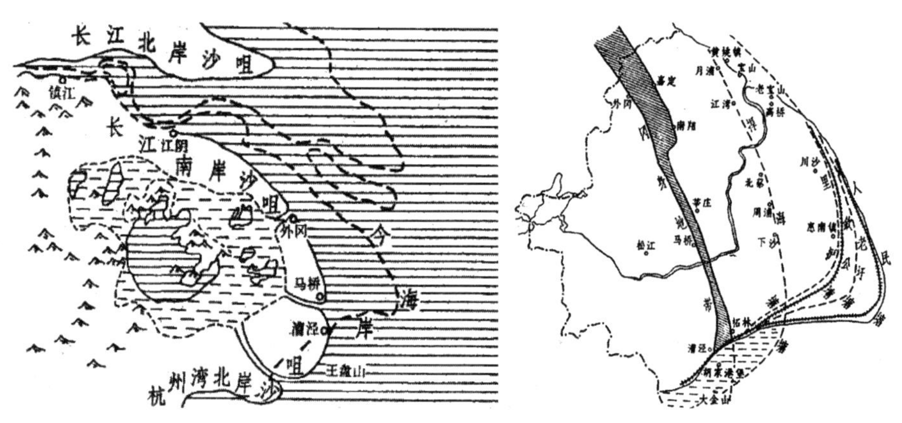

图 3.26 古代长三角地区（左图）及上海地区“冈身”分布图（右图）

（图片来源：尚思棣，1974；褚绍唐，1996）

由于地处太湖流域下游，上海地区始终承担太湖泄水入海的功能。在长江泥沙的冲击下，长江南岸形成沙咀，后又转向东南与钱塘江北岸沙咀相连，将古太湖围成泻湖，后因泥沙不断淤积，逐渐演变为由多个大小湖泊组成的平原，受到海潮内外潮汐涨落影响，太湖水由部分通海的缺口流出，形成三条水道——娄江（今浏河）、松江（今吴淞江）、东江（今已消失，汇入黄浦江上游水系）。

明初时，因吴淞江淤浅严重，黄浦口淤塞不通，当时的户部尚书夏原吉疏浚吴淞江南北两岸支流，引太湖水入浏河、白茆直注长江，史称“掣淞入浏”，此后吴淞口实际成了黄浦口，又称“黄浦[①]夺淞”。这一重大的水利疏浚工程，极大地改善了太湖下游地区的洪涝状况，为此后的农田灌溉和交通航运发展奠定了基础。在黄浦江作为泄水通道的同时，原吴淞江下游[②]支流水系发生了变化，历史上的上海浦、下海浦，逐渐演变为今天的虹口港、杨树浦。

江南地区在长期的水系治理中创造出一种浦、塘、泾、浜的农田灌溉体系，通过挖塘泥修筑堤坝划分圩区，在圩区内通过堤坝上的水闸调节农田灌溉水量，旱则灌水，涝则排水。大型圩区以浦、塘分界，一般东西向 7—10 里间距设浦，南北向 5—7 里间距设塘。大型圩区内以 1—2 里的间距设泾、浜，划分中型圩区（图 3.27）。上海郊区城镇很多地区还保留了这些历史河道，而中心城区由于城市建设填河筑路，很多历史河道已经不存在，但有些转变为历史道路，保留了当时的河道空间以及河道名称，例如肇嘉浜路、陆家浜路等。不同的圩区按形成先后进行编号。上海南市区的圩田编号即是以千字文的顺序进行编号，“天字圩”、“地字圩”、“玄字圩”、“黄字圩”等自东向西，自北向南推进。清淤挖出的塘泥，用于堆高堤岸，这些堤岸即成为小型圩区之间的田埂，并在此基础上逐步扩大，成为村庄道路、农舍及村庄的基础。而这些村庄在经济、文化、社会的综合发展过程中，逐步形成了集市和集镇，乃至发展为城镇。

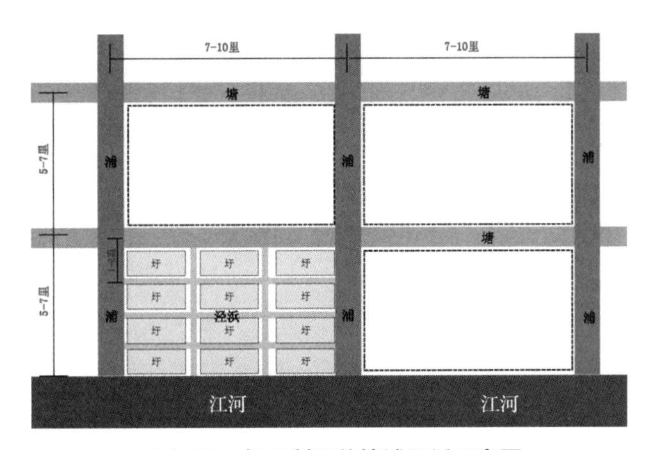

图 3.27　圩田制下的塘浦泾浜示意图

（图片来源：作者自绘）

2. 航运通道

江南水乡地区的城镇群，依托于历史河道网络而建立。相较陆地上的人力、畜力的运输方式，水路航运具有运量大、速度快、舒适稳定的特点。形成于明清时期的江

① 战国时期楚国名相黄歇，被封为春申君。有说法认为由于上海是他的封地，因此黄浦江下游曾被称为黄歇浦和春申江，其中的“申”字后来成为上海的别称。

② 吴淞江故道亦称为旧江，后谐音改为“虬江”。在今天上海北部地区仍断断续续保留了该河道。

南地区城乡水运网络，历来是镇村之间，以及城镇之间的经济贸易大动脉。江南农村地区的航运以赶集为周期，按照手摇船出行往返的时间作为与周围城镇村的联系距离，呈现出以区域经济和航运通道网为依托的城镇群分布特征（图 3.28）。

图 3.28　20 世纪 50 年代江阴—无锡—常熟地区的城镇与水网关系

（图片来源：作者自绘）

上海因地处长江入海口，是重要的远洋航运与内河航运的转运枢纽，很多历史河道具有航运通道作用。“黄浦夺淞”之前青龙港（742 年始兴，1132 年设市舶司）兴盛，后因河道淤塞衰落；“黄浦夺淞”之后上海镇因港口贸易中转，逐步兴盛，后发展为上海县（今老城厢地区）。由于黄浦江便于出海，水道稳定，是优良的航道，上海在鸦片战争以后成为开埠通商城市。黄浦江与苏州河分别是海上航运与内河航运的大动脉，直到今天黄浦江依然是繁忙的航运通道。

作为航运通道的历史河道，在原有自然水系或灌溉水渠的基础上进一步修筑堤岸。为了便于长期航运通行，这些历史河道需要定期清淤，深挖河床，并加固堤岸，是个长期的动态维护过程。苏州老城中的历史河道在中华人民共和国成立前，除了战争与自然灾害的特殊年份，基本保持 30—40 年一次清淤的周期，这个过程本身具有人地互动的关系与意义，并具有历史延续性。

3. 滨河产业

历史河道在航运贸易的带动下，其滨河地区衍生出与历史河道密切相关的产业，并随之带来经济、文化及社会的意义。

由于黄浦江与苏州河的航道深度不同，海上货轮进入内河前需要换船，或用拖轮增加动力，因此，两河交汇处一度成为仓储及货运中转的枢纽，滨河驳岸成为各国争夺的资源。由于海运货船无法近岸，民众自发用舢板往来于货船与岸上，为货船提供补给与船只的维护零件，久而久之衍生出修船业、五金行业，以及仓储物流产业。例如，黄浦江边的江南造船厂船坞、民生码头仓库、老码头仓库，以及苏州河畔各类粮油仓库等都是其相关的产物，这些历史河道周边的工业遗产与历史河道的航运及衍生产业密切相关，是不可分割的整体。

历史河道具有丰富的历史信息，从某种程度上说，比历史道路的延续时间更久，社会功能与文化意义更丰富。从时间上追溯，历史河道的形成时间多则几千年，少则上百年，从农耕文明时期水利及农业生产作用，到工业文明时期的航运及相关滨河产业，都是具有时代标志的历史层积的延续和叠加。即使很多历史河道的功能已经几经转变，两岸的景观风貌和人工环境都已发生改变，历史河道也具有最基本的城市空间的锚固作用，以及收集雨水、生态涵养的功能，在滨河岸线逐步开放成为公共活动场所后，其作为景观和公共场所的价值将表现出更为丰富的人文内涵（图 3.29—图 3.31）。**对于历史河道来说，界定河道的空间边界是其作为城市历史空间需要保护的核心。**

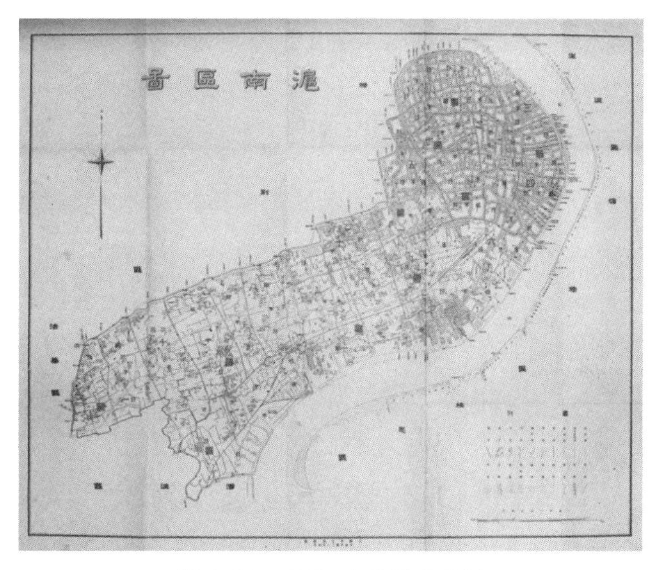

图 3.29　1931 年的沪南区图

（图片来源：《上海城市规划志》，1999）

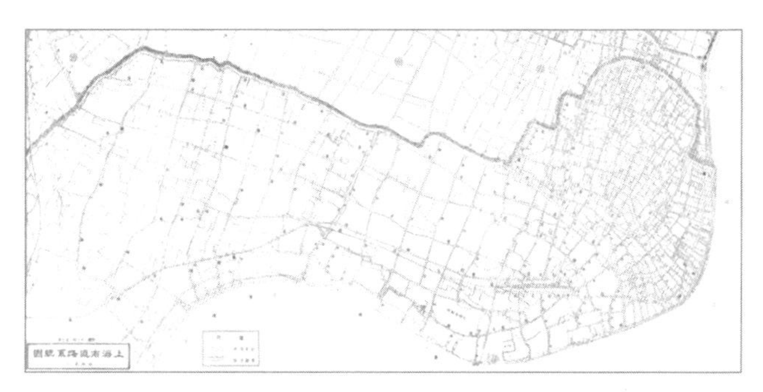

图 3.30　1946 年的上海市道路系统图（沪南区）

（图片来源：《上海老地图》，2003）

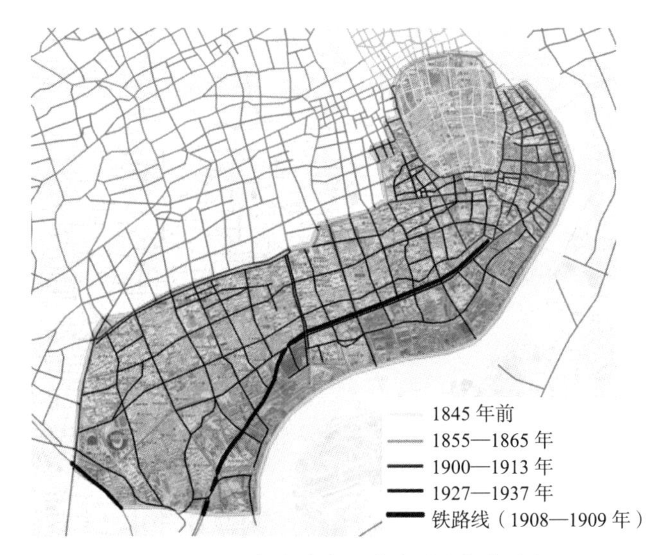

图 3.31　上海沪南区道路形成年代分析

（图片来源：作者自绘）

3.4.5　历史肌理

1. 建筑、街巷、地块三种肌理

城市的历史肌理，从直观的空间实体角度，主要分为建筑肌理和街巷肌理。建筑肌理反映建筑实体与虚体空间之间的对比关系，即建筑实体的“图”与城市开放空间虚体的“底”之间的关系；街巷肌理反映出城市道路与街巷所界定出的街道虚体空间与周边街坊作为抽象的整体建筑群的实体之间的对比关系，即具有一定线段宽度的网状空间，所反映的是街巷虚体的“图”与城市整体空间实体的“底”之间的关系。

由于传统肌理中建筑后退街巷边界的距离较小，有些甚至不退界，同时街坊内传统民居连片建设，因此在城市空间的宏观尺度上，街巷的路网肌理与街巷空间所围合而成的街巷肌理，基本近似。在现代城市规划出现以后，车行道路空间、步行道路空间的进一步细分，以及建筑后退道路红线后的缓冲空间，使街巷肌理实际演化为由车行的路缘石线所界定的车行空间肌理、以道路红线所界定的道路空间肌理、以实际沿街建筑围合所形成的街廓空间肌理三种类型（图 3.32）。

由此可见，从空间感知的角度看，历史肌理虽然也是一种更大范围的建筑肌理的表达，但其反映出的已不仅仅是建筑的组合关系，而且包括了城市空间中的地块权属边界、道路市政管理边界、街区管理边界、单元管理边界、分区行政边界等看不见的边界与建筑的组合关系。这些历史上形成的地块边界肌理，反映了历史中自然地理水文条件和社会经济管理等方面的意义，具有层积的价值。例如虹口港地区溧阳路与沙泾路路口的历史肌理，并不仅仅反映出建筑肌理的组合关系，还是历史上卫生局地块边界的反映，其中向西北斜向的边界线造成了其两侧建筑斜向布局的特殊肌理（图 3.33）。

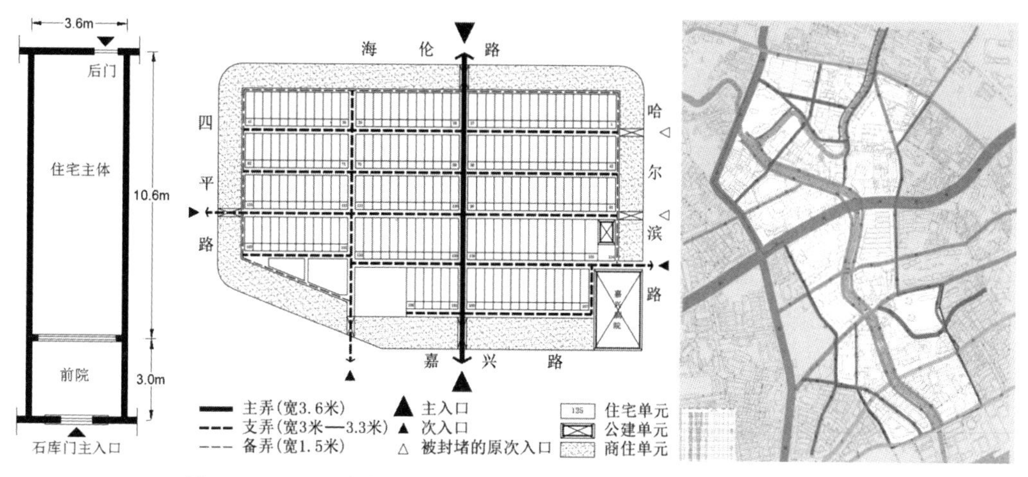

图3.32　里弄住宅、瑞康里、虹口港地区三种不同的肌理及结构

（图片来源：作者自绘）

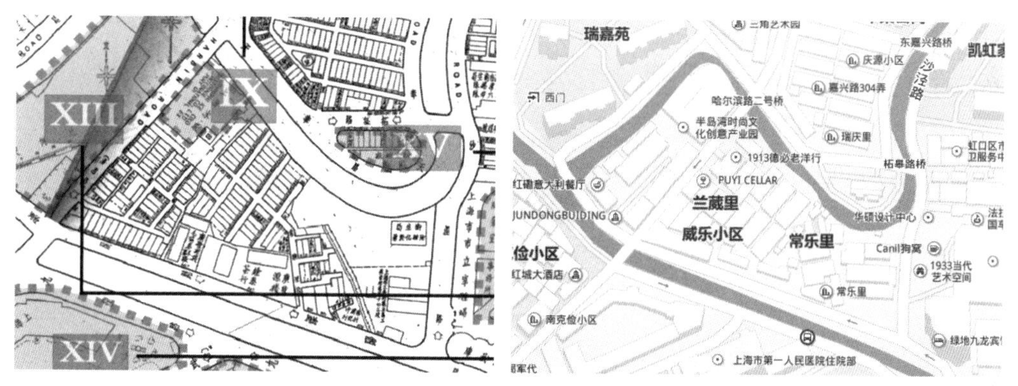

图3.33　1940年出版的上海《行号路图录》显示的地块边界（左图）与目前该地块的建筑肌理（右图）

（图片来源：https://map.baidu.com/，检索日期20170304）

以法租界1920年的地图为例，由于建筑以独栋住宅为主，建筑后退道路距离较大，因此反映出的建筑肌理较为稀疏，但由于沿街划分的住宅地块边界尺寸较小，同时尺寸相对一致，因此，即使建筑形态各异，退界也有所不同，但依然存在较好的图底关系（图3.34）。如果说街巷边界界定了街坊与道路的网格框架，地块边界则界定了街坊内不同地块之间的空间组合关系，通过地块边界与地块内建筑的相对关系，限定了地块间建筑的组合关系，从而构成了建筑肌理。

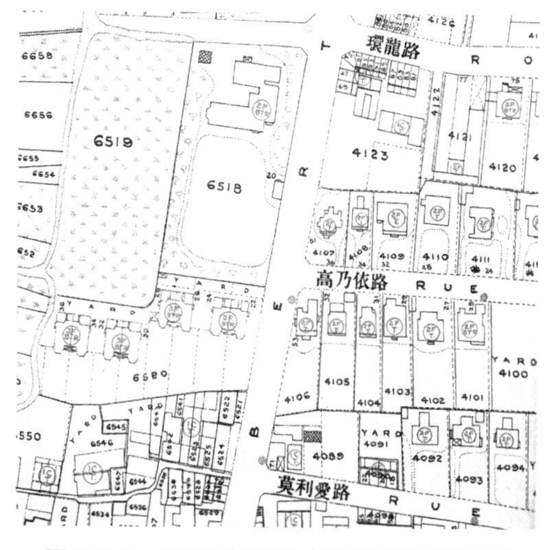

图3.34　1920年出版《法租界及其延伸》

（图片来源：《上海老地图》，2003）

2. 反映空间秩序的复杂系统

历史肌理，是上述各种产生于历史中，延续至今，并彼此关联的各类要素在当前空间环境中的表现特征，反映出历史层积本身以及不同历史层积之间相互融合的空间秩序，是一种复杂的图底关系。**这种空间秩序，是历史肌理作为城市历史空间需要保护的核心**。正是由于空间秩序存在时间与空间的双维度特征，不易于直观地反映，因此往往被称为一种“无序”的状态。作为城市主义精髓的“凌乱的活力（罗杰·特兰西克，2008）”，即是对这种状态两种突出属性的生动表达：第一，无序的表征；第二，多样性带来的活力。

所谓的无序，是指空间秩序的多维多元性，而并非表现为单一秩序。空间秩序的多维多元可以抽象为叠加、拼接、渗透、更新等作用。

叠加：形成于不同时期的历史层积在位置上基本一致。例如苏州古城中的子城，原本是府城中重要的行政中心，在上千年的历史中几经兴废。在1927年的《苏州工务计划设想》基础上，这一地区规划并建设了新的市中心，即今天的五卅路、大公园一带，作为市民休闲健身的场所。

拼接：形成于不同时期的历史层积在空间上的相邻关系。例如上海租界区就是在最初英租界的基础上，分不同的时间年代向外拓展所形成的不同层积拼接而成。

渗透：两个不同时期形成的历史层积之间产生空间肌理的渐变。例如上海老城厢北接河南路的地区，在民国时期已经出现传统民居肌理向方格网状的商业办公肌理的过渡渐变。

更新：更新是个持续动态的过程，既有自下而上的自发式更新，又有自上而下的更新。在历史肌理形成的过程中，对破旧建筑的拆除，为满足新功能而进行的加建，以及新公共活动场地的开辟，始终存在微观层面的变化。由于传统肌理的图底空间更为紧凑，因此，更新的过程总体表现出稀释化的渐变趋势。

第4章

城市历史空间的资源特征

4.1 文化遗产的发展资源观

4.1.1 基于可持续发展的城市发展模式反思

1972年，美国麻省理工学院教授丹尼斯·麦多斯（Dennis Meadows）领导十七人小组在研究了人类所面临的危险后，出版了《增长的极限》一书，从人口爆炸、粮食供给、资本投入、环境污染以及资源耗竭等五个因素出发，建立起“增长有限论”模型，并提出由于经济增长的有限和不可持续性，世界体系的基本行为方式将是人口及资本的指数增长并随之崩溃的结论。尽管其中存在颇多理论缺陷，但他们所强调的问题，即由于人类对自然资源，尤其是不可再生资源，与生态环境的肆意开采和破坏，将导致人类自身生存的危机，这一发人深省的论断使各国学术界、当政者和公众开始就经济增长是否有限以及增长的代价等问题展开了一场旷日持久的大讨论。

1980年，国际大自然保护协会IUCN发表了《世界保护战略》报告，其中首次提出了“可持续发展”的构想。1987年世界环境与发展委员会WCED首先在《我们共同的未来》报告中，具体地使用并界定了“可持续发展”的概念。可持续发展是指“能满足当代人的需求，又不对后代人满足其需求的能力构成危害的发展。它包括两个重要概念：第一是需求的概念，尤其是世界各国人们的基本需求，应将此放在特别优先的地位来考虑；第二是限制的概念，技术状况和社会组织对环境满足眼前和将来需求的能力施加的限制。”其中提出了与“发展”密切相关的三个观点：1）环境危机、能源危机和发展危机不能分割；2）地球的资源和能源远不能满足人类发展的需要；3）必须为当代人和下代人的利益改变发展模式。

1. 限制需求

可持续的发展模式是对原有单纯从发展需求角度出发的不可持续的发展模式的纠正与反思。发展的原动力是需求，但是需求无限度所带来的结果是有限的资源的全部耗竭。从发展伦理上看，对需求的管理与限制，是对近代西方工业文明发展模式的一种反省。通过对发展需求的评价、约束、反省、规范，才能避免过度的发展需求，对人类共同生存环境的毁灭。

城市的发展初期，由于受自然、气候、科技水平所限，在扩张的需求上是持以谨慎的态度，造城者也秉持了对大自然的谦卑，在尊重自然规律的前提下进行适当的发展。而进入工业文明后的城镇化快速发展期，得益于工业技术的进步，在造城运动中，原有的限制被打破，同时在无限需求的驱使下，人类聚居地的无限扩张造成了近代全球自然环境的急速破坏。可持续发展所带来的新的具有限制条件的发展模式，是一种通过限制需求保护人类自身的方法。

2. 发展权平等

可持续发展所秉持的平等与均衡的理念，体现在三个维度的相对范围内：第一，全人类的平等，由于不同国家、民族、个人的科技水平不同，在占有自然资源时的能力有所不同，因此“全人类利益高于一切”，以避免人类局部的趋利行为造成整体的资源耗竭。第二，生存需求的平等，面对不同个体的发展需求，其最基本的原则，是不影响其他个体的生存，包括环境、资源、动植物等的生存平等。因此对可再生的生物资源的开发，应当限制在生物资源的自我繁殖和生长速率的限度之内。而人类生产活动对环境的污染与破坏，也应保持在生态系统自我修复能力的限度之内。第三，不同代际之间的平等，由于人类的种族繁衍，需要为后代提供相应的发展环境，因此，对当代的发展需求需要加以限制，才能够确保下一代人类的生存需求。

对城市的可持续发展来说，城市的历史遗存也存在发展的平等与均衡的问题。对城市遗产的保护，是建立在对生活环境的平等发展的基础上，而不是单纯为了保护历史价值，而忽略了原住民对改善生活的诉求。通过保护规划划定的保护范围有不同程度的管控要求，也从侧面反映了对发展的不同程度的限制，虽然其初衷是确保遗产价值不被破坏，但也在一定程度上限制了当地居民改善生活环境的可能性。在上海的很多旧里弄中，由于居住密度一度过高，很多住宅缺乏采光通风，同时部分里弄长期缺乏上下水、燃气等基本的生活设施，使当地居民的生活环境十分恶劣，甚至成为广受诟病的贫民窟。作为活态的人居环境，这些历史空间存在矛盾的两面，一面是居民私搭乱建，破坏了具有艺术价值和历史价值的各种精美构件，另一面是拥挤、缺乏自然采光、潮湿与相互干扰的生活环境，具有一定经济能力的居民逐渐搬离这些区域，取而代之的是日益陷落的社会阶层。对里弄住宅的现代化改造虽然有助于使市民的生活环境得到改善，为大多数的社会阶层创造更好的生存条件，但依然存在历史价值被破坏的风险。而今在现代科技的帮助下，同时解决矛盾的两个方面，并非没有可能。历史空间的保护，以及生存环境的改善，在很多局部的城市更新中已经实现，通过工程技术与金融运作的手段，使城市历史空间具有兼顾保护与发展的多种选择的可能性，从而更充分的提供平等与均衡的发展权。

3. 强调文化的作用

可持续发展最初提出要关注社会、经济、环境三者的协调发展。近 150 年来，工业革命和技术革新带来全球化，造成了大量全球文化与地方文化的冲突。欧洲以外的很多地区受殖民化影响，即使政治上已经独立，但依然存在文化冲突的深层影响。快速现代化的发展趋势与传统文化演变过程极不相称，最根本的问题是我们现代工业文明中的“原罪”，现代科学发展出一种实证主义意识形态，干扰了已经延续几百年的，维系获得文化传统的那种精神与物质之间的联系（Stefano Bianca，2010）。正是基于以上的认识，2010 年 10 月联合国秘书长签署了 65/166 号文件，第一次明确建立了文化对发展过程的作用，并且要求在 2015 年后的发展议程中考虑文化的作用。从此，可持续发展的价值观从以前的环境、社会、经济三个支柱，变成了现在的文化、环境、社会、经济四个支柱。可持续发展与文化繁荣之间相互依存的关系得到了广泛的重视。

文化包括广泛的含义，涉及乡土知识；地方多样性、社会与空间；动植物知识、烹饪、食物贮存方式、饮食习惯；音乐和舞蹈、艺术品和传统手工艺品；书法；人的世界观、宇宙观；宗教礼仪；符号；对于自然、建筑、无形遗产表达的价值观，还涉及手工艺品、工具、服装、器物、文件；传统禁忌和庇佑观念等（Engelhardt，R. A.，2014）。正是由于文化具有多维度的表达方式，能够与社会、经济、环境的可持续发展结合在一起，文化成为可持续发展的主导因素和重要驱动力。

文化与发展是相互促进的关系，没有人文背景的发展只能是一种没有灵魂的经济增长，没有可持续性，也不会有发展潜力和未来[①]（杜晓帆，2010）。而没有发展的文化，也不具有可持续性，会在未来逐渐走向衰败，甚至被其他文化所侵蚀和代替。因此文化的传承与弘扬，具有承前启后的作用，是一种可持续的发展思路，而城市空间是其重要的物质载体；城市的可持续发展，也不仅需要关注下一代的发展需求，而且需要延续祖辈的文化遗存，将其妥善的传承，并使其在未来可持续的发展。

4.1.2　强调动态平衡与社会继承的新发展资源观

1. 资源的动态平衡观

按照新的发展资源观，对资源的利用，需要针对资源的不同种类，进行不同层次的利用，并考虑地区配置和综合利用的问题。这里所涉及的不同层次的利用，包括了对材料、能量、信息三种不同的层次，而对于地区配置和综合利用，又涉及利用的合理性、高效性、有序性。

对资源的保护，涉及可再生与不可再生两类的资源。再生的意义包含繁殖与再循环两个层次。例如，再循环使用旧建筑，有利于减少资源使用量和残余物排放量，改善城市环境，保护生物圈，合理利用有限的资源。因此，历史建筑、历史环境可以作为再开发、再利用的潜在资源（张松，2008）。

资源动态平衡观是可持续发展的理论基础。在发展过程中地区间的资源互补和动态交流，防止资源组合错位的差距，是统筹资源的保护与利用的基本思想。

① 杜晓帆 . 文化遗产的价值判断及其保护和利用 [N]. 中国文物报 . 2010（7 月 16 日第 6 版）.

2. 社会资源的继承性

资源是一切可被人类开发和利用的物质、能量和信息的总称，可以分为自然资源和社会资源两大类。其中社会资源包括了有形与无形两种。城市遗产中的空间属于有形的社会资源，城市遗产中的场所精神、集体记忆等属于无形的社会资源。

社会资源有别于自然资源的一个重要特征是具有社会继承性。社会继承性使社会资源能够在一定条件下不断积累、扩充、发展。社会继承性能够使社会人文知识积累到一定阶段和一定程度，发生质变和飞跃式发展。例如，知识经济时代就是人类社会知识积累到一定程度，产生知识爆炸从而从传统经济飞跃到知识经济的产物，这是信息革命、知识共享的必然结果。历史文化积累到一定程度，发生质变产生新的亚文化，也是社会资源继承性的产物。

社会资源的继承途径包括：1）人力资源通过人类的遗传密码继承、延续、发展；2）通过携带信息的载体长期保存、继承下来，各类文化遗产都属于此列；3）劳动创造了人本身，人又把生产劳动中学会的知识、技能物化在劳动的结果——物质财富上而继承下来。换而言之，人在长期对物质空间遗存的社会互动中，将社会资源继承下来。因此，社会资源的继承涉及人、空间以及人对空间的社会互动三个方面。

社会资源的继承性，使人类社会的每一代人在开始社会生活的时候，都不是从零开始，而是从前人创造的基础上迈步的。在长期的活动积累中，人类一方面把前人创造的社会文化资源继承下来，另一方面又创造了新的文化。也正因为这样，人类文明才得以不断发展，一代胜过一代，并向个体的人渗透，使人类自身的文化素质不断提高，创造出新的社会文化财富。社会文化财富的积累，反过来又加速了社会文化的发展。

4.1.3 文化遗产作为推动城市发展的文化资源

1. 从文化遗产到文化资源的思想转变

● 文化自觉背景下的主动利用

"资源"在经济学的定义中指一国或一定地区内拥有的物力、财力、人力等各种物质要素的总称，分为自然资源和社会资源两大类。"文化资源"是指人类发展过程中所创造的一切含有文化意味的文明成果以及承载着一定文化意义的活动、物件、事件以及一些名人、名城等（丹增，2005）。

1997年费孝通先生提出"文化自觉"的概念，强调对文化传统的研究在"时间"的维度上从过去时向现代时的理念转变，以及在全球化背景下，在"空间"的度向上由地方性问题转变为全球性问题的思考。"只有在认识自己的文化，理解并接触到多种文化的基础上，才有条件在这个正在形成的多元文化的世界里确立自己的位置，然后经过自主的适应，和其他文化一起，取长补短，共同建立一个有共同认可的基本秩序和一套多种文化都能和平共处、各抒所长、联手发展的共处原则（费孝通，1997）。"

文化自觉的理论思想为文化遗产的资源化提供了具有现代性的研究方向。

“当物质发展到一定地步以后，人们就要开始重视精神了。也就是在这个时候人们才发现我们面对的不仅有自然资源，还有宝贵的人文资源，这是在我们的感情产生了变化，物质发展到一定程度才能看到的。在经济落后时期，人们不大可能会认为人文活动留下的遗迹和传统是一种资源，是因为经济的发展才促进了人们对人文资源的认识（费孝通，2005）。”

人文资源是人类的文化积累和文化创造，它不是今天才出现在我们的生活中，而是自古就有。但将其作为资源来认识，却是今天才有的，所谓资源是为一定的社会活动服务的，离开社会活动的目的，资源毫无意义，甚至可以说，也就没有了资源的存在（方李莉，2010）。

● 文化遗产产生现实效益

在人文资源的概念中，文化遗产不再是前人留下的死去的过去，而是可以用来发展未来文化和经济的资源。从 20 世纪 80 年代我国就开始研究如何利用风景名胜中的历史文化资源进行旅游开发（王秉洛,1985）,并认识到社会文化是重要的旅游资源（陆立德等，1985）。

日本从 20 世纪 50 年代即确立了“文化财”的概念，强调对文化遗产进行活用，让其成为重振地方文化和地方经济的一种资源，将文化传统活态地保留在社区中。这一举措有效的恢复了日本传统文化的活力，使农村社区生活具有了时代新气象。美国的文化遗产从一开始就被定义为“遗产资源”，作为文化资源的一种类型，被用于在广大的移民社会中形成对美国精神及生活方式的认同，为政治发展所服务，并促进地方经济的发展。

文化遗产到文化资源的思想转变体现了如表 4.1 所示的几个方面的特征。

文化遗产与文化资源的特征比较　　　　**表 4.1**

特征	文化遗产	文化资源
时间维度	代表过去	代表当下及未来
着眼对象	从物质扩展到非物质	包括物质与非物质
应对措施	保护为主	包括保护、利用、开发与再生
价值体现	静态留存	活化利用

这一转变，使人们更多的关注“遗产”中还活着的生活方式与价值观念；关注对历史空间的再利用以发挥更大的资源价值；关注在当代现实生活中如何发挥其资源价值。文化遗产是文化再生产的原料、文化再生产的动力、文化再生产的成果，也是用来发展未来文化和经济的基础。

2. 文化成为推动城市可持续发展的核心资源

近年来，世界各地很多学者、国际组织、非政府组织、公私部门已经展开了大量研究和实践探索，揭示出文化对发展的重要意义，以及两者相互促进的关系。UNESCO 一直把文化作为全球发展的核心议程，并计划从“文化遗产”和“文化创意”两个方面发展基于文化的可持续发展的价值观。

在 2016 年人居三大会上签署的《新城市议程》中，提出“文化和文化多元性是人类丰富性的源泉，为城市、人类住区和市民的永续发展做出重要贡献，使他们在发展中扮演主动、独特的角色”，“在促进和实施新的可持续消费和生产模式中，文化应该纳入考虑范畴。这种新模式有助于负责地使用资源，应对气候变化带来的不利影响”。

文化是促进城市吸引力、创造力和可持续发展的关键要素。历史证明：1）通过文化地标、文化遗产和文化传统，文化处于城市发展的核心位置。没有文化，城市就无法作为具有活力的生活场所存在，仅仅是一堆钢筋混凝土，会导致社会衰败和分裂；2）文化产生了多样性与差异性；3）正是文化定义了城市，就像古罗马对“公民意识 Civitas（文明之源）”一词的定义，是粘聚社会的各个复杂部分，粘聚不同市民个体的本质。我们所称的遗产是基于高品质的公共场所或是被时间层积所标示出来的地区，即具有层积价值的地区；4）文化表达向人们提供了认识自己的机会，并形成一定的文化认同，来更好的理解历史轨迹，理解日常生活传统的重要性，并享受美好的、和谐的、艺术的成就。文化是人类社会最基本的需求，需要嵌入城市发展进程的背景之中，而不是当作可有可无的附属物（UNESCO，2016）。

文化从三个方面推动城市可持续发展：第一，以人为本，通过建立文化认同促进人性化和包容性的城市；第二，更关注环境，通过建立人性尺度的紧凑城市，提供更具韧性的绿色城市，提供具有粘聚性的公共场所，延续城市文化特色，从而改善城市建成环境以及自然环境的品质；第三，通过政策进行落实，在城市可持续发展政策、城乡反哺、金融政策、城市治理等方面融入文化的内容，在实质上促进城市可持续发展。

4.2 城市历史空间的资源属性

4.2.1 城市历史空间在社会演进中的作用

1. 提供具有城市性的社会生态环境

- 提供人类共生的环境

城市的出现，是人类走向成熟和文明的标志，也是人类群居生活的高级形式。从城市形成的最初看，无论是“防御说”、“集市说”，还是“社会分工说”，都说明了城市是人类社会化的空间产物。按照城市社会学早期的古典人类生态学理论，人类作为生态网络中的一员，形成了群体共生的环境，以及彼此竞争和相互依赖的行为。在共生的环境中，人类的行为既有代表生物层面的竞争的一面，又具有代表文化层面的相互依赖的共识（蔡禾等，2003）。

竞争：在西方的城市理论中，历史城市作为城邦制的产物，因资源的竞争而产生，城市成为抵御外敌的人工屏障。同样，在中国的城市形成早期，军事防御是形成城市外轮廓形态的重要影响因素。

相互依赖与制约：相互依赖与相互制约是一对同时存在的作用力。习俗、道德、信仰、契约、法制，都体现出在共生环境中的人的共生关系。从个体的人到群体的人，维系其协作生产、资源分配的潜在约束成为人类共同相处的前提条件。相互依赖的合作关系，源自群体力量征服自然的需要。而对群体中每个个体的制约，成为保障共生关系的关键。历史肌理中的传统院落布局、里坊制的街巷系统、左祖右社的设施布局，都是群体共生环境中制约性规则的产物。

- 创造出城市文明

沃思（Wirth）在《都市作为一种生活方式》一书中提出，城市是由不同的异质个体组成的一个相对大的、相对稠密的、相对长久的居住地（Wirth，1938）。因此，城市可以被理解为人类相互联系的一个特殊形式，城市性即一种生活方式。城市与乡村相比，具有更大的人口规模、更高的建筑密度、个体之间的差异性或异质性更突出。

城市与乡村在社会关系上最大的不同，在于乡村是氏族社会发展而来，带有家族宗亲的血缘关系，更接近于生物的本质属性，而城市相对于乡村，人与人的关系更多反映地缘关系和业缘关系，即居住地相邻或在生产关系上具有相关联性。由于更高的建筑密度，地缘的关系更为密切，人的自我空间范围缩小，而与他人的自我空间相交接的边缘带存在竞争、依赖与制约的相对关系。由于个体之间的差异性更加的明显，因此也加剧了竞争、依赖关系之间的互动，在通过制约形成社会平衡的过程中，原有的文化约束不足以规范人的所有行为，因此会产生更多的亚文化。

城市历史空间与乡村历史空间在城市性上具有极大的差异，这种差异不仅反映在人口规模、建筑密度上，更重要的是具有极大的个体差异性。而且这种差异不仅是个体与个体之间的，而且也反映在个体的不同生命阶段中。就像美国的郊区化现象，所反映的是年轻的单身族群与已婚有子的家庭族群不同的生活方式赋予了城市或郊区不同的社会属性，也因此造成了截然不同的空间形态。

例如，上海租界时期遗留下来的里弄式住宅，反映了当时江浙乡绅进城后的一种具有城市性的居住模式。与传统江南水乡相比，建筑密度更高，在邻里相处的过程中，由于原来深宅大院的生活方式被紧凑无隙的市井弄堂的生活方式所代替，因此产生了独特的约定俗成的亚文化行为。例如，下雨天帮隔壁家收被子，早上准时倒马桶等，这些行为造成了城市与乡村在社会文化上的差异。反映在城市遗产中，这些具有特征的生活方式的里弄，其价值不仅仅在石库门的工艺与艺术风格上，更是代表了上海，作为中国最早的现代化城市的市井生活的写照。

文化遗产是人类共生环境中相互竞争、依赖与制约关系的产物，维持了社会生态环境中人与人之间的关系。这些文化资源在空间上的集聚，衍生出更为复杂的社会关系，产生了不同于郊区的“城市文明”，而居住于其中的人，因此而成为市民，具有了市民的属性。

2. 产生文化吸引力与生命力

● 文化与亚文化带来的吸引力

科洛德·费舍在城市性理论的基础上提出了“亚文化”的概念。他认为，第一，城市特色是资源传播到亚文化之后产生的新的亚文化；非规范行为越多，亚文化的强度越大。第二，人口聚居程度（规模和密度）造成了非规范行为的多少，因为交往从大变到小，则非规范行为减少，如果是交往从小变到大，则非规范行为增加。第三，城镇化程度越高，反传统行为越多。文化的生产与亚文化有关。城市性与非规范行为部分相关，因为它刺激了亚文化的发展，城市性带来了群体聚集，而群体聚集又带来了亚文化，亚文化又进一步构成了文化的繁荣。城市性所带来的文化与亚文化使城市具有了不断生长的特征。亚文化的产生逐步构成了新的文化，而文化与生俱来的吸引力又进一步带来群体的集聚，从而进一步产生亚文化，形成文化的欣欣向荣，并使城市具有了独特的魅力和吸引力，而这一过程都以城市历史空间为载体，历史空间中所蕴含的丰富的文化信息是产生新的亚文化的温床。

上海被称为“魔都”，这并不是一个近期才出现的网络词汇。20 世纪初旅居上海的日本作家村松梢风的畅销小说《魔都》，第一次把上海称为“魔都”，用来形容上海错综迷离的世相。对于 20 世纪初叶那些蛰居上海的日本文人而言，他们虽然长时期地居住在上海，却始终未能参透上海作为城市性的社会生活，但书中所描绘的上海的独特幻象，却使读者充满了好奇。这种好奇是城市吸引力的一种侧面印证。当时的上海之所以被称作“魔都”，是由于它具有世界其他城市所没有的“魔性”，而产生这种“魔性”的根源，则在于因租界的设立而形成的“两个不同性质的空间”共存于上海的局面，各国租界和华界相互渗透、相互冲突的结果，使上海成为一座举世无双的“兼容”都市，由此产生了种种奇特的现象。

正是由于城市历史空间包容了不同个体之间的差异，上海在开埠后成为世界各种文化的交融地，既有竞争也有制约，在长期的冲突和磨合中，又产生出独特的亚文化——海派文化，奠定了上海城市特色的基调，也成为上海具有“魔性”的吸引力。

● 文化创意带来的生命力

创意城市的产生条件包括：当时很重要；处于急剧的变革之中；是大的贸易城市；是世界性的城市；是社会和意识形态剧烈动荡的中心；具有吸引人才的政策（Peter Hall，1998）。创意城市的构成要素包括集中性、多样性和非稳定性（Hospers，2003），其中多样性既包括城市意向的多样，也包括建筑意象的多样，而非稳定性体现了一种对异质的包容态度。

文化创意其本质是文化与亚文化的循环再生过程，文化创意的雏形是城市性空间集聚所带来的非规范行为，因此在创意城市的形成过程中，首先保持人口组成的多样是首要条件，具有相对差异的人口在密集的空间环境中，通过交往摩擦或思想碰撞逐渐产生不同于原有文化的创新行为。第二，环境与制度的包容度是是否允许非规范行为产生的外在条件，相对租金低廉、进驻门槛较低的地区，往往具有更高的包容性，更利于文化创意产业的集聚。第三，创意产业所产生的亚文化是社会意识形态动荡的产物，因此本身也具有不稳定性，就个体而言，可能如昙花一现，因为亚文化产生后又进而发展出新的文化，使非规范行为逐渐规范化，从而反向抑制同类亚文化的产生，而与此同时，新的亚文化又涌现出来，会产生新的非规范行为。正是在这样循环再生的过程中，社会文化具有了生命力，并使城市充满了文化活力和吸引力，使城市历史空间成为生生不息的活态的环境（图 4.1）。

图 4.1　巴黎蓬皮杜艺术中心广场上的雕塑作品

（图片来源：作者自拍）

这个过程在上海田子坊中非常典型。在 1997 年亚洲金融危机之前，田子坊街道工厂的废旧厂房成为先锋艺术家的创作基地，主要原因是入驻门槛低，而之后在文化创意产业繁荣起来后，田子坊里弄住宅自下而上的进行改造更新，逐渐成为文化消费场所，同时吸引更多的外来客流，造成很多邻里纠纷和环境问题，之后通过业主委员会的社区自治，形成新的约束条件。在租金不断上涨的同时，很多初始的文化创意产业也在逐步撤离这个地区，这一过程反映出城市文化的生命力以及自我演化的能力。

上海的亭子间文学也是在宽松环境中所产生的文化形态。亭子间的低廉租金以及华洋杂处的思想碰撞，造成了一种文化创意的温床。因此，今天再来看上海的这些城市历史空间，并不仅仅是一种生活方式的体现，还有文化与亚文化循环再生的见证，体现出独特的文化价值。

3. 锚固社会心理空间产生共识

● 城市符号互动产生社会心理空间

按照城市符号互动论的观点，城市历史空间是一个符号环境，城市人对城市外部环境刺激的反应，对自我的认识，以及相互间交流互动，都依赖于对所处的城市空间所具有的符号意义和价值的理解。城市人的“自我”是在与他人的相互交往过程中发展起来的。

城市历史空间中具有公众领地、互动领地和身体领地，具有不同的社会属性，这些所谓的领地并不是人为赋予的属性，而是人们通过相互之间的交流互动和比较，最后形成的自我认识与行为准则，从而投射在空间上的产物（图 4.2）。符号化是人类社会独有的抽象能力，也是在语言和文字为媒介的反复交流中所形成的抽象化的表达，而这种简单而抽象的符号更便于广泛的交流，并成为比较的媒介。个人与社会环境中其他个体的反复交流与比较，形成了一种共识性的社会心理空间的集合，每个人都在其中居于特定的位置，承担不同的角色作用，而不同角色的心理认知相互叠加，构成了一个抽象的世界，反映在社会组织中的角色认知上。

图 4.2　伦敦根据图纸重建的历史城门（左图）和公共告示（右图）

（图片来源：作者自拍）

通过符号互动产生的社会心理空间与真实的城市空间存在很大的差异，社会心理空间对应的是社会人，而物质空间世界对应的是自然人。人的社会身份认同，会通过物质空间反映、象征、联想出来，因此，空间本身所代表的某种社会心理中的角色定位，具有了心理暗示、文化认同的作用。例如，在上海的心理认知中，对“上只角”和“下只角”的定义，其实反映了一种身份的象征。而在城市历史空间中，这些抽象的社会心理空间以及符号化的意义，与真实的空间实体锚固在一起，具有更好的符号信息传递的作用，在城市发展中表现出更好的历史传承关系与实体感知性。

● 社会心理空间叠加产生社会共识

城市性带着公民社会的特性，使本身相似的物质空间，通过符号环境互动的过程，衍生出公共领域，从而带来了城市与部落、乡村、小镇的本质差异。城市中不同于村镇的生活方式以及对公共领域的社会需求，形成了城市历史空间在公共空间、场所上所独有的公民特性，这也是单个的遗产在加和成整体的时候，发现城市遗产大于建筑遗产总和的主要原因。单个的遗产所对应的私人领域和熟人领域，难以反映城市作为一个公民社会的物质载体所具有的独特性。例如，上海著名作家陈丹燕用“都会感”一词形容上海的城市意象。所谓的“都会感”正是在现有的保护体系中难以捕捉，但又在市民心灵深处产生强烈共鸣的一个词，因为其中所蕴含的公民社会的特殊气质，是上海从近代开埠、移民社会，直到成为全球城市，所不同于其他城市的社会属性。“都会感”所反映的社会心理空间，与上海作为城市遗产的整体环境有关，但又无法具象的对应于某个历史空间实体。例如，上海虹口港地区早在 1891 年由公共租界工部局建造了大型菜场，位于如今的上海塘沽路、汉阳路与峨眉路三角口附近，成为历史悠久的“三角地”品牌。三角地菜场一楼卖菜，二楼设置游乐设施，是不同文化背景人群公用的日常生活服务设施，长时间磨合所形成的约定俗成的行为规范，使这一地区逐渐具备了现代城市的社会心理空间，并反过来对使用者产生教化作用，久而久之，在环境互动的过程中产生了市民社会的行为标准。

社会关系网络以及人在从事生产和消费过程中所形成的功能网络，使城市在“看不见的手”的影响下跌宕起伏，空间本身所反映的兴衰更替，实际反映的是背后的资本流动与功能变迁。城市空间被更多隐含的复杂因素所拉扯着，这也是社会多重网络结构的共同作用。相比较而言，村庄的社会关系网络相对简单，在同样长的历史时间内，城市中留存下来的历史空间，比村庄中的历史空间具有更为复杂多元的社会关系网络，也具有更大的社会影响力。

4. 催生政治经济与城市治理

● 资源占有与交换产生社会消费与阶级分化

遗产在最初的满足艺术研究、身份认同、审美情趣的价值之后，随着社会的发展，也逐渐具有了消费的属性，并继而发展为社会消费，代表了不同的社会阶级对资源的占有。在城市历史空间中社会消费的分层使城市历史空间反映出不同的经济价值，有的在当今的消费观念下被潮流所追捧，成为新贵，有的却因消费的人为去化，其经济价值被刻意的贬低。例如很多上海里弄住宅，由于住户只拥有居住的使用权，不能够进行产权的流通与交易，因此，与同等区位的普通住宅在买卖价格上具有很大差异，由于出租不受产权的影响，因此有能力搬离的住户将里弄住宅出租给外来人口，这些地区在社会演化中逐渐成为社会底层集聚的空间，并进一步固化。而完全依靠市场行为进行的改造更新，虽然能有效提升地区环境品质，但也会造成绅士化与新的社会隔离问题。

空间所具有的消费属性，使城市历史空间被置于一个经济价格与社会消费的网络中，而这些标价后面所带来的社会分层的问题，却又反过来牵制了城市历史空间保护的手段和措施，单纯意义上的实体保护或者拆除，会带来社会冲突、社会分层等问题，这也是当前对这些城市遗产保护采取谨慎态度的主要原因。

● 阶级利益平衡下的城市治理

城市级差地租所反映出的土地经济规律也同样反映在城市历史空间上，尤其是位于良好区位的历史空间，在社会消费和资本循环的进程中，具有复杂的利益关系，也因此牵涉到复杂的社会阶层和城市治理中的问题。当传统的历史文化街区，在遇到城市道路拓宽时，对公众利益的博弈存在两难的境地，一方面城市资本循环依赖于基础设施建设，虽然委以公共利益的名义，对交通环境的改善将会作出努力，但实际上反映出社会消费的阶层差异，以及城市经理人在面对这种社会冲突时，表现出的对资本的无所适从。曾有很多古镇在城镇化的过程中被整体拆除，或者宽阔的马路直接将镇区割裂，古镇的社会权益在资本循环过程中处于弱势。

城市历史空间涉及社会消费、资本、阶级的问题，涉及公众利益与私人利益的博弈，但正是在对复杂的社会、经济、政治各方利益的平衡过程中，城市治理的水平得以提升，城市的社会文明得以进步，并产生出社会制度与更多的文化内涵。

4.2.2 城市历史空间在平衡发展中的作用

1. 推动欠发达片区的复兴

从城市发展的整体状况来看，可持续发展的前行之路上存在着一个巨大挑战，即当发展与文化遗产保护产生矛盾的时候，保存历史环境中的物质空间实体仅仅是第一步，而更重要的是创造出新的经济类型来替代原来脆弱的经济模式，从而唤起当地的希望与热情，并提供更好的机会，改善当地福利。

随着城市发展的兴衰演变，城市的职能已经不仅仅是生产的职能，而是越来越多地具备了综合服务的职能。为了促进服务类新经济的发展，城市发展的思路需要有所转变。具有唯一性以及可识别性的独特的城市文化，与新兴的服务型经济门类结合，所形成的文化旅游、创意产业等，已经被证明能够创造出丰厚的利润、创造就业机会，并在全球金融危机中存活下来。城市历史空间作为沉淀这些文化内涵的地区与空间实体，同样也是创造这些新兴经济门类的产业中心。因此在很多地区的城市发展战略中，都将城市文化与特色作为城市保护与更新的核心议题。

文化，包括人类社会中的知识、信仰、艺术、道德、法律、习俗、习惯等要素，这些要素分别对城市复兴的进程发挥重要的作用。

● 有助于改善环境，提高生活品质

图 4.3　上海部分里弄的生活环境
（图片来源：作者自拍）

对城市历史空间的保护与再利用，有助于改善公共场所品质，从而提升城市特色与生活品质。在快速城镇化的进程中，频繁出现的贫民窟问题、住房问题、环境问题，以及基础设施配套不足等问题，严重困扰着发展中国家的地方社区，尤其在城市历史空间中，由于缺乏现代化的配套设施，居住环境品质十分堪忧（图 4.3），在城市更新的进程中，将其作为“旧区”直接拆除，或者改变历史结构的方式，在操作层面上不失为一种短期内快速解决问题的方法，然而这对城市遗产的整体保护却带来了巨大的威胁。对城市遗产中文化价值的保护，是协调城市更新与城市保护之间矛盾的平衡点，也是避免城市可持续发展中出现城市“顽疾”的核心内容。同时，城市复兴涉及许多住房改善的问题，而城市遗产中对历史空间及其要素的活化与再利用，已经被证明能够使历史地区的居住环境得以改善，以避免地区的衰败，包括粉刷沿街建筑立面、维修人行道、道路重新铺装和安装新路灯等，这些环境改造对地方公共场所的品质提升具有显著效果，与此同时，地方特色也被加强。尤其是改善一些重要的著名公共设施周边环境，能够创造出高品质的公共场所以吸引更多游客，提升其知名度。例如，泰国曼谷的 Tamnak Yai of Devavesm 宫殿，不仅恢复了建筑周围的景观，还向游客开放了周边草坪作为观赏昭披耶河（Chao Phraya River）的公共场所，这一举措使这一地区成为曼谷城中一处著名公共活动的复合体，并成为泰国特色与品质的标志性形象。

● 有助于彰显城市特色，发挥品牌效益

快速城镇化带来城市形态以及人们生活方式的剧变，而新城发展往往会受地方经济、社会、政治背景的影响，追求一种单调的标准化的城市形象，以表现其国际化、现代化的程度，却忽视了当地既有的生活方式与建成环境的关系。由于在新城建设中，较少的考虑不同建筑之间的空间组合，及这些建筑对城市环境可能带来的影响，因此在建筑之间造成了大量没有被界定，不置可否的，没有用的“失落的空间”（罗杰·特兰西克，2008）。为了改善这一状况，建成环境、城市特色、城市品牌形象必须得到足够的重视（图 4.4）。

图 4.4　用红灯笼点缀的西塘滨水空间
（图片来源：作者自拍）

城市的文化特色是一个城市区别于其他城市的最重要的特征，代表了一个城市可识别的程度，是与众不同的独特之处。1976 年雷尔夫（Relph）在《场所与非场所》一书中指出了场所特色的需求，“一种深刻的人类需求存在于与重要场所的关联中。如果我们选择忽视这种需求，并一直不对场所感缺失提出异议，那么我们的未来只能留下一种简单而无意义的环境。相反，如果我们选择反映出这种需求，并且改变这种场所感缺失的状况，那么在发展中这个环境就有可能存在具有人性化的，成为反映并激发多种人生体验的场所。”而且，发现并加强城市的地方文化特色能够带来越来越多的利益。放大小的个体差异，为特殊节日举行庆典，请设计师设计出精致的细节差异等，这些行动都可能促进城市的特色化，而不断追求特色化的过程，即是对城市品牌的塑造。统一化、标准化正在破坏城市形象。而文化，是根植于当地长期的历史演变，代表着“一种生活方式，尤其是普通习俗和信仰，使之在独特的时期，成为独特的人群”（剑桥英语词典）。

2. 促进社会粘聚性

城市发展中常常会出现社会不公，例如居住水平的差异，对经济发展的政策倾斜，城市公共服务配套不足或者分布不均衡等。城市规划政策和策略往往倾向于建造现代化的高楼大厦和宾馆酒店，通过基础设施建设带动城市经济发展，而在住房保障和提供完善公平的城市生活环境方面，多有不足。这种公共服务供给滞后的发展模式导致了社会割裂，以及城市形态中的碎片化。这些社会不公对城市发展具有深远的影响，导致大量社会粘聚性的问题。社会粘聚性，具有多维度的含义，不仅包含和涉及所有的经济、社会、文化及政治生活，而且还包括团结一致的精神意识，以及社会归属感，并且以市民共享精神和民主为基础。社会粘聚性强调价值共享以及对一个集体目标的共识。因此，重大的不平等或差异性在社会群体中会带来社会粘聚性方面的负面影响。一个社会缺乏粘聚性，则会被定义为“反映社会无序和冲突，不同的道德观，偏激的社会不平等，社群间低水平的社会互动，以及低水平的场所依赖”。因此，社会粘聚性在当代社会中极为重要，它是创造平和、宜居、可持续城市的基本前提。而文化意识的增长就是一种人们消除不信任、消除误解的必经之路，而文化意识的增长正是社会粘聚性的关键性问题，文化在加强社会粘聚性与社区赋权方面具有积极作用。

- 有助于当地社区认知并尊重自身特色

文化作为社会共识下所产生的综合体，对社会粘聚性有三个方面的影响：构建社会信任、安全感与归属感；获得更大的民主包容性并带来平等；验证社会创新以及新的符号资源。文化特色与群体自身的独特文化有关，被称为“可感知的物质与非物质的地方性差异”。认识并尊重文化特色，加强了人们的文化鉴赏力、接受不同文化的能力，以及创造文化的能力，同时，也会提高个人的自我意识、知识水平和对社会的影响力，因此，能够促进文化在社会粘聚性上的效果。文化遗产有助于当地社区识别并尊重文化特色（图 4.5）。

图 4.5 宏村的中心水池依然保持清晨时分的使用习俗

（图片来源：作者自拍）

● 有助于培育社区主导的社会实践以及社区赋权

社区赋权与公众参与是提高社会粘聚性的重要方式。赋权能使人们感到自己有强大的话语权，有效地参与了整个过程，能够主导变化。公众参与能够激发人们参与社区和社会的活动，参与当地事务。赋权与参与有助于激发当地人们的热情、奉献精神以及对这个地区及其各种要素的关注，这些都有益于提升当地社会的粘聚性。具体的政策可以包括帮助建立社区组织，促进社区发展；提高社区自治程度，提高当地人的话语权；帮助解决当地问题；提供当地人更多参政机会；组织并支持当地活动；持续宣传当地事宜等。作为需要持续更新与再利用的对象，文化遗产的保护与更新过程，有助于当地参与并赋权。而且文化遗产的保护与更新是个长期的工作，需要可持续地进行管理，同时涉及新的产业来实现，为了能够长期操作可行，其中就必然涉及当地人。当地的参与和赋权能有助于获得更易于接受，更可行的计划与政策，并使最终愿景获得更多的公众关注以及支持。

● 有助于避免绅士化

绅士化一词最早在欧洲使用，特指中产阶级居民流入了工人阶级社区中，这会导致邻里关系发生灾难性的改变，并带来居住空间的巨大冲突。由于绅士化的驱逐效应导致房地产价格上升，原本脆弱的社区被替换，从而威胁到社会的多元融合。绅士化与西欧城市经济衰退有关，其本质是在城市居住区复兴的同时，带来中产阶级化的现象。现在这一概念已经扩展到全球范围，具有了更宽泛的意义。在中国，由于经济快速发展，城市人口激增，各地追求经济考核指标与城市竞争力，普遍采用以投资拉动的城市经济发展模式，政府在基础设施、住房建设以及公共服务配套建设上投入巨大，而这些都造成了土地价格的巨大变化。虽然在《物权法》出台后，各地强制拆迁的情况已不多见，但这种由“看不见的手”所导致的“新建绅士化”的现象，在城市更新过程中随处可见。尤其在历史城区中，很多传统住区由于缺乏必要的现代化设施，需要投入巨大的资金进行全面改造，而同时历史城区往往处于城市的核心区位，拆迁成本高昂，一旦改造完成，新建住宅的市场价格是原来住宅价格的 2 ～ 3 倍，大大超出了原社区居民的购买力水平，绅士化现象在所难免。虽然很多地方认为这一过程是对城市的更新与环境美化，也体现了生活环境品质的提升，并带来了新的具有消费能力的群体，刺激了配套服务产业的发展，也因此对地区复兴带来了积极意义，但是这个过程却忽视了社会融合在城市可持续发展中的意义，也忽视了城市历史空间中隐藏于那些看似“破旧”的物质空间环境背后的深层的社会价值与文化价值。社会融合存在于历史地区的细微之处，是历史环境中长期的社会互动所形成的，因此，居住类城市遗产中那些微观层面的社会融合，既是文化的产物，也是在城市大规模更新中避免绅士化，保持社会融合的关键。

● 有助于缓和冲突、保持对话

冲突是持有反对观点与原则的人们之间的一种激进反映，小则造成群体矛盾，大则导致国家战争。信息不对称、目标不一致、宗教信仰及价值观不同等原因所造成的冲突，是社会粘聚性的巨大障碍。按照社会学的相关研究，缓和冲突的对策主要有三个方面：第一，通过互动活动以达成共识目标；第二，通过互惠互利，达成相互支持；第三，构建统一的价值观和行为规范，包括道德规范、法律规范、习俗规范等。文化覆盖了有形和无形的遗产，也包含了一些精神上的要素，在上述三个方面都能起到积极作用。一些传统地方文化已经通过漫长的历史时间，创造出一种发自内心的社会共识，并渗透到人们日常生活的点点滴滴之中，例如在某些食物与传统习俗上，地方社群所具有的一些共同思想。一些地方每年都要举行传统节庆活动，如庙会、赶集等，会聚集几乎所有的当地居民，也会吸引外来游客。这些活动能够创造一种社会交流与互动合作的机会。泰国的泼水节，中国的赛龙舟，墨尔本的赛马活动等都体现了文化在社会粘聚性方面的作用。

4.2.3 城市历史空间作为发展容器的作用

1. 非遗产空间的发展容器作用

1987 年 ICOMOS 在第一次巴西研讨会上确定的《关于保护和复兴历史中心》的草案中提出“这里城市被定义为作为体现历史完整性的一个整体，但它同时也是社会生产过程的产物。城市地区被视作一个更广大的空间的一部分，始终处于一个持续变化的动态过程中”。1976 年的建议书提到，“每一个历史地区和其环境都应被放进一个连续整体的环境中去理解，除了建筑、空间组织，与环境的关系还包括了人的活动”。

城市历史空间是历史遗存相对集中的空间区域，但同时也存在历史年代不太久远，以当代使用为主的城市空间。城市历史空间中既有已纳入遗产范畴，进行保护的空间，也有未纳入保护体系的非遗产性的空间，既包括了城市空间资源的价值，又包括了历史文化的价值。例如，上海江湾历史文化风貌区共计 457 公顷范围内，核心保护区只占了 14%，其余的空间基本都是上海解放后建设的居住区、工业区、学校等。

城市历史空间不同于狭义的文化遗产保护区，就在于其中的文化遗产要素并没有充斥其全部，有可能存在不同的文化遗产类型，即使是同一类文化遗产要素，也可能由于所处的历史层积不同而具有不同的结构逻辑。

城市历史空间相对于遗产空间，涵盖的内容更广，具有更复杂的新旧空间要素。城市历史空间中不仅仅有历史文化遗产，也有很多非遗产性的空间要素。这些非遗产性空间要素，也存在建设年代的不同，艺术性和质量上的差异。

城市历史空间作为活态的人居环境，是城市居民生产生活的场所，是社区营造的物质载体，也是居民生活品质改善的最直接的环境，同时从城市发展的需求来看，在时代发展背景下新的社会、经济与文化功能，将依托城市空间载体得以实现。

现有的遗产保护国际文件更关心历史建筑的遗产，只有在历史城区 HUA 的概念中反映出部分对“城市”属性的考虑。例如 1975 年欧洲宪章提到的整体性保护，但遗产保护类型还是被归入“建筑遗产”之下。甚至在强调人类功能的完整性时，1976 年的 UNESCO 建议书还把这个概念定义为“历史和建筑地区 Historic and Architectural Areas”，也就是指“建筑群，结构和开放空间”。考虑到城市空间本身就是城市发展的有形社会资源，因此，对未纳入保护的历史空间的保护与利用也应引起重视。

2.“二次充盈”创造新旧融合的机会

康泽恩在《城镇平面格局分析:诺森伯兰郡安尼克案例研究》一书中提出了“内蕴”的概念，即空间布局存在“二次充盈”的现象。从发展的角度看，城市历史空间从结构原型发展为一个整体环境，不可避免的会产生空地的填补与局部的更新，这也是形成历史层积与多样性的内在原因。

● 新要素的持续增加

“二次充盈”的过程，带来几个新要素的持续增加：第一，小块的新土地的使用，从原有的生态用地或农业用地变成建设用地，其对空间的使用方式发生了根本性的改变；第二，新的辅助功能（非主导功能）的置入，使原有较为单一的功能扩展为与之相配套的一系列功能体系；第三，新的社群的置入，使多种社会活动得以展开，并相互交织发生作用，逐渐产生新的文化形式。这些新要素的持续增加会带来地区的活力，以及社会心理上的积极作用，从而提升当地居民对地区的心理预期，形成地方归属感与自豪感。

● 新秩序的逐步建立

“二次充盈”的过程，是个新秩序逐步建立的动态过程，空间秩序是其具体表征，各类空间要素彼此构成的空间体系，反映出这一时期的建筑、街道、场所、景观等的构成关系，也成为这一时期的空间特征。这种空间特征具有主导性，在充盈过程的早期，其变动性较大，但随着充盈过程不断进入尾声，系统性秩序被越来越多的固化，也成就了突出而鲜明的空间特色。当可充盈的空缺逐步被新要素填满，整个“二次充盈”的过程成为相对的静态系统。从某种意义上说，动态变化的一次“充盈”过程，已经结束。

3.“衰败后再充盈”促进城市更新

● 充盈后的衰败

“二次充盈”充满之后，则进入“充盈后衰败”的过程，在无外界干预的前提下，由于缺乏新的空间，难以有新要素注入，而从新变为旧，是一个必然过程。原来的新建设用地与空间成为充满这一地区的普通单元个体，新的功能成为这一地区稳固化功能体系中的一部分，而新的社群在这一空间里休养生息，稳固化并进一步占有空间。在缺乏外界干预的前提下，物质空间的破败随时间推移逐步显现，而社群的繁衍，会产生成倍的人口，并需要相应的生活与生产空间，虽然因此会带来用地及空间的细分变化，而且这样的变化也是随人口增长的动态过程，但这样的变化，与“二次充盈”过程的区别在于：第一，人口的增长，仅仅是繁衍带来的数量增长，并没有新的社群产生；第二，新的用地或空间，是在原有空间模式上的细胞分裂，都是同质性的个体，并且越变越小，反映出越来越密集的人口与越来越拥挤的空间，拥挤本身加大了人们对空间的使用频率，甚至超出了空间的承载力，进一步加速了物质空间环境的破败速度；第三，新的功能，仅限于同类型的功能的小微细分，缺乏新的门类与对空间的新的使用方式，而同类功能之间的竞争，也会加剧社群的生存环境恶化。因此，“充盈后衰败”的过程，虽然也存在变化，但其指向的终点是城市中类似贫民窟的地区，在没有外力介入的情况下，成为“粘苍蝇纸”那样的“落脚城市”（道格·桑德斯，2012）。

● 衰败后的再充盈

在实际的城市历史空间演变过程中，“充盈与衰败”并不具有绝对的转折点，而是相互交织的存在。当一处城市空间充满之后，局部的衰败迹象会激发人们自发的调整，通过局部新要素的置入，形成新的局部“充盈”，而这种方式，会带来局部空间的更新，其目的是抵御衰败的自然趋势，恢复此前的一种欣欣向荣的态势，因此也被称为“复兴”。例如，费孝通先生在《江村经济》中描述的开弦弓村细分土地的民俗，以及家庭经济模式表明，当时江南地区的农业生产不足以支撑农村家庭的生活，因此，农户通过两个方式控制“充盈后衰败”的速度：第一，控制生育率，平均一对夫妇生育两个孩子，避免人口的快速增长；第二，通过副业增加经济收入，以桑蚕丝经济为主。因此，确保在没有新增用地和新社群进入的情况下，通过新功能的引入，产生了更高效的土地使用方式和经济活动，从而抵消了人口增长所带来的衰败趋势。而同一时期，在四川盆地的农耕地区，同样存在江南农村类似的生存问题，类似的家庭土地细分的约俗，使空间发展到无力承载人口温饱的程度，但在四川并未出现新的副业功能置入，而是开始了长达一个世纪的移民潮，人口的外迁，突破了封闭环境的局限性，减缓了衰败的速度。

● 持续动态更新

由此可见，对于城市历史空间的动态维护，存在两个前提条件以及三个核心要素。首先，城市历史空间的结构性要素，是在“二次充盈”之前所形成的框架，保护其空间的延续性，是明晰其城市历史空间层积的基础，也是集中反映其历史价值的载体；其次，城市历史空间的非结构性要素，需要通过局部的更新，来抵御整体衰败的自然趋势，甚至形成新的发展态势，其可承受的更新幅度，应在不影响结构性要素的前提下。为了实现城市历史空间的复兴，需要在某方面注入新的要素，即新空间、新功能、新社群。以上海的城市更新为例，新天地是新空间、新功能与新社群的全要素的完全更新；田子坊是局部性的新功能、新社群更新；建业里是新功能、新社群的完全更新；思南公馆则属于新功能和新社群的局部更新。

正是由于城市历史空间中存在二次充盈与持续更新的动态变化，从某个时间点看，城市历史空间都存在一定的异质性。“所有的城市社区，无论是慢慢发展来的还是被精心设计出来的，都是通过历史，对社会多样性的一种表达”。城市地区是长期发展的产物，反映出不同时代的影响所带来的变化，城市历史空间反映出文化的特殊性和建造者或居住者所带来的多样性，正如很多相对独立的城镇，长期处于同样的政策环境中，并按照统一的规划进行建设，但是依然不会完全一样。而且，并非多样就一定意味着杂乱，多样性所带来的“凌乱的活力（罗杰·特兰西克，2008）”，使城市历史空间的异质性比和谐性更具有特色，并成为城市的突出特征。

城市遗产中历史性要素与新旧要素并存的状况，使很多当代新兴的功能空间能够在这一具有历史脉络并夹杂着文化遗产要素的区域内存在，满足当代的功能需求，同时在不断的使用过程中，产生新旧空间之间的社会互动，激发出新的空间认知。

4.3　城市历史空间的资源价值

4.3.1　遗产资源价值的产生背景

1. 遗产价值的思想基础

价值泛指客体对于主体表现出来的积极意义和有用性（维基百科）。以物我两分看待价值，价值可以分为内在价值和外在价值。外在价值更关注于物化的外在属性，而内在价值更关注于普遍联系的意义。因此，以工具性来衡量外在价值，关注物理属性、品质、经济效应和可利用性，即回答这种价值的使用是否有效果、有多便利、有什么样的代价；而以意义来衡量内在价值，关注意义的关联度，如关联的广度、深度、强度等，即回答这种价值的意义有多大——广度，意义有多深刻——深度，意义有多重要——强度。

● 西方的遗产价值观：资产属性

现代的价值理论诞生于17～18世纪的经济学，源于产品作为商品交换，它与所谓的增值相关。虽然现在文化遗产中引入了“价值”的概念，但在很多西方人的眼里，还是一想到价值，就联想到财产。事实上，在英语、法语或意大利语中对“文化资产Property”的所指与所有权和物品都有一定关联，因此常被视为资产，例如某些土地、不动产或物品。“文化遗产Heritage”的概念出现的更晚，主要用来强调“活态遗产”、“非物质文化遗产”、“无形文化遗产”中活的传统和人类的创造力。价值的属性是价值理论的议题，是现代哲学的分支。广义的价值理论关注于价值的不同类型，从美学到伦理学，也包括认知判断。狭义的价值理论，关注于美学认知（图4.6）。

● 东方的遗产价值观：关系属性

东方的价值理论认为价值属于关系范畴，是表示客体的属性和功能与主体需要间的一种效用、效益或效应关系的哲学范畴。价值论是中国传统哲学的核心，中国传统哲学的本质是价值哲学（赵馥洁，2009）。因此，在东方的文化遗产需要陈述价值时，更关注其背后的意义，而非实体本身（图4.7）。有时，精神上的价值意义甚至超越了实体本身。工具性的价值是由于事物的可利用性，内在价值只和事物本身的意义有关（韩锋，2006）。

图4.6　多伦多街头建筑表现出的多样性

（图片来源：作者自拍）

图4.7　大昭寺前日复一日的朝拜

（图片来源：作者自拍）

2. 遗产价值的特点

第一，价值是无形的。遗产是文化的产品，表现为物质的或非物质的特质。而价值是学习“特质”的过程的产物。UNESCO的文化保护部门已经建立起一种“学习价值过程”的新的全球适用的方法，即“现代遗产文化”。

第二，价值是相对的。1）价值与历史叙述有关，因此在不同的文化背景下，对价值的认识有很大不同。对价值相对性的认识，是从 18 世纪的理性时代开始发展起来的，当时的欧洲殖民主义和欧洲文化面对其他文化的时候有一定的自负，欧洲中心主义和西方最优的论调依然在许多日常生活中能感受到，包括学术教育和全球化经济。因此，文化遗产保护领域也依然在争论那些宪章和建议书的可靠性，其中也包括 1964 年的《威尼斯宪章》。2）资产的相对价值可以被看作是种被诉求的利益，即在一个相对领域中，和其他类似的特征或品质比较起来，它的相对的重要性。考虑到世界遗产提名制，价值相对性就应该用来专指评估价值的时候，对某一资产的品质和特征，需要在相对的文化和历史背景下，与其他具有相似属性的资产做比较的时候。正因为是用来比较的，所以需要给专家们提供预先研究的资料，界定好比较的领域，例如历史的，或是艺术的，还是科学的。

第三，价值是多样的。1）由于文化的多样性，不同的文化与信仰体系对价值的认知有所不同。考虑到保护原则中的文化有效性，1994 年的奈良原真性文件强调“所有的文化和社会都根植于有形或无形表达的特定形式与方法，这种表达构成了他们的遗产，值得被尊重（Part 5）”2001 年 UNESCO 发表了《促进文化多样性宣言》，其中指出“捍卫文化多样性是伦理方面的迫切需要，与尊重人的尊严是密不可分的。它要求人们必须尊重人权和基本自由，特别是尊重少数人群体和土著人民的各种权利。”因此，对文化多样性的尊重本身就需要建立在多样的文化知识建构的基础上。2）由于文化的多样性，涉及不同利益相关者的利益，这个观点被各种团体和个人所接受。世界文化遗产地管理导则中提供了一个影响遗产资产价值的框架，从中看出，价值有两条清晰的脉络，文化价值和当代的社会经济价值（ICCROM，1993）。这种分法有助于分析不同方面的影响，在决策时考虑两者的平衡，因此不同的实际情况下保护方式也是不一样的。

3. 文化遗产价值的类型

国外研究中的文化遗产价值：反映在遗产保护的法律文件中，同时也不断地引发建筑学领域、艺术史领域、考古学领域的理论家与实践者的激烈讨论，从而推动了遗产价值类型的诸多研究成果（表 4.2）。

国外研究的文化遗产价值类型 表 4.2

李格尔 1902	纪念性价值	年代价值、历史价值、有意而为的价值
	当代性价值	使用价值、艺术价值（新物价值和美学价值）
莱普 1984	历史性价值	联想 / 象征价值
	艺术性价值	艺术价值
	社会性价值	经济价值、知识信息价值

续表

费尔登 1982	情感价值	惊奇、认同、延续性、尊敬与崇拜、精神与象征
	文化价值	纪录；历史；考古学价值、年岁价值、稀缺性；审美与象征价值；建筑学价值；城市景观、地貌景观和生态学价值；技术和科学价值
	使用价值	功能价值、经济价值（包含观光）、社会价值（包含认同与延续性）、教育价值、政治和民族价值
普鲁金 1993	内在价值	历史价值、建筑美学价值、艺术情绪价值
	外在价值	城市规划价值、科学修复价值、功能价值
朱基莱多 2008	文化价值	特色价值、历史价值、稀缺价值
	当代社会经济	经济价值、功能价值、教育价值、社会价值、政治价值
梅森	社会文化价值	历史价值、文化 / 象征价值、社会价值、精神 / 宗教价值、美学价值
	经济价值	使用价值和非使用价值（存在价值、赠予的价值、选择的价值）
弗雷 1997	货币价值、选择价值、存在价值、遗赠价值、声望价值、教育价值	
索罗斯比 2003	历史价值、美学价值、精神价值、社会价值、象征价值、真实价值、经济价值	
英国遗产 2007	内在价值	美学、精神、历史、象征、社区 / 个人可识别性、真实性价值
	工具性价值	经济、旅游、商业及相关产业，可能发生的教育行业的改变及可能带来的社会改变等

（资料来源：部分来自黄明玉博士论文，2009）

我国的文化遗产价值类型：在乔万诺尼的影响下，1931 年的《雅典宪章》，以及之后 1964 年的《威尼斯宪章》逐步明确了历史、艺术、科学三大价值的分类方法，并得到了广泛认同。2000 年中国制定的《中国文物古迹保护准则》也沿用了这一分类。1978 年在澳大利亚通过的《巴拉宪章》又提出了“文化意义”的概念，自此，遗产价值的类型除了历史、艺术、科学外，增添了社会一项，内容涵盖了精神的、政治的、民族的、教育的等其他文化价值。在 2015 年版的《中国文物古迹保护准则》中，“在强调文物的历史、艺术和科学价值的基础上，又充分吸纳了国内外文化遗产保护理论研究成果和文物保护、利用的实践经验，进一步提出了文物的**社会价值和文化价值**。社会价值和文化价值不仅是大量文物自身具备的价值，同时社会价值还体现了文物在文化知识和精神传承、社会凝聚力产生等方面所具有的社会效益，文化价值还体现了文化多样性的特征和与非物质文化遗产的密切联系”（表 4.3）。

国内研究的文化遗产价值类型 **表 4.3**

《文物法》1982	历史价值、艺术价值、科学价值
《中国文物古迹保护准则》2000	历史价值、艺术价值、科学价值
《中国文物古迹保护准则》2015	历史价值、艺术价值、科学价值、社会价值、文化价值
吕舟 1997（书）	历史价值、艺术价值、科学价值、文化价值、情感价值
吕舟 2015（清华同衡论坛）	历史价值、艺术价值、科学价值、文化价值（文化多样性、文化传统的延续及非物质文化遗产要素等）、社会价值（社会大众的记忆、情感、教育）
李新建与朱光亚	社会及情感价值

续表

蔡达峰	物质价值、信息载播价值（社会人文价值、艺术价值、科技价值）
王世仁	历史性价值（历史价值、艺术价值、科学价值）、使用价值（当代社会价值）
黄明玉 2009	历史价值、艺术价值、科学价值、社会人文价值（精神/宗教、象征、社会、政治、国家和其他方面的文化价值）
徐嵩龄	文化经济价值
宋峰	本体价值（集体记忆和文化认同）
李湞 2009	文化价值（内在价值）、经济价值（外在价值）

4. 遗产的社会文化资源价值

● 更关注当代的价值：融入时代发展

阿洛伊斯·李格尔（Alois Riegl）1902年发表的《纪念物的当代崇拜：特性与渊源》一文中，指出了遗产的两类价值：一类是纪念性价值，有年代的意思。另一类是当代价值，与当前的使用相关，因此有别于考古遗址和遗迹。第一类的纪念性价值又分为三类，即年代价值、历史价值、有意而为的纪念性价值。其中，年代价值仅基于时间的流逝，为往昔而欣赏往昔；历史价值是指在往昔发展的时间轴上挑选出某一时刻，在现在人的眼前反映当时人类活动的发展变化；有意而为的纪念性价值旨在将某一时刻保存于后世若干代人的意识中，并永远流传下去，因此这三类纪念性价值形成了向现今价值的明显过渡。第二类的当代价值又分为使用价值和艺术价值，艺术价值又分为新物价值和相对的艺术价值两类。

● 更关注外在的价值：作为资源加以利用

英国遗产组织在2007年所做的《英国世界遗产地现状成本与效益》报告中，将遗产价值分为内在价值以及工具性价值。前者包含美学、精神、历史、象征、社区/个人可识别性、真实性价值；后者包含经济、旅游、商业及相关产业，可能发生的教育行业的改变及可能带来的社会改变等（吕宁，2012）[①]。

俄国学者普鲁金从修复领域的观点，提出了建筑遗产的评价系统。他认为建筑遗产有内在与外在两方面的六种价值。内在价值属于其自身的纪念意义如历史的、建筑美学的成果、结构的特点等等，外在价值是指城市规划的环境，这些历史建筑在其周围环境中所受的支持如建筑、历史的环境，城市规划的价值、自然植被或景观建筑的价值等等（黄明玉，2009）。

● 更强调社会文化的价值

随着社会哲学的发展，以及全球范围对文化多样性的重视，社会与文化越来越受到关注。莱普（Lipe）于1984年发表的《文化资源的价值与意义》中将价值分为经济、艺术、联想/象征以及信息四大类，这其中最重要的仍然是由历史衍生出的联想/象征

① 吕宁. 文化遗产的价值类型浅探 [N]. 中国文物报，2012（3月23日第6版）.

价值，遗产作为物质的联系手段，通过象征和有根据的联想而使人们获得对于历史的了解，是人们保存遗产最重要的目的。除此之外，与社会发展息息相关的经济、信息价值也占据了价值的重要部分，这是社会发展将文化资源作为人类环境中可利用的重要资源之一的反映。与价值类型紧密联系的上下两个层级价值背景也与社会组织与经济发展、政府组织、社会、教育等有关。从此，价值分类中经济价值、社会价值越来越多的被单列出来，成为与历史价值、艺术价值并列的类型（吕宁，2012）。

兰德尔·梅森（Randall Mason）在盖蒂保护中心出版的《文化遗产的价值评估》一书中将文化遗产的价值分为两大类，即社会文化价值和经济价值。其中，社会文化价值包括了历史价值、文化 / 象征价值、社会价值、精神 / 宗教价值、美学价值。经济价值包括了使用价值和非使用价值，非使用价值又包括存在价值、赠予的价值、选择的价值。

ICCROM 总干事的特别顾问朱卡·朱基莱多（Jukka Jokilehto）将时间维度的划分与社会文化的划分相结合，提出遗产价值分为文化价值和当代社会经济价值。首先，文化价值包括：1）特色价值，建立在认知的基础上，对保护、改变、甚至毁灭一个遗产资源有重要的影响。2）历史价值，建立在专业研究的基础上，包括艺术或技术的历史价值，为判断保护或是最后的复原提供基础。3）稀缺价值，建立在统计的基础上，对资产有影响，特别是当他们非常古老的时候，或者当某个资产被认为是稀有的杰作时。其次，当代社会经济价值包括经济价值，特指资产产生经济回报的能力，但是经济不应该仅仅被理解成金融，而更应该是对资源的管理，类似的，作为社会中的资产，还包括了功能价值、教育价值、社会价值和政治价值。

英国学者费尔登提出的建筑遗产评价体系，将价值分为三大类：情感价值、文化价值和使用价值。

根据上述分析、汇总，遗产的价值类型大致可按图 4.8 所示划分。

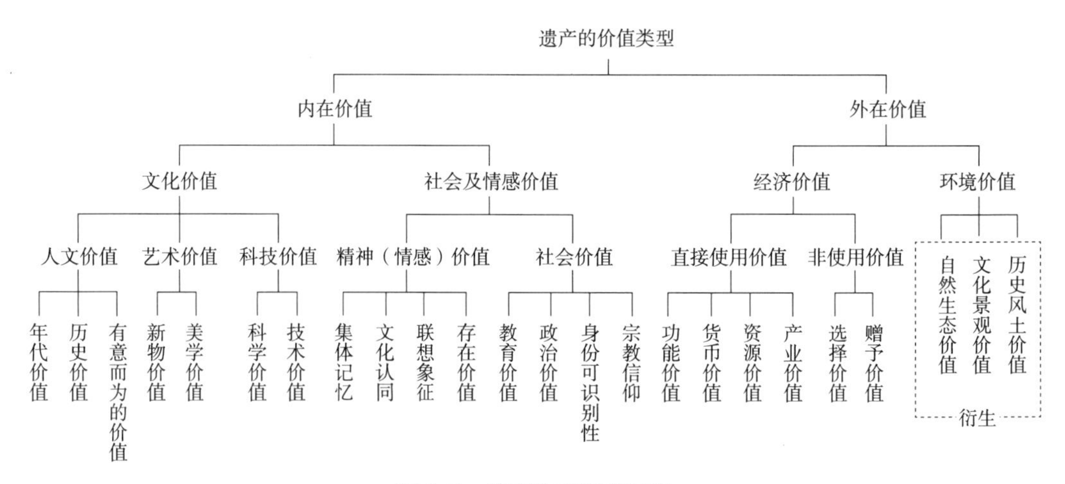

图 4.8　遗产价值类型示意

（图片来源：作者自绘，部分来自李湞，2009）

4.3.2　作为发展资源的社会文化价值

1. 社会资源价值

● 承载集体记忆

城市历史空间不是简单的诸个文化遗产要素的加总，因此不仅具有文化遗产以个体为出发点的历史价值、文化价值与科学价值，而且作为一个整体环境，承载了城市的集体记忆。

由于记忆的主观性，个人记忆往往会产生差异，但其群体的、集体的记忆则体现出一定的社会性。相对于个体的文化遗产所带来的个体记忆，整体环境中的集体记忆形成的过程，就是不同社会个体之间产生互动影响，并最终达成共识的社会化过程。

对历史城市的集体记忆使市民觉得有一种归属感，这种归属感因为依赖于记忆，所以也很容易遗忘。历史空间环境中的历史性要素都具有提示和整理记忆的作用（图 4.9），但作为整体环境所具有的结构性逻辑还具有建构和演绎城市文化特性的作用。因此，城市历史空间的整体环境，所产生的集体记忆即使在很多个体要素都已改变或消失的情况下，依然能够通过社会化的意象建构，或历史空间环境中的结构逻辑提示，持续存在或者发展演变。

图 4.9　意大利圣吉米尼亚诺历史建筑上保留的族徽
（图片来源：作者自拍）

● 促进社会粘聚性

社会粘聚性是将社会要素凝聚在一起的吸引力，包括对社会生产的资本要素、劳动力要素、生产资料要素的吸引力，也包括将不同社会群落凝聚在一起的吸引力。不同社会要素通过某种组织方式，构成一定的社会关系，形成了城市社会的维系网络，因此，在空间上表现为一定规模的历史遗存在某一城市空间区域中的集聚，即一种空间聚合的内在引力。

具体表现在社区营造和地方教育两方面：

社区营造：是基于社区居民的集体记忆与共同价值观的，在长期的社区互动中，形成了相对稳定的社会网络，以及约定俗成的行为准则，成为城市集体记忆的重要来源和组成部分，并由此产生认同感和归属感。城市遗产中凝聚了大量生活记忆的社区环境，是社区营造的基本载体，因此，城市遗产的保护，与这些社区的发展是共荣相生的关系。

地方教育与乡土知识：是一个城市代代相传的文化认知，也是系统性的集体记忆。城市遗产作为市民生活生产的场所，代表了一种文化的认同与身份的认知，是具有可读性与感染力的教科书。尤其在全球化背景下，国家、民族、城市、社区之间的差别正在逐步缩小，而对年轻一代的遗产知识的教育，是维系社会网络与历史文脉的重要内容。

2. 文化资源价值

● 产生文化认同

一个有特色的城市为其居民带来认同感和归属感，产生“家”的感觉，从而加强其吸引力和凝聚力，更激发出非凡的创造力，而这种创造力又进一步促成了这种文化的多样化。城市特色的价值可归结为一种文化价值，主要表现为文化多样性价值和文化认同价值（侯正华，2003）。

城市历史空间本身具有文化符号的作用，是城市文化品质的象征，具有身份认同感与心理归属感，也是彰显城市不同于其他城市的独特之处，并进一步加强其社会粘聚力与连续性。这种文化认同，与长期形成的生活场景有关，是在一种可参与的环境中逐渐形成的集体记忆，进而符号化的产物，而不仅仅与单个历史建筑有关。例如，上海里弄街坊在历史中形成的生活场景，已经成为上海本地人的一种文化共识，被符号化为城市名片，也成为地方文化身份的象征。

文化认同，会产生社会粘聚力并激发出文化创造力，而这种创造力又进一步促成了文化多样性。

● 形成城市性格与文化品位

城市性格是城市文化发展的积淀。不同的族群聚居带来了自身的文化，城市中不同文化族群的混居，在长期的互动下形成新的亚文化，从而产生新的文化发展。文化品位，是城市文化艺术表征的一种，在文化发展的不同阶段，体现出不同的品位。城市的发展过程就是城市性格的培养过程，而城市遗产的保护，是对这些性格形成的重要影响因素，进行标识和符号化，作为一种文化发展的纪录。例如，上海的文化发源于吴越文化，根植于江南文化，崛起于海洋文化，脱胎于移民文化，最终形成了海纳百川，兼容并蓄的“海派文化”。“海派”一词最初是指20年代上海地区的书画和戏剧的风格，是相对于传统正宗的“京派”的说法。海派文化既有江南文化（吴越文化）的古典与雅致，又有国际大都市的现代与时尚，区别于中国其他文化，具有开放而又自成一体的独特风格。海派文化有四个特点：第一是趋时求新，破除陈规旧俗、更新创新和标新立异；第二是中西结合，多元包容，海纳百川，有容乃大；第三是商业意识，把文化作为一种商业行为来策划运作；第四是市民趣味，鲜艳、明快、华丽、通俗，乃至低俗以及雅俗共赏。

● 激发文化创意

文化创意产业是全球经济中发展最迅速的产业部类，在中东增长率为17.6%，非洲为 13.9%，南美为 11.9%，亚洲为 9.7%，大洋洲为 6.9%，中北美为 4.3%。文化部类从 20 世纪 80 年代就开始稳定发展，到 20 世纪 90 年代成几何数增长，创意经济在经济合作与发展组织的成员国中每年的增长率都是服务产业的 2 倍，制造业的 4 倍（UNESCO 第 65/166 号文件《文化与发展》）。对上海市创意产业园区的总体空间分布特征的研究发现，文化创意产业主要分布在内环线以内，沿黄浦江和苏州河周边较为集中。“特定的历史风貌和文脉尽管对创意产业园区，特别是对一些艺术文化类和偏重消费市场类的创意产业区，有着积极的支持作用，却并非是充分条件或必要条件，但两者间确实可以呈现出双赢的特征”（栾峰等，2013）。

- 产生文化多样性

城市历史空间是历史上不同背景下所形成的不同空间区域在层层累加以及相互影响作用下的产物，表现出多样共存的空间环境特征，也同时带有丰富的亚文化要素。这些亚文化要素创造了文化多样性的基质环境，对激发城市活力与吸引力，创造新的文化内涵具有积极意义。因此，城市历史空间的多样性又会衍生出对多样文化及功能形式的包容性，通过多种交互方式，激发出更多的文化创意。

- 产生文化影响力

城市不同于村镇，在交通区位上、人口规模和密度上具有更大的开放性和影响范围。在全球化背景下，城市在区域中与其他城市的关联强度，影响了城市在全球资源配置中所处的位置，也决定了城市发展的程度所处的等级，其中文化影响力是反映城市竞争力和城市综合发展水平的一个重要指标。文化的影响力，包括了传统文化的影响力，也包括了创造新的文化产业的能力。城市历史空间在城市文化发展中扮演了重要角色，既是城市独特性格的彰显，又是反映文化影响力的载体，而从古至今连续发展的城市遗产，成为“既是民族的，也是世界的”软实力（图 4.10）。

图 4.10 佛罗伦萨用玻璃地面展示遗迹的服装店

（图片来源：作者自拍）

● 带动文化旅游

文化旅游是世界范围内经济增长最快的部类之一。2011 年 7 月 26 日联合国大会的第 66 次会议，临时议程的第 21 款项，由 UNESCO 根据联合国大会决议 65/166 号起草，并由秘书长签署的《文化与发展》议题中指出，从 1998 到 2008 年间，世界游客总数平均增长率为 7%（世界旅游组织 2011 年 7 月公布）。2010 年国际旅游业产生了 9.19 千亿美元的出口收益。2010 年，发展中国家占了世界国际旅游目的地的 47%，占了世界国际旅游收益的 36.9%。文化旅游当前占了世界旅游收益的 40%。

城市历史空间是城市功能空间的载体，不仅文化遗产本身的旅游业带来巨大的经济收益以及就业岗位，同时，位于城市历史空间中的一般性区域也因为与文化遗产相邻，在餐饮、娱乐、酒店等相关服务产业上具有额外的增值；相关的文化旅游纪念品的生产、加工、包装、设计、营销构成了新的衍生产业链，带动其他城市产业门类的发展；文化遗产所带来的品牌效应，吸引地产投资，同时促进了旅游地产的发展。以杭州为例，西湖门票取消之前，每年的门票收益为 2000 多万元，自从 2002 年西湖对游客免费开放以后，门票收入虽然降低，但游客在杭州的停留时间增加了。据统计，每个游客在杭州多留 24 小时，杭州市的年旅游综合收入便会增加 100 亿元。2002 年以前杭州一年的旅游总收入是 549 亿，经过 10 年免费少收门票款 2 亿元，但旅游总收入却翻了一番，达到 1191 亿元（浙江在线，2012）。西湖周边的很多城市正是产生这些巨大收益的空间载体，是文化遗产带动相关产业发展，实现更大经济价值的腹地空间。

● 产生经济收益

城市历史空间作为一种活态的人居环境，具有直接与间接的收益。第一，直接的收益，包括生活或生产使用所带来的租金收益，以及从事商业、娱乐、休闲、生产等活动产生的价值收益；第二，间接或潜在的收益，即由历史空间的文化价值及美学价值所带来的潜在的未来收益，是我们目前所不能估量的。

4.3.3 作为发展资源的价值评价标准

1. 普世性：尊重自由发展权和文化多样性

●《世界遗产公约》中的文化遗产概念

1959 年埃及拟建的水坝会影响到文化遗址，因此，全世界的遗产保护专家进行了相关的讨论，最终 UNESCO 提出“人类共同的遗产”的概念。此后，1986 年的华盛顿会议又提出了“世界遗产”的概念。1972 年通过的《世界遗产公约》，提出“突出的重要性，全人类的世界遗产”。但由于文化遗产的定义来自此前的《威尼斯宪章》中的历史建筑和纪念物等学术概念，文化遗产更多地被理解为艺术作品，而非复杂的人类生活载体。《实施世界遗产公约的操作指南》（1977 年发布，后经多次修订）提出了评价突出普遍价值（Outstanding Universal Value，OUV）的 10 条标准，共 4 部分内容。其中，1977 年版强调了艺术成就、杰作、世界性影响、非常古老、突出的历史重要性 5 条内容。1978—1986 年增加了活态的城镇规划类型，重建也可被接受，并发展出城镇主题的“特殊类型申报导则”。1987—1991 年增加了文化景观类型，强调了人类与自然互动的多样性，增加了“土地使用的突出实例”、“活的传统、观念、信仰、艺术或文学作品具有重要联系”，但明显过于倾向文化遗产。1992—1999 年体现了 OUV 从“最好”向“代表性”的转变，强调“普遍性寓于多样性之中”，强调“价值的交流”和活的传统，增加了线路、运河的申报项目，并合并了文化与自然的标准。2000 年后整体价值的标准倾向于可持续发展的目标，多为促进社会发展而申报世界文化遗产。“9 · 11”事件后 UNESCO 通过《文化多样性宣言》，承认了价值观的相对性，强调了文化的整体性，宗旨是促进世界和平，这是一次具有时代特征的修订。由此可见，OUV 是人赋予，相对的、变化的。评价 OUV 是相关者对特定时代问题的创造性回应，永不完结的再创造过程，它对于不同相关者具有不同的意义（史晨暄，2008）。

● 普世价值是人类基本的价值

普世是指适用、关联、涉及整个的阶层或种群，适用于所有个体以及其所构成的种群。对应于世界文化遗产，普世的属性就特指是人类共同的属性，包括了人类的生活和创造的产品。联合国总秘书处的 Kofi Annan 在 2003 年的全球化演讲中被问了一个问题：“我们还有普世价值吗？”他回答说，在世界人权宣言中提出，每个人都有权利享有适当的生活标准，以保证自己和家人健康、幸福，包括实物、衣服、住房和医疗，以及其他有必要的社会服务。他进一步引用联合国千年计划说，人类的基本的价值，是自由、平等、团结、宽容，尊重自然和彼此尊重。他说，价值不是服务于哲学或神学的，而是帮助人们好好生活，组织好自己的社会。全球化让人变得越来越近，每个人的行为都会影响到别人。同时，人们在全球化利益和责任上，还没有一个平衡的共享（Jukka Jokilehto，2010）。

● 普世价值与全球化的文化背景息息相关

在全球化背景下，文化遗产被认为是对人类创造性和文化多样性结果的表达，是基于国际化语境下的现代认知。世界遗产公约是建立在一个基本信念上的，那就是文化是人类社会幸福的重要条件。因此，人类的遗产，是文化产品，与普世性的概念是直接相关的，也就是我们说的普世价值。同时，按照 2001 年 UNESCO 的文化多样性宣言，创造多样性能够使普世价值更有特色。之后 2005 年还有对推动文化表达的倡议。在二战后的余波中，对人类遗产平民化的认知，由于具有团结和包容性，强调共享的责任，因此已经在维护和平上发挥出作用。

遗产价值从原来与财产和法律保障相关的历史年代的价值、身份认同的价值、艺术欣赏的价值等相对小众的价值观，发展到今天在全球文化多样性、不同文化之间的相互理解有助于维护世界和平的大背景下，价值本身也体现出新马克思主义对更广泛的大众的文化与价值观的思想，具有了普世性。

2. 完整性：完整的传达与交流

在2005年的《操作指南》第88段提到“完整性是一个测度，用来测量自然或文化遗产以及属性的完整无缺的程度。需要评价：1）包括所有必要要素以表达其OUV；2）有适当的规模确保完整的表现特征和过程，而这种特征和过程传达了遗产的重要性；3）发展或忽略可能带来的负面影响隐患。”遗产的物质肌理及其重要特征，应该处于良好的状态，衰败的影响要被控制住。重要的属性必须能够传达整体的价值，已经被传达的价值也应该被再传达。文化景观、历史城镇或其他活态遗产中的关系与动态功能，凡是对其特色特征有关的，都要保持（UNESCO，2005）。其中特别强调了“传达遗产整体价值”的重要性，要求“支持遗产的OUV的必要要素”不缺，而并不强调遗产的所有属性都在，只要有适当规模确保其表现特征与过程。

因此，对完整性的评价，包括了两个方面：第一，强调传递和表达重要性的能力，具体包括叙述的背景是否完整，必要要素是否完整，是否有足够规模以表现其特征与过程等；第二，强调遗产存在的处境，要控制它的衰败过程，具体包括对遗产面对的生存威胁，以及任何对周边环境可能带来的不良影响等。

以OUV的评价方法来看，世界文化遗产的价值取向，也体现出发展的大背景。遗产的价值，不再只是评价其在历史、艺术等方面的突出性，而是转向评价其对全人类发展的意义。遗产的价值，不再只是评价其作为独立个体的价值，而是考虑到社会及广大受众，能否清晰而完整的获取历史信息，并产生社会意义。遗产的价值，不再关注是否构成OUV的所有属性都在，只要必要要素不缺即可。

因此，城市历史空间的价值重点关注三个方面：第一，对当代的发展是否有帮助；第二，是否能够清晰的表达整体性信息；第三，是否构成其整体价值的必要要素依然存在，即结构逻辑与结构性要素依然存在。

3. 价值评价的核心：结构逻辑的完整表达

2018年，何依教授在《历史城区保护价值的重新认识》中进一步指出，“面对当代城市建设对历史环境完整性带来的破坏，判断一座城是否整体存在，不完全取决于历史要素的规模与数量，还关系到历史原型的存在与否，包括历史中心、轴线、边界等结构性要素及其相互关系”。“针对历史城市，在新旧交替中，历史不仅是初始要素，也包括了替换要素。原真性保护的意义不在于整体复建，而是通过形态控制，来强化一座城市的历史原型和空间逻辑。”“整体性不等于全部，原真性也不完全指初始状态”（何依，2018）。

对城市遗产空间价值评价的核心，包括了结构逻辑是否存在和能否充分完整表达这两个方面。

● 结构逻辑是否存在

城市历史空间的形成过程是自然、社会、经济、文化、政治等多要素影响的结果，这些因素通过长时间的相互作用与影响，形成了今天所能看到的历史空间环境的整体面貌。例如，中国很多历史城市，是在儒家礼制约束下所形成的布局形制，城门、署衙、干道、宗庙的布局都有一定的规律可循；江南水乡地区的城镇空间布局，是农业生产模式和社会关系网络投射下的空间肌理。这些结构性逻辑是历史空间环境作为一个整体不同于局部的价值所在，也是使这一整体环境不同于其他历史空间环境的独特价值。因此，结构逻辑代表着城市历史空间的结构原型，由造成现状空间形态的结构性历史空间要素组成。

结构逻辑是否存在是城市历史空间作为遗产价值评价的核心，缺乏结构逻辑的城市历史空间即使集聚了很多历史文化遗存，也是碎片化的，缺乏相互关联与支撑，很容易在未来发展，叠加新的空间逻辑时，或淹没其中，或被遗忘，或被抹掉。

● 结构逻辑能否充分表达

结构逻辑的被认知、传递和表达的能力，反映在其本身逻辑的完整和信息表达的完整两个方面。

强调逻辑本身是否完整，结构性要素是否完整，是否有足够规模以表现其特征与过程等。

强调逻辑的叙述表达是否完整。首先，历史空间存在的处境，要控制它的衰败过程，具体包括历史空间面临的生存威胁，以及任何对周边环境可能带来的不良影响等。对于表达结构逻辑的结构性要素，需要保持较好的品质，以维持这种历史的原型，因此，对其的日常维护、局部要素替换，都有助于对结构逻辑的叙述表达。其次，对结构逻辑造成干扰的杂质性要素，需要适时的进行剔除或替换。

鉴于结构逻辑的完整表达，对城市历史空间具有重要的意义，因此，在这一整体环境中的持续更新、新旧演替和品质维护，也是其整体性保护的重要内容。

整体性保护的意义不在于“全部保护”，而是通过对结构性要素的保护，以及结构性关联的保护，来表达城市历史空间的空间逻辑。整体性保护也不是要保护“初始状态”，而是一个维持整体环境的逻辑秩序（理序）、控制衰败（治乱）的平衡过程。

第5章

城市历史空间的保护方法

城市历史空间创造了社会生态环境，产生了“城市文明”；培育出亚文化，激发创意，产生了城市吸引力与生命力；作为文化符号，在互动过程中，产生社会心理空间，以及复杂的社会网络关系，带来社会粘聚力；在社会消费中催生社会阶层与城市治理。

作为一种面向发展的资源，城市历史空间不仅存在保护的问题，而且需要合理的利用，并谋求在未来发展中的资源再生。当代的城市空间是未来的“城市遗产”，对当代城市空间的塑造是为未来创造新的社会文化资源；城市历史空间在当代应通过合理的利用，使其价值再现，这个过程是对资源价值层积的发展与补充，是主动性的资源再生。

因此，基于资源的可持续发展观念，城市历史空间涉及三个方面的重要内容:第一，按照历史层积中所发挥的作用，对城市历史空间要素进行分级分类的保护，其目的是价值层积的传承；第二，在合理范围内进行利用，确保其可持续发展，其目的是维护基本的发展状态，避免衰败，保持价值层积的延续；第三，对城市历史空间进行活化，使其价值再现，同时在满足传承与延续的基础上，塑造新的城市空间，实现价值层积的发扬光大。

“城市保护 Urban Conservation”一词之所以不同于“历史城市保护 Historic Urban Conservation”，就是因为城市保护强调对城市历史空间的保护、管理、发展、再生的过程的有机结合（Francesco Bandarin & Ron Van Oers，2012）。

5.1 基于可持续发展的城市保护模式

5.1.1 发展动力的延续

发展动力的延续首先需要包容新的诉求。需求是城市发展的基本动力，产生新的需求，才会带来新的发展。在同一类型的需求下，产生新的需求量，也会带来发展，而需求的类型或方式发生改变，也会带来新的发展。因此保持持续的发展，首先需要保护发展的动力。当环境发生变化，原有的需求不存在的时候，需要寻找新的需求来替代，以保持良性的发展。

例如上海开埠初期，受太平天国运动影响，大量江浙移民进入租界，居住需求激增。

这一状况促使洋人开发房地产，快速兴建住宅，促成了上海开埠后的一段重要发展期。而在“文革”结束后，知青返城，使上海原本就捉襟见肘的居住空间，在短时间内又新增了大量居住需求，由于当时的住宅总量没有大幅增加，居民纷纷通过自行改造搭建，重新划分内部空间，对里弄住宅本身造成了一定程度的破坏。20 世纪 90 年代末进入商品房时代后，里弄住宅中的居住人口有所回落，拥挤状况得以缓解，部分里弄环境得以改善。在里弄住宅的发展进程中，居住需求是主要的发展动力。

当人们对居住生活的品质有了更高的追求后，对空间的使用方式也有所改变，因此，空间的使用功能也存在相应的变化。但是，原有的居住空间与居住生活的行为方式息息相关，是居民长期调适生活习惯，同时进行空间改造的结果，因此适当延续原有的居住功能能更好地保持历史空间的社会意义，具有更好的发展延续性。例如对思南公馆的改造，虽然已经没有居家的居住功能，但是以短期租赁居住——宾馆的方式延续了原有的空间使用方式；而新天地的改造则彻底改变了原里弄住宅的居住功能，成为新的商业消费场所，虽然在商业运作上十分成功，但在社会价值的延续上有所欠缺。

5.1.2　发展环境的限制

发展环境的限制，需要研究管控的底限。城市发展受限于一定的环境条件，包括了技术条件、自然的屏障、资源的限制、行政的分割等，完全不受限制的环境并不存在。因此发展的前提是对有限环境的充分认识，在此基础上对发展的速度进行合理预判，才能够确定对发展速度的控制水平。例如上海里弄住宅中不断增加居住单元的过程，是在有限环境中对空间的自组织细分，而当住户可以选择在别处购买商品房的时候，有一定经济能力的居民可以选择离开这个环境，也可以选择进行设施改造后继续居住，但始终受空间容量所限（图 5.1）。如“梦想改造家”中的案例，在个别住宅中增加可移动式家具或可调节式楼板及墙体等新技术，对住宅内户型进行改造，从技术上突破了有限的空间环境，实现了局部的品质提升。但是上海的里弄住宅整体上受限于复杂的产权问题，居民大多不愿意出资进行这一类的改造，而公益性的改造示范难以大范围推广，这一无形的政策限制是里弄住宅保护与发展的重要屏障。

图 5.1　上海里弄住户的自发改造

（图片来源：作者自拍）

5.1.3 发展条件的提供

发展条件的提供，需要允许功能的改变，并保持活动联系。空间的包容性是城市持续发展的重要条件。城市空间对不同的功能需求具有一定的包容性。在一定限度内需求量的增加，也能够承载，但是超过空间使用的极限，就会带来发展的停滞。正如，前文所述的上海里弄住宅中人口密度的激增，也从侧面反映出原本成套的里弄住宅的承载能力较强。上海解放后，很多里弄住宅经过改造，从原来的一户分割成 3—4 户，并随着家庭人口的代际增长，又细分出更小的居住单元，最终导致居住环境品质下降，发展停滞。相比较而言，工业建筑的大空间包容性更大，因此在功能需求发生改变时，更容易接纳当前各种可能的需求，包括办公、展览、创意产业园，甚至住宅，如德国鲁尔区杜瑟尔多夫市郊区有 100 多年历史的工业建筑 Denkmal 被改造成联排别墅。

城市历史空间的公共开放空间，是历史上市民公共活动较为密集的场所，这些空间本身就具有更大的包容性和适应性，包括经济上更节约、功能上更多样，环境上更舒适。例如，研究上海 20 世纪 30 年代沪南区的历史层积，能够发现上海从农耕地区转变成城镇化地区一直延续了历史上的圩田土堤，并成为今天的城市道路。江南圩田制所留下的土地划分以及作为圩田边界的土堤，在租界时期被用作道路的基础路基。这是在土地平整工作尚未机械化的情况下，快捷且经济的一种建路方式，因此成为承载新的交通功能的首选。上海虹口港地区的沿街建筑和道路空间一直被延续使用，与这些空间环境对不同功能所具有的良好包容性有关。在 1947 年上海嘉兴路地区地图中，反映了这一地区曾经存在过的各式商号，一共 29 个类别 98 户商家（图 5.2）。不同的行业对售卖空间、运输空间、仓储空间的要求有所不同，但这一地区兼有水运和陆运的条件，以及大小空间的混合搭配，使多样的功能需求都可容纳。

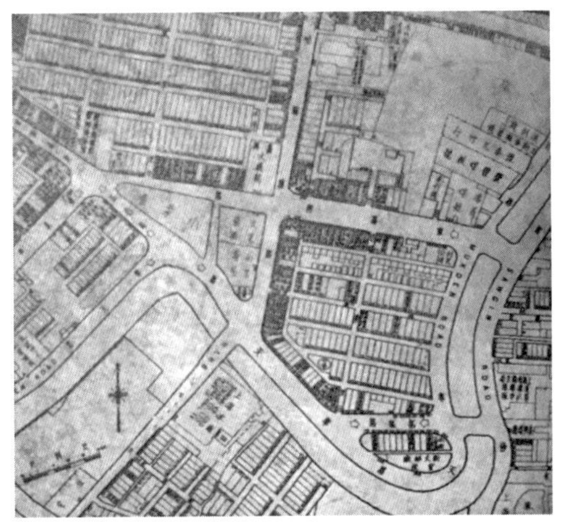

图 5.2　1947 年上海嘉兴路地区地图
（图片来源：苏秉公，2015）

城市发展除了依赖空间的包容性，还依赖于**空间环境在一定程度上的联系**。城市的公共活动场所，具有场所精神，也因此具有了吸引力和连续性，成为城市活力的重要表现。而城市公共空间的通达性，与对人流的吸引正相关。呈网状分布的公共空间网络，一方面提供多种路径的选择，另一方面也通过将人的活动向外疏解，使吸引力向外扩散，以构成整个地区的活力，因此支路网密度被认为是体现一个地区空间活力的标志。历史上形成的公共空间网络，通过与城市其他空间的联系，将人流引向新的功能场所，能够相应的带动周边地区的发展，从而在新老城市空间之间形成良好的互动关系。1935年《沪南区图》中，以“千字文”排序的圩田编号系统反映出土地的新旧历史，而1934年的《上海市道路系统图之沪南区》中已有道路和规划道路的图示也同样反映出城镇化建设由东向西、由北向南的拓展趋势。直到今日的上海，这些道路依然留存，成为城市历史空间的组成部分，起到了联系法租界与黄浦江滨水区，联系过去与未来的层层累加的结构性作用。

5.1.4 发展代价的补偿

发展代价的补偿，需要形成投入产出的平衡机制。发展的代价是发展成本与效益之间的比较。保护常常被认为影响了城市发展，造成了政府财政的巨大负担。保护的成本包括社会管理成本、土地经济成本等，但效益是城市历史空间所带来的历史、艺术、科技价值，以及文化价值和社会价值。在城市发展进程中，如果破坏的代价大于保护所付出的代价，并且保护的效益大于破坏的效益，那么保护对城市发展的意义才能够体现。具体而言，有三种途径实现城市历史空间保护与城市发展的平衡：

第一，对历史空间价值的认识的拓展，会在某种程度上将保护的效益放大。城市历史空间的现有价值，通过发展的方式实现价值重现，并转化出新的价值，将扩大保护本身的效益，因此对城市历史空间以再利用的方式进行保护，会比博物馆式的保护方式，获得更大的效益。

第二，为历史空间保护的代价设置补偿机制，将代价转移到城市发展的其他领域，会使保护的代价减少。例如，美国区划法中规定的容积率补偿的方式，使遗产保护所带来的空间开发权的损失在别的地方得到弥补。金融的方式也为城市历史空间保护提供了新的途径。

第三，历史空间保护与城市发展目标的两项兼顾，保护的效益也就是城市发展的效益，保护的代价也就是发展的代价，将从理念上消除两者的对立关系。对城市历史空间保护的益处就是为城市发展带来了活力、吸引力，以及在全球化背景下的城市综合竞争力。

5.2 发展背景下的资源保护与利用

5.2.1 城市历史空间的保护时机与方法

城市历史空间是具有独特风貌特征的城市肌理和空间的组合，因此既具有物质形态的空间和城市肌理，又具有非物质形态的独特文化背景、审美情趣和某个历史片断的共同记忆。

由于城市历史空间具备物质属性，即构成此类城市空间的实体构件、材料本身所具有的物理属性或自然属性，体现出随时间风化、破损的特征。城市历史空间的非物质属性，即植根于此类城市空间的历史文化属性，体现出时间越久信息越丰富、文化价值越高的特征。

1. 基于属性相对关系的城市历史空间保护时机

● 城市历史空间的物质属性与非物质属性存在错位

城市历史空间的自然属性与反映其内涵的社会文化属性存在时间上的错位（图 5.3）。城市历史空间是历史文化在建造当时的物质反映，是此前的文化积淀到一定阶段的物化表现。而建成后的城市空间即开始自然衰败，岁月的痕迹会越发明显，如木构件的腐化、墙体坍塌、面料褪色等，最终成为危旧建筑及建筑群。但从其建成之日起，该类城市空间即对其中的人开始产生潜移默化的影响，并在此基础上逐渐形成新的文化氛围、固定习俗、社会组织方式、美学价值观，经年累月，成为根植于这一城市空间的独特的社会文化环境。换言之，时代在发展，但建筑与城市空间一旦建成就固化了；时间在推移，记忆在加深，但房子却渐渐变老、变破旧。

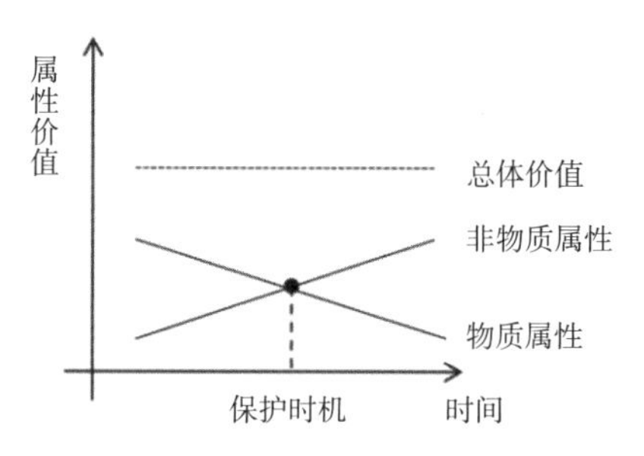

图 5.3 物质与非物质属性错位示意

（图片来源：作者自绘）

这种错位随着时间的推移将愈发明显。当根植于此类城市空间的传统习俗、特色风貌、美学价值或共同记忆在历史积淀中抽象并上升为文化，并有别于其他城市空间时，该类城市空间的历史文化价值即显现出来。而往往在文化特征尚不明显的时候，人们会忽视其物质属性，任其自生自灭，导致该类城市空间自然破败。

● 城市历史空间保护的时机选择反映出保护思想的发展历程

选择城市历史空间的保护时机需同时考虑其物质属性和非物质属性，两者的偏差越大，即文化价值越高，破败程度越严重，则对其保护的迫切性越强。

保护时机的选择体现出保护的思想范畴。按照狭义的"遗产保护"概念，保护是源于价值较突出的非物质属性，但保护的对象却是由纪念物、建筑及其构件等物件开始的。随着保护意识的加强，保护的时机被逐步提前，即在构成城市历史空间的建筑、构件尚未破败之前，城市历史空间已经具有一定文化价值但还未至于成为文化孤岛的时候，就先期介入进行保护。而按照可持续发展的理念，保护的思想应在建造之初就有所体现，从加强建筑的物理持久性、增强城市空间的文化韵味等方面，使保护的概念扩展为对城市遗产发展全过程的保护。

改革开放后，中国的城市遗产保护工作大概可分为三个阶段：一是抢救性保护。主要针对具有突出文化价值，但破败不堪、濒临消失的城市历史空间。如很多历史名城、名镇、名村，在长期疏于维护之后，整体环境恶劣，成为危旧区域，甚至成为建设者眼中需要铲除的城市死角，但由于其突出的文化价值被发现，成为需要抢救性保护的城市遗产。二是发掘性保护。主要针对已经较为破败的城市历史空间，在整体改造之前，对其中具有文化价值并保存相对较好的建筑物及构件进行发掘寻找，在确定其为保护对象之后，对周边环境进行梳理并整治。三是介入性保护。主要针对在建设中遇到的更为复杂的发展与破坏问题所进行的长期持久和主动介入式保护（表 5.1）。

改革开放后我国的城市遗产保护工作的三个阶段　　表 5.1

阶段	时间	特征		对象
第一阶段	20 世纪 80 年代	抢救性保护	依靠保护者自身赏鉴能力，进行强势干预或抢救	文物或文保单位
第二阶段	20 世纪 90 年代	发掘性保护	保护者普查调研，编制保护规划，与时间赛跑	历史文化街区
第三阶段	2000 年后	介入性保护	保护与发展的矛盾日益突出，问题错综复杂，需要靠长期持久的介入达到保护的目的	历史文化名城
趋势	随时间推移	保护的危急性降低	保护的主动性增强，保护的时机提前	保护范围扩大

由此可见，随着保护意识的提高，保护的危急性降低，主动性增强，时机逐渐提前，保护的对象与范围逐步扩大（图 5.4）。

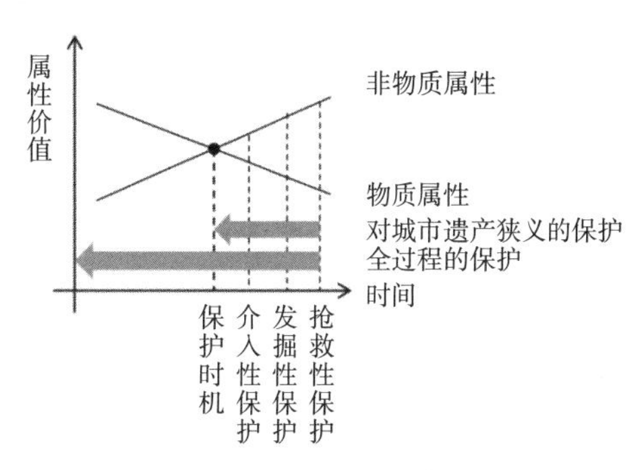

图 5.4　保护时机与保护思想关系示意图
（图片来源：作者自绘）

● 影响城市历史空间保护时机的四个影响因素

假设当城市历史空间的物质属性与非物质属性处于某个适当的结合点时是保护介入的最佳时机，受不同因素的影响会导致时机的提前或推迟，那么其影响因素可分为以下四个方面。

物质因素影响下的保护时机提前。受自然灾害等突发因素的影响，城市历史空间的自然衰败趋势会加速，反映在物质属性下倾斜线上，即呈现出台阶式跌落的形态。比如受白蚁等病虫害的长期影响，造成木构件的加速损坏，会使城市历史空间的物质属性加速下跌，相比较而言，其非物质属性的积淀增长趋势基本没有变化，因此保护的时机被提前（图 5.5）。例如，都江堰二王庙的部分建筑在“5·12”汶川地震中坍塌，保护与修复工作在震后被紧急启动，成为不同于平时日常维护的新的保护介入。

物质因素影响下的保护时机推迟。有意识的对城市历史空间进行日常维护或翻修，将改变其物质属性自然衰败的速度，而其非物质属性基本没有变化，使保护时机推迟（图 5.6）。例如，在日常维修中，将建筑的原木构件换成钢构件，延长了城市历史空间本身的物质寿命和使用寿命，使其物质属性的衰败斜率变缓。再如，对某一建筑的落架大修，相当于使其物质属性的衰败速率发生突变，虽然没有改变材质，但通过对逐个构件的矫正、防腐处理或对某个构件的同质替换提升了其整体寿命。

非物质因素影响下的保护时机提前。受时代潮流影响，对某种文化形态的复兴与再认识，促成社会对反映该文化特征的城市历史空间的关注度上升，使非物质属性的积淀增长速率发生突变，促使保护时机提前（图 5.7）。例如，由于陈逸飞的油画作品《故乡的回忆——双桥》在西方国家产生了巨大反响，扩大了周庄的知名度，促成当地政府在文化遗产保护思想尚未普及的经济发展初期，即开始对周庄的历史遗存进行保护，避免了可能发生的建设性破坏。

非物质因素影响下的保护时机推迟。受意识形态的影响，对某种文化意识的刻意贬低限制其思想的发扬，使原本具有一定文化价值的城市历史空间被忽视和埋没，造成其非物质属性的积淀增长速度减慢，导致保护的时机推迟甚至延误，造成不可挽回的损失（图 5.8）。例如，一些具有较高艺术与文化价值的名人故居，因为主人的意识形态的原因，其文化属性被刻意贬低，建筑本身未得到应有的保护。

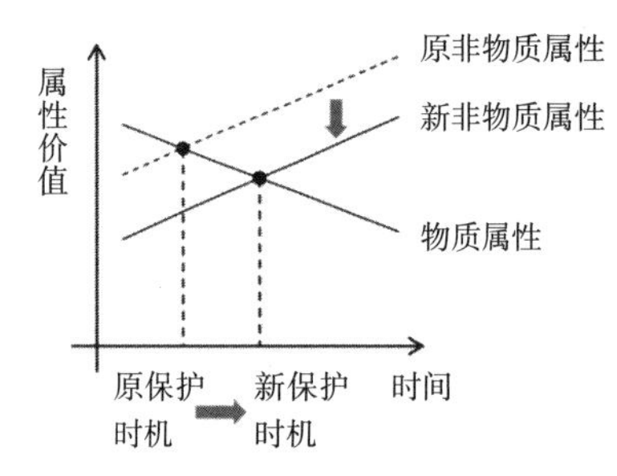

图 5.5　物质因素影响下保护提前

（图片来源：作者自绘）

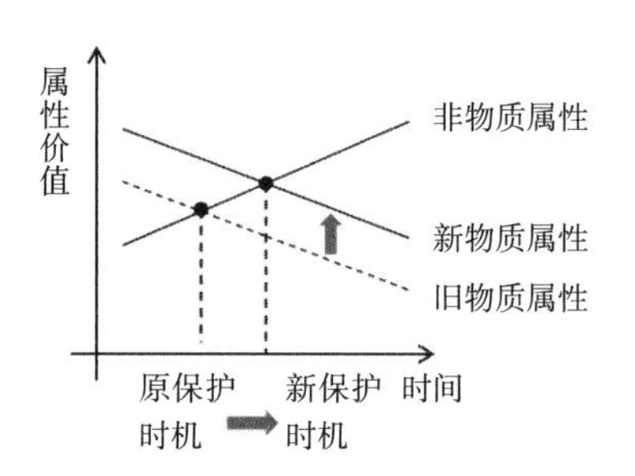

图 5.6　物质因素影响下保护推迟

（图片来源：作者自绘）

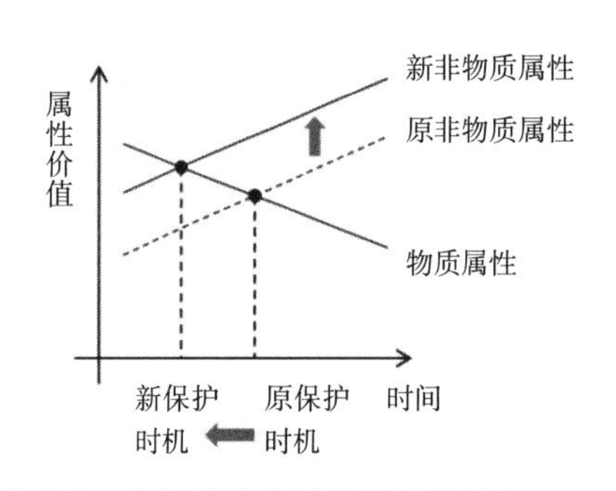

图 5.7　非物质因素影响下保护提前

（图片来源：作者自绘）

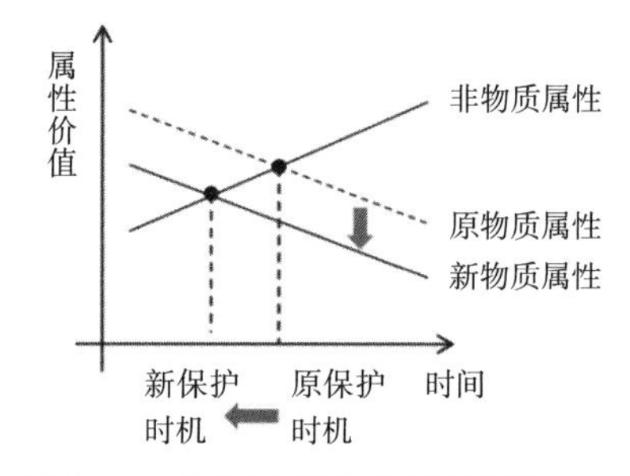

图 5.8　非物质影响下保护推迟

（图片来源：作者自绘）

2. 基于属性绝对关系的城市历史空间保护方法

- 物质属性与非物质属性共同形成了城市历史空间的价值

城市历史空间的物质属性和非物质属性两者不可分割，并共同构成了其价值。历史文化信息依赖物质空间环境为其载体，而文化内涵是物质空间环境的灵魂。

当城市历史空间缺失了其物质属性，则仅存的非物质属性成为抽象的表达，在继续传播和继承的过程中，容易进行人为加工与臆想，也更容易受到其他文化的侵蚀，发生改变，致使其原真性受损，大量的历史信息丢失。当城市历史空间缺失了其非物质属性，则仅存的物质属性成为没有文化内涵、可以在任何地方复制的空壳，就像影视基地与真正的遗产地之间的区别。所谓的“千城一面”现象，就是缺乏非物质属性的城市空间的典型反映，即使其年代久远，但由于缺乏文化内涵，也就没有保护的价值，可能因为新的建设将其拆除而不会留下任何痕迹。

● 城市历史空间保护的方法

城市历史空间的物质属性与非物质属性的总和，决定了其整体价值。对其任一属性的提升或降低都将影响其整体价值。由于物质空间具有不可逆性，因此保护的基本对象是物质空间实体。历史文化价值虽然发展缓慢，但可以通过时间积淀，不断增加，而空间实体的自然衰败必须通过人为干预来延缓这一过程，因此，对城市历史空间的保护必然需要对空间实体进行保护，无论对非物质属性进行什么程度的保护，空间实体都是保护的基本对象。

对城市历史空间的保护不仅是对某个文物古迹或历史地段的保护，而且还包括对城市经济、社会和文化结构中各种积极因素的保护与利用，涵盖了物质属性与非物质属性两个方面。按照对非物质属性与物质属性的保护方式，城市历史空间保护有以下几种类型：

第一种，是在原有非物质属性不断积淀的基础上植入新的文化属性，而对原有物质属性基本不作大的调整。例如，朱家角课植园没有改变原江南私家园林的历史文化背景，对建筑及园林实体的改造也很少，但通过引入昆剧情境表演《牡丹亭》，使之不仅在园林艺术与建筑艺术上继续着历史文化的积淀，同时引入了新的艺术表现形式，进一步提升了其整体价值。但是，新文化属性的植入也可能对原有的历史文化环境产生负面影响，因此需要谨慎地选择。例如，安徽宏村的传统村落，由于大量外来游客对原村民的生活产生很大影响，改变了其原有的生活方式，甚至由于门票收益分配不均，造成了村民对旅游开发带来的外来文化的抵制（图 5.9）。

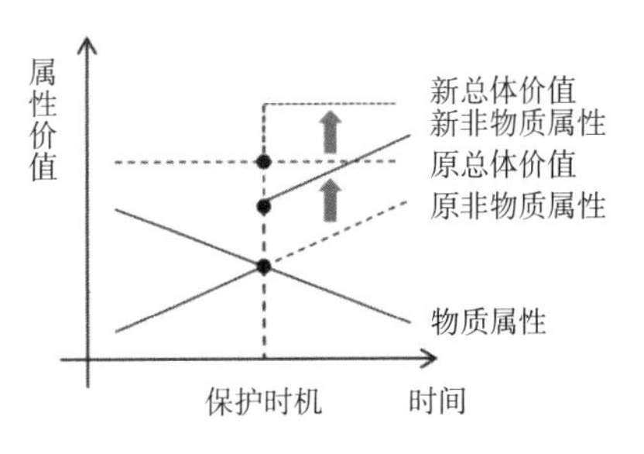

图 5.9　第一种方法示意图

（图片来源：作者自绘）

第二种，是对城市历史空间的物质属性与非物质属性同时进行提升。一方面，对原物质空间环境进行整体改造，或者部分新建，构成新的物质空间环境；另一方面，赋予历史建筑或历史街区新的功能，适当引入新的文化形式，体现新的社会经济环境，原有的非物质属性被部分、有选择性地保留并传承。例如，很多对晚近工业遗产的保护，由于原生产功能已废止，因此一方面对建筑遗存进行改造翻新，另一方面塑造时尚文化地标，引入新的社会文化活动，使新旧历史信息交融碰撞，产生更为丰富、更具有生命力的文化内涵。此类改造需要投入较大成本、难度高，但对文化创新的意义巨大，是对非物质属性的继承并发扬（图 5.10）。

第三种，是保持城市历史空间的非物质属性基本不变，对物质属性进行提升与保护。例如很多老居住区的更新，不改变居住性质，也不影响其中的邻里关系、传统习俗，通过环境治理、设施配套等“惠民”措施，改善居民生活环境品质。此类保护方式对于建设年代较近的城市历史空间、单体建筑价值一般的历史街区，以及呈现衰败状况的城市旧区的改造更新具有积极意义（图 5.11）。

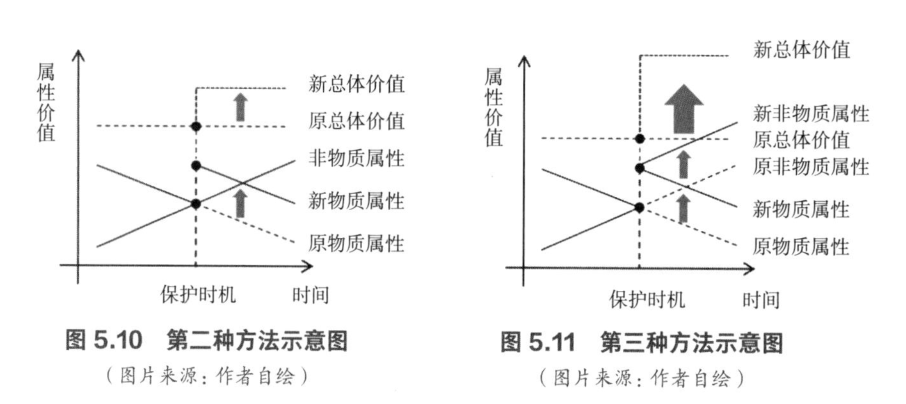

图 5.10　第二种方法示意图
（图片来源：作者自绘）

图 5.11　第三种方法示意图
（图片来源：作者自绘）

如果将前两种改造方式比作创造性的保护，最后一种保护方式则是每个城市面临的日常性事务。但无论选择哪种保护方式，单方面提升物质属性或非物质属性，都对提升城市历史空间的总体价值有所助益，因而对城市历史空间的健康持续发展具有积极意义。

割裂地看待城市历史空间的物质属性或非物质属性，会导致城市历史空间根本意义的消解，但是分别从两者的视角来审视城市历史空间保护的手段和时机，更有利于剖析并选择合适的保护时机与方式。

3. 介入式保护的案例研究

在新的时代背景下，很多传统古镇都面临着发展的机遇与挑战，在积极安排建设项目的同时，原有的文化传统风貌也受到了现代化的冲击，甚至面临着对城市历史空间的“建设性破坏”。福建省德化县上涌镇的杏仁街就是这样一个在发展中“遭遇”保护的地区[1]。杏仁街由于地形起伏，交通不便，传统建筑空间又难以满足现代生活需求，因此住户逐渐外迁，空置的建筑年久失修，部分建筑几近坍塌（图 5.12）。

杏仁街上有小部分区位较好，面积较大的住户进行了自发改建，采取了一定的自

① 杏仁街，又名上涌古街，雅名翰林街。古街始建于民国 13 年（1924 年），依山而建，蜿蜒而下，长约 400 米，宽约 4 米。古街曾繁华一时，直到 20 世纪 70 年代才由于新街建成而日渐衰落。杏仁古街的建筑多为民国年代建设，以木材为结构件，以竹席、土坯、木板为填充件，每隔 10 间房屋有砖砌防火墙隔离，路面铺装利用山区特有的溪涧卵石，结合地形地势高低错落起伏。

发性保护措施。主要有两类：第一种采用相对低廉的砖石结构替代原有的木结构，风貌不佳，但改善了自身的居住条件，也提升了建筑本身的物质属性；第二种采用相对昂贵、维护成本较高的木结构，替换原有木构件，并刷油防腐，延长了使用寿命，与周边建筑风貌基本一致，但修整后建筑色调过于突出（图 5.14）。

图 5.12　杏仁街的传统风貌
（图片来源：作者自拍）

杏仁街对镇的发展意义有三个方面，第一，它是德化县域旅游线路上的重要节点；第二，它是目前从公路进入上涌镇的主要门户，并位于主要干道的咽喉部位；第三，它是上涌历史上的商业中心，首善之区，当前的集市也紧邻古街。因此，杏仁街所承载的建设功能也包括了相应的三个内容，第一，布置旅游服务设施；第二，改造入口形象；第三，是改善其中居民的生活条件。从城市历史空间属性的角度，可以看到政府想主动提升该区域的非物质属性，赋予新的功能与使用方式，因此相应的保护时机提前到来。

图 5.13　通过介入性保护保留下来的“上壅驿”牌坊
（图片来源：作者自拍）

但是由于新的旅游交通对道路宽度提出了更高的要求，为了使 S206 的镇区段也能形成 12 米宽的路幅，政府意图拆除杏仁街部分路段建筑，以疏解交通瓶颈，这一改造将对杏仁街的空间形态带来极大影响。首先，S206 上的古街立面将被拆除，破坏了集中展示现有建筑错落有致的特色风貌；其次，杏仁街的地形起伏与街道尺度变化在与 S206 交汇处最为明显，这段街区的拆除，将直接导致“山城驿站”的道路景观受到破坏；第三，道路拓宽涉及对现有“上壅驿”牌坊的迁移，在目前尚未考证其历史价值的情况下将其移走，将损失大量的历史信息（图 5.13）。由此可见，由于杏仁街改造意图对其物质属性可能造成不可挽回的损害，因此，针对其非物质属性提升所带来的破坏，需要更早的介入保护。同时，针对这种处于发展动因的建设性破坏，以介入性保护的方式，对其提出具体的策略：

首先建议请专业部门来对杏仁街的物质属性与非物质属性进行鉴定评估，在明确其建筑与构件的破旧程度，以及历史文化价值后，可明确其保护的等级。

图 5.14　杏仁街的局部自发改造
（图片来源：作者自拍）

第二，对于其中物质属性的保护建议。从内在因素的物质属性考虑，建议按照评估对其中具有较高历史文化价值的个体进行维修改造并增设设施，对其中历史文化价值一般的建筑进行设施改善，外立面简单粉刷，整体风貌引导；从外在因素的物质属性考虑，通过梳理区域整体道路网系统，将过境交通引致外围，从根本上否定了因道路拓宽拆除部分古街路段的想法。

第三，对于其中非物质属性的保护建议。从内在因素的非物质属性考虑，建议恢复当地传统的邻里关系，延续原有的文化习俗与传统，吸引原居民的回迁。将古街入口处，现状堆放的杂物垃圾以及一个自行搭建的茅棚进行清理，分别设计为社区公共活动场所，选择向阳背风的位置安排座椅，恢复种植杏仁树[①]，提供老年人喝茶、下棋、练操、读报的场所，塑造新时代的文化氛围。从外在因素的非物质属性考虑，建议杏仁古街与周边的登山运动[②]、户外露营地的旅游线路结合，提供如客栈、餐馆、自行车租赁、土特产零售等旅游配套服务，从而恢复曾经的“上塰驿”的驿站功能，并以此延续其文化内涵的发展（图 5.15 和图 5.16）。

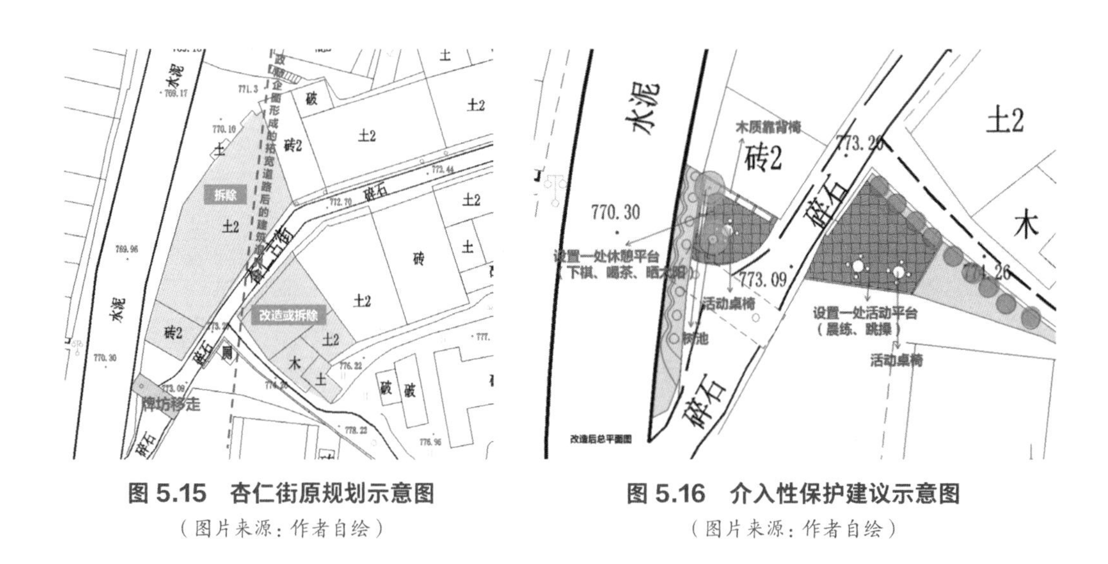

图 5.15　杏仁街原规划示意图

（图片来源：作者自绘）

图 5.16　介入性保护建议示意图

（图片来源：作者自绘）

5.2.2　基于发展原则的活化利用方式

1. 国外遗产活化利用的方法借鉴

● 法国的保护与价值重现规划

法国的历史建筑保护强调保护与价值重现并重，他们认为历史建筑一定要进行内部的现代化改造，要能够被再利用以满足当代需求，避免出现因无人使用而导致建筑荒废的情况，但前提是尊重历史建筑的风貌特征。按照 1962 年颁布的《马尔罗法令》，

① 杏仁古街最初因一个老杏仁树而得名，“文革”期间由于古树中空聚蛇，被村民烧毁。

② 杏仁古街位于福建省第一高峰脚下，可以成为登山游线中的一个休息站。

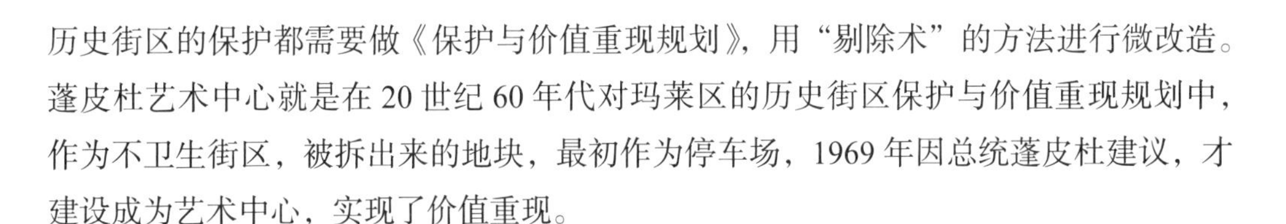

历史街区的保护都需要做《保护与价值重现规划》，用“剔除术”的方法进行微改造。蓬皮杜艺术中心就是在 20 世纪 60 年代对玛莱区的历史街区保护与价值重现规划中，作为不卫生街区，被拆出来的地块，最初作为停车场，1969 年因总统蓬皮杜建议，才建设成为艺术中心，实现了价值重现。

- 法国的活力街区整治工程

法国巴黎对商业街的管理分为两个类型：其一是“保护型工具”，地方城市规划 Plan Local d’Urbanisme（PLU）通过制定各种针对街道商业的制度、规范对某些类型的商业加以保护，进而引导商业的多样化发展；其二是“治理型工具”，其代表是政府主导的“活力街区”整治工程（图 5.17），公共部门在其中类似“催化剂”的作用，是政府权力机构直接介入日常商业演化过程的典型案例。由于日常性城市遗产产生于日常生活，对其的管理是长期工程，因此需要采用“细水长流”的动态管理思路，在治理中采用局部带动整体的方式，利用有限的公共资源引导商业业态持续、渐进的变化（马荣军，2013）。

图 5.17　巴黎蓬皮杜艺术中心

（图片来源：作者自拍）

- 日本的文化财活用制度

20 世纪 90 年代开始，日本文化厅为适应社会环境的变化以及时代变迁，展开了多样化的文化财保护措施研究。文化财的“活用”自此成为与“保存”并行不悖的概念出现在人们的视野中。2001 年公布的《文化艺术振兴法》，明确将“保护文化遗产，并积极活用”成为日本政府文化政策的基本方针之一。按照这一规定，修复后的历史建筑可以按照编制的活用规划，进行适当的改造，作为乡土历史资料馆、美术馆、街区保护中心、保护事业宣传处或上述功能的复合设施等。2008 年颁布的《历史社区营造法》更进一步将遗产作为一个地区发展的核心，以主题和事件为线索将遗产及周边环境进行一体化的综合保护与活用。这一做法明确了除了要对物质遗存进行保护，还要在使用过程中动态的保存文物价值。

● 港台地区的遗产活化制度

台湾地区称“文物”为“文化资产”；香港特别行政区则将我们日常所说的“保护”宏观概念称为“保育”。这看似仅仅是称谓上稍有不同，却反映出对文物“资产”属性的重视，以及对文物作为生命体随社会变迁发展而变化的充分认同。港、澳、台三地共同将文物建筑的再利用称为“活化”（利用），而香港和台湾更将“活化”作为文物保护的基本目标，纳入施政纲领。以台湾为例，该地区的《文化资产保存法》在2005年修订前并未包含“活化”的明确内容。“在修法前讨论与反省文化保存的目标是否仅止于修复时，看到修复并不能有效发挥文化资产的价值”，而只有活化利用才能够创造文化遗产永续的生存机会，开发其潜力，使其长期发展，因此台湾在2005年将活用文化资产加入“立法”第一条作为保护的根本目的。香港政府于2008年推出了“活化历史建筑伙伴计划”。政府分批次从政府所有的闲置历史建筑中选择适宜建筑，向社会公开招标。非营利机构获邀提交建议书，详细说明如何进行建筑保存及活化的具体方案，同时论证未来用途必须以社会企业形式经营，并能够在开业两年后自负盈亏。政府在建筑修缮过程中提供主要的工程资金，并根据申请提供启动初期的经营补贴，在此后则扮演支援和监管的角色。对项目进行评审时，由专家组成的活化委员会首先考察活化项目的用途是否彰显文物的历史价值及重要性，其次考察财务的可行性及社会价值等方面。伙伴计划的目标是既要保存历史建筑，又要将之善加利用，以保障社会利益最大化（清源文化遗产，2015）。

2. 保持活态、提升价值的基本原则

城市历史空间是城市发展的资源，不仅有遗产保护的要求，也有城市发展的基本诉求。基于城市发展的背景，城市历史空间存在两个方面的保护及利用原则：

● 保持活态：保持动态的环境与发展的活力

首先，需要延续既有的活力。作为活态的城市遗产，其不同于静止的博物馆式的遗产的重要方面，就是具有活态的社会属性。原有的活力，需要在延续常态化的使用中，持续保持。另一方面，需要在适当的时机进行一定程度的活化，对相对趋于静止的整体环境进行外界刺激，以形成激活的效果，带动整体环境的持续更新（图5.18）。

图5.18　中山历史城区因无人使用而荒废的住宅
（图片来源：作者自拍）

● 提升价值：在发展中发挥更大的作用

包括三个方面：1）**扩大受众**。在原有环境中，逐步自组织形成的稳静环境，会带来功能的相对单一，按照一定的产业周期，显露出产业衰败的现象，对固定人群的吸引力，会带来相对于其他人群的排他性，伴随着使用人群的老龄化，对新人群的吸引力持续降低，造成受众面收窄，从而显露出衰败的迹象。通过多元化功能的导入，增加原有空间载体的包容性，有利于提高历史空间的受众面。2）**扩大影响力**。在历史空间本身不做太大改变的情况下，改变相对的比较环境，以达到提高遗产价值的水平。通过扩大影响范围，形成更高层面或更大范围的比较环境。而这一过程，依赖于城市历史空间本身的对外宣传与更大范围的文化交流所创造的宽松环境。3）**经济效益的提升**。通过旅游，商业地产的开放等方式，扩大经济收益的途径，将城市历史空间作为经济发展的资源之一，在不破坏既有的遗产价值的基础上，形成更多渠道的遗产价值的获得方式。

5.2.3　以保持活态为原则的活化利用

1. 参与性展示

遗产保护的方法受考古学和博物馆学的方法影响，随着遗产概念的扩大，保护的方式开始多样化。近年来，博物馆学中对遗产的看法也在发生改变，遗产价值体现出外化的趋势。

博物馆学最早是关注“建立博物馆的科学学科”，20 世纪 60 年代国际博物馆协会 ICOM 将博物馆学重新定义为“研究博物馆之目的及运作的学科领域”。1984 年《魁北克宣言》提出了对文化遗产整体性保护的概念，即不光是遗产本身，与遗产有关的自然和文化环境也要一起保存。20 世纪 80 年代诞生的新博物馆学受其影响，认为博物馆最终的展示目标，是将自然环境及人类社会结合在一起，落实到人类实际的生活层面，让人类能够在自然环境中学习，在社会互动中成长，发挥现代博物馆教育的功能。

博物馆学注重的是物的广和博，有赏鉴、分类、断代等，但是新博物馆学注重表达呈现与思想的传递，因此有策展，有在礼品部做文化创意生产销售，有博物馆教育，还有一些博物馆的表演，重在讲述过程与参与的体验。解说的内容也更贴近当前的生活，会主动去寻找与现代生活的联系，例如对古代价格、尺度的表述，通过与今天生活常识中的对比方法，或是通过故事的叙述，让场景贴近每个个体的生活，将静止的物件，向活态的博物馆发展，其终极目标就是把博物馆的围墙推倒，把真实的器物以及生活化的日常使用完整呈现。

城市历史空间本身就是活态的，比博物馆中的展品更具有参与性和展示性。但是其价值却不一定被市民所认知，历史的层积需要通过深入研究才能形成系统脉络，但是对城市发展来说，将城市遗产空间的价值展示给生活于其中的每个人，并在社会互动中产生文化教育的作用，比遗产本身的历史价值更有意义（图 5.19）。

非物质的文化遗产，一旦脱离了承载的实体空间，则表达与叙述的过程会丢失很多历史信息，虽然很多可以通过音乐、影像、文字、戏剧、仪式、表演等方式进行展示与传播，也具有较高的参与性，但缺乏身临其境的体验感和直观感受。正如博物馆学中对器物价值的界定，很大程度依据其可叙述性一样，如果某一历史器物，能找出其相关背景，从个体到整体、从小事件反映到宏观叙述背景的多维度网状联系，那么这个器物的价值就很高。这种器物背后具有参与性或者代入感的叙述，是一种更有意义的展示。

图 5.19　西塘古镇街头叫卖的馄饨摊

（图片来源：作者自拍）

2. 日常性使用

文化遗产具有教化后人的重要社会意义，而教育的最高境界是对受众产生潜移默化的影响。无论是历史价值、科学价值、艺术价值，还是社会价值和文化价值都应该成为日常生活的一部分，当对其文化的欣赏成为生活的习惯，甚至有如游戏一般的乐趣，遗产的文化价值才被最大程度的显现，就像红楼梦中所描绘的年轻人以作词作赋为聚会常用的小游戏，诗词文化的价值体现在日常的生活方式和趣味游戏中。台湾学者蒋勋曾言“日常生活中到处都是美，美学以生活为起点”（蒋勋，2007）。

马荣军博士提出“日常性城市遗产”的概念，认为日常性城市遗产是城市遗产与日常生活空间（张雪伟，2007）的交集。日常性意味着空间维度上的公共性和开放性、时间维度上的频繁性和渐进性（马荣军，2015）。对城市遗产的日常性使用，是在对遗产的“往昔价值”进行“严格保护”的基础上，对“现今价值”的日常性的使用。

对城市历史空间的日常性使用，延续了城市历史空间和人的互动关系，而这种互动关系的长期作用，由个体到群体，逐渐赋予了空间场所精神，构成了新的存在价值。而在长期日常性使用过程中，逐渐形成的对空间使用的模式，以及社会性的集体行为，慢慢被赋予了仪式性，继而产生集体记忆与文化认同，以及相应的社会群体的身份认同。

3. 动态性维护

活态的城市都存在更新问题，需要不断进行改造和更新，以适应生产、生活和发展的需要，主要包括了三种类型：第一种，建筑的改造，即从建筑技术或就平面布局、建筑设备等方面加以改造；第二种，城市用地及环境的改造，如迁出有污染的工业企业，进行用地调整，改善日照通风条件，扩大内部庭院及公共活动空间，提高视觉艺术等的环境质量；第三种，城市配套设施的改造，如解决交通问题、改善公共服务设施等（图 5.20）。此外还有城市经济结构的改造、功能改造等，随着科学的发展与生产力水平的提高，城市改造的内容在不断扩大，城市作为人们多种公共活动的物质空间环境，必然需要不断进行增补更新，以适应不断变化的生活要求和社会经济结构变迁（吴良镛，1983）。

1869 年上海法租界颁布的《法租界公董局警务路政章程》的第 15 条就已规定“居民的房子、屋棚等建筑，由于年久失修、疏于维修而呈现陈旧，破败现象而危及公共安全时，经法公董局通知，有关住户应立即采取必要措施，以防不测。”

图 5.20　苏州河道清洁的日常维护

（图片来源：作者自拍）

在城市历史空间的动态性维护中，必须区分相对不变的要素和可以变化的要素。相对不变的要素包括空间格局、水系、自然的地形地貌，以及核心保护范围内外所有具有历史见证和集体记忆、技术、艺术价值的建筑物。这些相对不变的具体要素并不是彻底的静止不变，而是需要在不同时期持续地进行增补，从而实现使其本体持续增值的保护目标（周俭，2012）。对于可以变化的要素，如作为整体环境的普通传统民居，应该根据不同情况，进行维修、改善、扩建、重建和新建，这些维护的措施也不是一成不变的，而是允许创新、允许持续删补修正的，其中应该不断吸纳本土化的自建智慧，创造社区居民与这些要素之间的互动环境，从而创造出新的场所意义。

5.2.4　以提升价值为原则的活化利用

1. 满足更复合的功能需求

城市历史空间在形成之初，具有一定的主导功能性，而随着历史演变，其功能需求逐步细分，并更新变化，成为多元复合的功能体。这些多样化的功能，带来多样化的使用方式，并在不断更新改造中形成了多样化的空间形态。在人的功能需求变化与人对物质环境不断改造的互动过程中，功能性活动的丰富程度与空间多样程度成正比关系，尤其在空间管理较为宽松的地区，由于自发改造空间的行为，使这种关系更为明显。

功能丰富程度从某种程度上代表了一个地区的活力水平，而功能丰富程度，涉及三个方面的因素，即满足多种人群的功能需求；满足过去、现在及未来的功能需求；满足多种使用类型的功能需求。这三者的综合水平，反映了功能的丰富程度。城市历史空间在历史上可能具有丰富的功能，但在当代的环境中，许多功能并不一定适用于当代人的生活方式，正如历史住区中曾经极具人气的烟纸店、澡堂、粮油铺、理发店等，难以适应现代的功能需求，或者仅面对老年人群体，对年轻人缺乏吸引力，因此缺乏现代的活力。相对单一的居住功能区，不及混合餐饮、商业、办公、文化娱乐的复合功能区更有活力。城市历史空间的活力水平，需要对功能丰富程度做综合判断，相较于历史上曾经的功能丰富程度，功能的纯化、老化，以及适用对象人群的缩小，都可能造成活力的衰退。因此，以发展为目标的城市历史空间的活化利用，需要满足更为复合的功能需求，以实现在动态发展中，地区活力的不衰退，甚至活力的提升。

坐落于上海虹口区东嘉兴路 267 号的嘉兴影剧院是一栋近代历史建筑，始建于 20 世纪 30 年代，由英国建筑师事务所 Atkinson & Dallas 设计，历经多次改建，原名天堂大戏院，后曾改名天韵大戏院、日进剧院等，上海解放后才改名为嘉兴影剧院，随着观众数量的减少，嘉兴影剧院的经营也逐渐陷入窘境，最终于 20 世纪 90 年代正式关闭。随后的十余年里，影剧院的租户几度易主，但都没有恢复演艺功能，其周边地区也越发衰败。2010 年开始，由于上海音乐谷项目，嘉兴影剧院经过现代化改造后，被作为中国本土大型女子偶像团体 SNH48 的专属剧场，同时设置粉丝咖啡店，偶像纪念品商店，露台式活动场地和附属商业店铺等，不仅恢复了这一历史空间的传统功能，而且融入了新的衍生服务功能，吸引了大量年轻的偶像粉丝群体，为这一地区带来新的活力。

2. 寻找触媒激发活力

城市触媒理论是 20 世纪末由美国城市设计师韦恩· 奥图和唐· 洛干提出的引导城市开发的城市设计理论。城市触媒类似于化学中的“催化剂”，作为城市导入的新元素可以激发相关元素的连锁反应，从而创造富有生命力的城市环境。城市触媒本质上是人气旺盛或对人的活动有较强吸引力的建筑、场所或区域。人的聚集不仅会给城市带来活力，同时还能有效促进经济的发展。这不仅仅表现在经济上的激活，也表现在城市景观环境的重新整合，以及城市生机活力的激活和复兴（金广君等，2004）。

在城市历史空间中以城市触媒的方式，“自下而上”的寻找局部区域的发展模式，能够避免整体历史环境出现根本性改变，同时保持一种持续的活化与更新，与地区空间自然老化、社群老化所形成的衰败趋势形成一种抗衡的力量。

由于城市历史空间的空间形态较为紧凑，在历史建成环境上需要谨慎地选择城市触媒的空间实体，具体包括两种情况。

第一种，对历史空间的保护性再利用。例如将工业遗产改建为专业博物馆、文化主题公园、社区历史陈列馆、文化艺术创意中心等。由于城市触媒需要引入新的功能，并通过吸引人流活动带来地区活力，因此，在不破坏原空间的前提下，需要选择具有较大空间兼容性的历史空间作为城市触媒，以更好地发挥其对周边地区的影响带动力。例如，上海当代艺术博物馆的前身是南市发电厂，由于其坐落在黄浦江畔，具有开阔的景观视野，同时占地 4.2 万平方米，内部具有最高悬挑 45 米的大空间，因此在上海世博会结束后，被改造成中国大陆第一家公立当代艺术博物馆，并作为上海双年展的所在地。高达 165 米的烟囱既是上海的城市地标，也是一个特别的展览空间。不仅在景观标识上，对整个浦江两岸产生巨大影响，而且开阔的周边环境也为公共活动与人流疏散创造了缓冲空间，充分发挥了城市触媒的作用。

第二种，在历史地区插入新空间。历史地区在发展过程中并非一成不变，每个历史时期都会增加一定量的新空间，有新的提升，既有在空地上的新建，也有在剔除“不

卫生街区”后的新建。这种方法最早在法国的遗产保护与价值重现规划中就有，相当于在历史城区中挑选出风貌、环境及品质都比较差的街坊，整体拆除，在原有肌理中形成新的开放空间，就如同拔掉已经蛀透了的牙齿。“城市永远处于新陈代谢之中，居住区内的住房更是如此，城市的细胞总量要更新的，保留相对完好者，逐步剔除其破烂不适宜者”（吴良镛，1989）。

3. 具有经济可行性

城市历史空间的发展伴随着长期的更新维护过程，涉及复杂的利益群体和城市运作事宜，因此经济运作的可行性是城市历史空间保持动态更新与持续活力的基础前提。在整个社会背景下，可持续发展将最终关注其总资产与利益的分配。城市历史空间保护与更新都要基于资产及利益分配的合理性。

目前，我国的城市遗产保护主要依靠国家投入，虽然在一定程度上可以提供经济支持，但在实际操作中仍然满足不了巨大的保护资金需求，另一方面造成保护工作过度依赖政府和公共补贴，尤其历史地段整治是对高度集约化的城市地段的再开发，所需资金是大量和持久的（邵甬等，2003）。上海已公布的398处市级优秀历史建筑中，90%属于国有，其中又有一大半为国有直管。历史建筑的保护经费主要依靠公房租金的收入和政府少量补贴，这远不能满足保护所需的庞大开支。据调查，在398处保护建筑中，能自行解决保护修缮经费的仅50处，随着保护范围和规模的扩大，资金短缺问题将愈加突出（应臻，2008）。

公共资金的补助带动是主导，具体形式包括了中央补助、地方补助、地方公共投资、公共企业经营、开发权转移以及历史街区拍卖等，但由于公共资金往往具有效率低，对市场需求反应迟缓的缺点，因此还需要民间组织、企业或个人资金等方式进行补充。除此之外，贷款、基金、债券等金融手段，以及开发权转移或奖励容积率等公共政策的手段，也是促进其经济可行的方法（冯健等，2008）。

由于城市历史空间很多存在居住功能，现状的居住密度较大，而居民支付能力普遍偏低。尤其划入保护区后，因为保护要求，不能对建筑进行大规模更新，居民又无力或无意愿自行修缮，因此必须依靠外部的力量进行改造更新。无论是采用政策、金融手段，还是公私资助的方式，只有具有基本的经济可行性，才能保证城市历史空间的活化具有长期持续的效应。

5.3 发展背景下的特色传承与再生

5.3.1 空间特色是传承与再生的核心

1. 中国的城市空间特色研究

2002年东南大学的段进教授，针对城市空间特色衰退的现实问题，论述了城市空间特色的认知规律以及调研方法（段进，2002）。此后，张勇强博士针对城市空间系统，通过相关概念的梳理以及城市空间发展的复杂特性分析，从空间组织的角度剖析了城市空间发展的内在机制（张勇强，2003）。2007年，哈尔滨工业大学的徐苏宁教授和于英博士，通过研究城市空间的形成与发展，研究城市文化循环的规律，提出促进城市文化的循环是形成城市空间的良性循环的当务之急（于英等，2007）。2011年，东南大学规划院的季松博士，提出消费社会时空观视角下的城市空间发展特征，即以时空压缩和时空分离为代表的新时空体验，并表现为城市的全球化、城市的快速更新、城市特色的趋同发展、临时性建筑的大量运用、拟像场景的不断出现等（季松，2011）。

从已有的研究来看，可分为几个层面：第一，对城市特色问题的呼吁以及对本体概念的辨析；第二，认知规律的研究；第三，调研方法的研究。总体看，理论上的研究多是偏向现象的分析总结与分类，而对其理论根源的研究较少。实践上，城市空间特色的实践很多，不同阶段，不同层次的规划都有空间特征问题。具有较大影响的城市特色规划实践包括了南京及江苏省的城市空间特色、武汉的城市空间特色、西安的城市空间特色等，具有系统完善、因地制宜的特点，并有部分规范性成果，在规划实践中体现出较强的可操作性。由于城市特色是从现象问题出发的研究课题，因此，更多的侧重如何在实践中逐一解决问题。从既往的研究来看，城市空间特色的研究已经在文化生态与时间维度的历史研究方面开阔了视野。

2. 特色是文化身份的表达

“特色”一词，在哲学中与“可识别性”相关，在社会学中，表示一种“在社会学、心理学、哲学方面的文化特征”，既可以是一种个体性的表达，也可以是群体性的表达。从根本上讲，“城市特色个性是由城市的文化身份所决定的差异化表现（张松，2013）”。

城市空间特色来自于两个方面的差异性，一种是“人无我有”，反映出一种绝对的差异性；另一种是“人有我优”，反映出在比较之下的相对的差异性。因此城市空间特色由两个方面的要素构成：第一，由历史人文、地理环境等形成的独特的空间；第二，环境品质较好的空间，例如友善的、宜人的、系统而完整的空间。城市空间特色，不仅指城市外在的风貌特征，更包括了城市独特的文化及身份认同，所带来的城市性格与秉性，也是城市区别于其他城市的一种可识别性。

城市空间特色反映了记忆中的主观意向，是随时间筛选后不断重复的层积结构，随社会共识不断加深，并获得广泛认同；同时，城市空间特色又是可感知的客观意向，表现为在一定空间范围中的特色的集聚化，在一定空间范围内频繁出现的规模化，以及多种类型相互交织的体系化（图5.21）。

城市历史空间是城市竞争力的重要体现，也是生活品质的决定性因素，能够加强城市的可识别性与自我意识，提供交互作用，并激发出创造力，有助于提高城市的创

图 5.21　苏州石湖渔家村传承城市特色

（图片来源：作者自拍）

新能力和抗风险能力。城市历史空间是锚固城市独特气质的物化的标志与精神象征的载体，反映出城市性格特征中的文化基因。

3. 空间特色的传承与再生

法国建筑与遗产总监阿兰马利诺斯先生说“法国的遗产保护从不排斥现代化，而是认为需要将现代化进行有效的控制，防止城市空间的城市建设出现断裂”。巴黎人深信，今天的创造是明日的遗产（邵甬，2010）。当代城市空间塑造中反映文化身份以及独特的文化可识别性，就是为未来创造新的城市遗产。

城市空间特色不是凭空塑造的，而是在长期的历史发展演变中自然形成的。从时间上来看，城市历史空间是时间维度下历史层积的结果，但同时也是未来城市空间特色发展的起点；从空间维度上看，这种具有独特文化身份象征的特色可能更多的集中于已建成的历史空间中，但对于其他一般性城市地区所产生的影响较为有限。

城市历史空间是城市历史记忆保存最完整、文化特色最鲜明的地区，也是城市物质文化遗产与非物质文化遗产的最大的交集，因此是城市空间特色中最有价值的部分。而其他新建城区，则按照现代城市标准化的建设模式，继续成为新的缺乏地方识别性的普通空间。两者长期缺乏相互关联，使得快速城镇化建设中，历史城区占城市面积的比重越来越小，蕴含在历史空间中的城市文化特色越发的式微。

城市空间特色是从历史中来，也需要在发展中引入到新的空间中去。因此，城市空间特色的塑造更像一种联系的纽带，将具有特色的历史空间与其他新拓展的城市空间，在“特色”这一具有文化意义的非物质的属性上联系在一起。

5.3.2　保护与城市设计相结合的方法

1. 保护思维与设计思维的结合

“城市保护 Urban Conservation”不同于“历史城市保护 Historic Urban Conservation”，除了强调对历史性要素的保护，城市保护还特别强调通过保护与城市发展及再生过程的有机结合。

按照乔万诺尼所提出的“城市保护”方法，在保护历史纪念物的建成环境，即历史肌理的同时，还要通过功能引导，保持支撑这一环境的人口与社会结构，历史肌理与新肌理之间的关联与衔接方式是城市保护的重点，在当时的技术条件下，其主要的方法就是以城市设计的形态设计方法来实现空间肌理的过渡与衔接，具体包括对原空间形态的延续、填补或修补缺失部分的空间，对肌理中的消极要素进行稀释，形成渐变的过渡等。这些被称为“保守治疗”的设计方式，是以城市保护为理念，以城市设计为方法的早期探索。

城市设计的根本目标是使城市具有特色化及可识别的物质空间形态，物质空间形态应该如何的特色化和具有识别性，常被归为对城市特色塑造的问题上，甚至城市设计被认为是“设计”城市，特别是“设计”城市空间特色的工具。而实际上，城市空间特色并不仅仅是“设计”的产物，空间特色的挖掘与评估，延续与传承，都是城市保护的核心内容。

城市保护与城市设计的结合，是一种对特色传承与再生的思路，既体现了管控性的保护思维又体现了建构性的设计思维，具体包括了四个方面的结合：第一，以保护的方法去挖掘城市空间特色；第二，以设计的视角去评价与提炼城市空间特色；第三，以设计的方法去塑造与引导城市空间特色；第四，以保护的原则在拓展与塑造的过程中进行检验与监督。通过这四个环节的整合，城市空间特色的保护与发展，传承与再生成为一个动态的整体（图 5.22）。

2. 以保护的方法挖掘城市空间特色

城市空间特色的塑造，首先是基于对现有特色的充分认知和评价。然后，才有可能从中选择适合当下需求，同时在未来的发展中具有潜力的某种特色，作为未来塑造的重点。因此，城市历史空间的价值层积研究在前期的研究中尤为重要（图 5.23）。

每个城市都具有独特性，没有一个城市是完全一样的，无论多年轻的城市都具有经历时间沉淀后的遗存与痕迹，寻找隐藏在时间层积中的各种碎片化的属性、形成规律以及特色价值，是准确评价并判断既有的城市空间特色的基础。

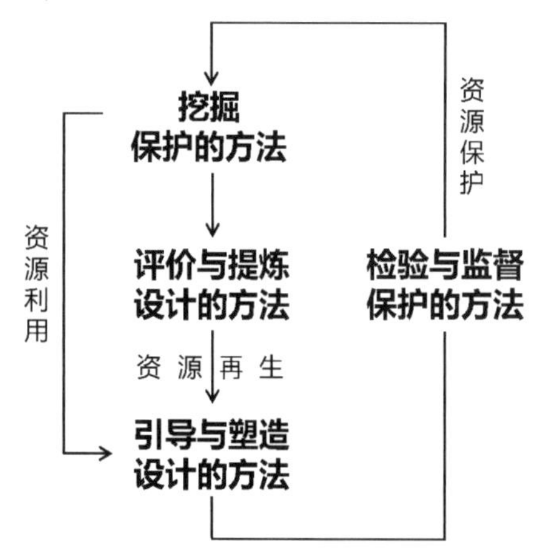

图 5.22　保护思维与设计思维的结合示意图
（图片来源：作者自绘）

例如，张家港市原名沙洲县，1986 年因其境内良港张家港而得名。作为中国新兴的港口工业城市，张家港一直名列中国百强县前列，所呈现出的现代化城市面貌，很难找出独特之处。在对张家港的城市空间特色进行历史层积的深入挖掘后发现，张家港的城市历史空间在郊野部分具有十分独特的特色。按照长江岸线及沙洲圩田的历史变迁可以发现，张家港存在古今两条长江岸线，古长江

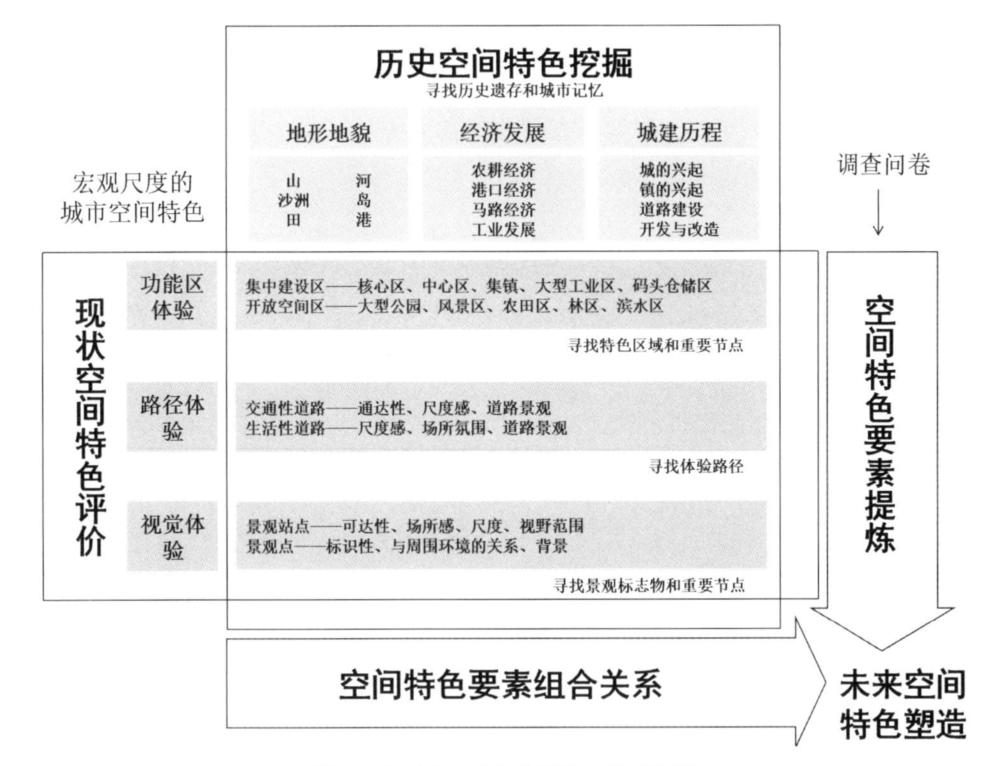

图5.23 城市历史空间特色研究框架

（图片来源：作者自绘）

岸线将张家港市域划分成南北两片，南片成陆较早，是江南漕运水系的组成部分，河道水系呈现中心放射的网状特征；北片成陆较晚，是长江中的礁石固结淤沙所形成的沙洲，在农田水利的改造下成为条状分布的圩田景观。北片区居民最初来自于长江上游地区，而南片区居民属于江南地区的原住民，南北两片分别呈现“吴韵”和“楚风”，两处的方言与文化习俗也有所不同。位于漕运水系肌理与沙洲圩田肌理交汇处的历史城区，既是海河航运与商贸文化的繁荣之地，又是农产丰盛的江南粮仓。历史上张家港市曾名“梁丰”（寓意粮丰）、“沙洲”都是这一历史背景的写照。同时，作为历史上江尾海头的港口城市，张家港的文化精神中带有勇于拼搏，敢于冒险的一面，这也成为张家港在改革开放初期以“张家港精神”一跃成为中国最具实力的县级市之一的重要原因。

从价值层积的角度看，反映张家港城市特色的空间要素，是历史层积所形成。例如张家港的历史河道反映了城市特色，这些历史河道本身是价值的层积，因此，反映这一特色的空间要素既包括了清末形成的漕运水系，也包括了中华人民共和国成立后才形成的新的圩田水系，它们共同构成了一种整体环境，包含了历史的丰富层积，也延续着作为城市文化身份象征的特色。基于这一思想，张家港的空间特色要素可归纳为四个方面：第一，古长江岸线北侧的沙洲圩田，以及传统的村镇聚落景观；第二，古长江岸线南侧的漕运水乡的农田肌理，包括路、桥、滨水区等；第三，以张家港历史上发挥过巨大作用的古港和现在正处于快速发展期的新港为代表的港湾；第四，边界如“米粒”形的杨舍堡城，以及承载现代生活的中心城区。这些要素所共同构成的历史空间，综合反映了张家港的城市空间特色（图 5.24）。

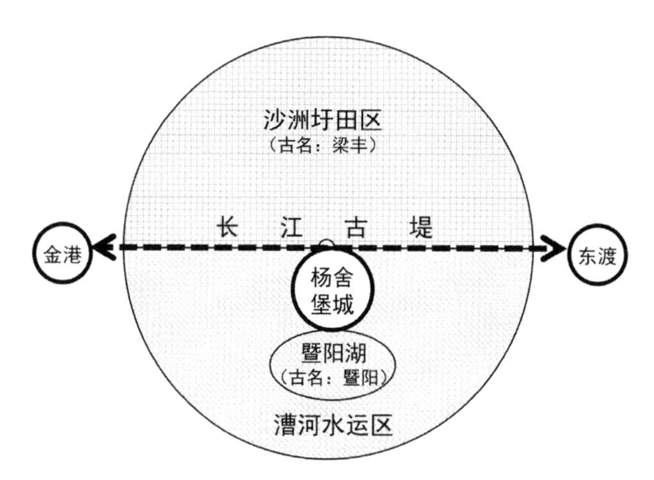

图 5.24　张家港城市空间特色示意

（图片来源：作者自绘）

3. 以设计的视角评价与提炼城市空间特色

从历史层积中挖掘出来的城市空间特色，并不一定都能作为未来塑造的重点要素，需要以设计的视角进行选择。通过对当前以及未来发展需求的分析，对特色要素进行综合评价，以未来发展的眼光选择符合整体发展目标，并且具有意义扩大的可能性的特色要素，作为未来发展的重点。

以张家港的历史河道为例，虽然张家港的历史水系是反映城市特色的空间要素，但以设计引导的角度看，需要选择具有环境感知性的河道作为重点展现城市空间特色的地区。因此，除了评价其历史记忆的丰富程度，还需对滨水环境是否宜人、空间尺度是否宜人、两侧景观是否丰富三个方面进行综合判断。根据历史层积研究，张家港作为历史记忆的河道包括盐铁塘、南横套河、谷渎港—新沙河、张家港、巫山港、三丈浦、东横河与护漕港，形成年代均在 1842 年前，是张家港古陆地的组成部分，因此也承载了很多历史事件，蕴含丰富的文化内涵，具有较高的历史价值；滨水环境宜人的河道包括三干河和北中心河，河道两侧种植有生长年代较为久远的水杉等高大乔木，驳岸以软质缓坡为主，再外侧有大片原生态的农田，环境宜人；空间尺度宜人的河道包括南横套河、谷渎港—新沙河、三丈浦、三干河、北中心河与护漕港，这类河道与两侧道路、建筑等要素各自的尺度均较为宜人，且形成舒适的比例关系；两侧景观丰富的河道包括一干河、南横套河、三丈浦、谷渎港—新沙河一记护漕港，此类河道均流经了城镇、农村居民点、农田、生态涵养区等不同景观类型中的几类区域，河道两侧的景观具有丰富的视觉效果。

对于张家港现状城镇空间的特色评价，除了按照历史遗迹的多少为评价标准外，还需从是否具有传统风貌、是否具有现代风貌、是否具有宜人氛围三个角度出发，对现状特色城镇、节点、标志与区域进行分门别类的评估。而对张家港的特色道路，则在历史性道路的基础上，可按照“与水并行、绿化环境较好、空间尺度宜人、景观变化丰富”四个方面进行细分。

总体来看，可以按照城市设计中城市五要素的方法对城市空间特色进行提炼。例如，路径的提炼原则是以较快速车行为主，辅以绿道或慢行交通，联系特色景点，自身景观较丰富；河道的提炼原则是滨水具有一定高度的绿化围合，具有公共活动场所；地标的提炼原则是具有一定地理辨识度、存在历史文化记忆；节点的提炼原则是具有特色的城镇或公共活动节点；区域的提炼原则是具有特色的城区或特色功能区；边界的提炼原则是两侧具有不同特色、具有一定地理辨识度等。提炼的原则根据设计意图的不同具有很大差异，也正因此，需要因地制宜地确定适当的评价原则（图 5.25 ～图 5.27）。

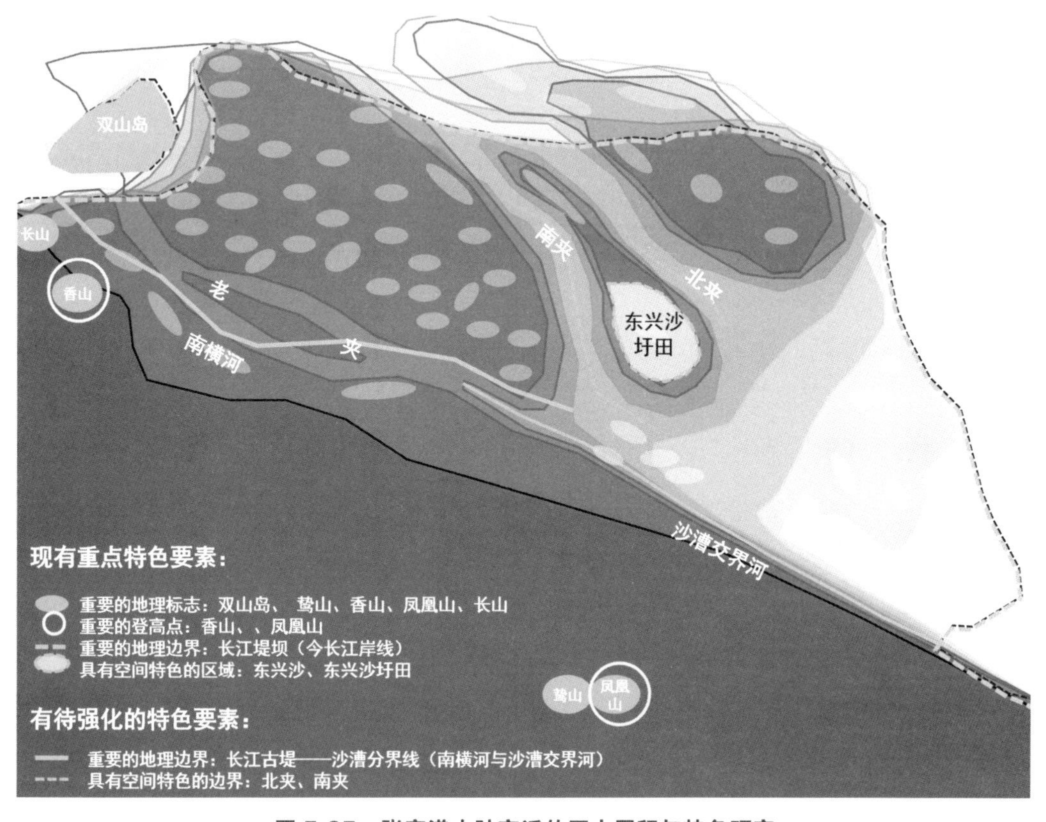

图 5.25　张家港水陆变迁的历史层积与特色研究

（图片来源：作者自绘）

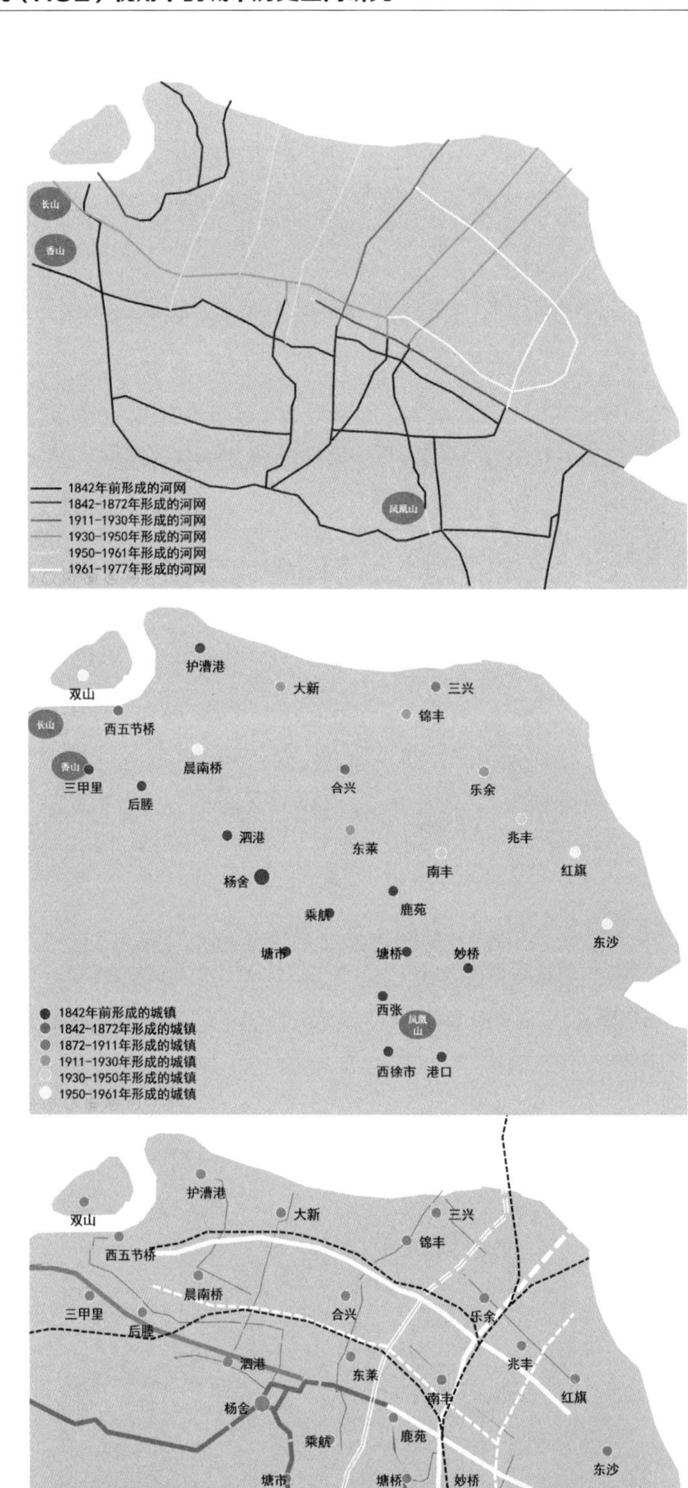

图 5.26　张家港河道、城镇、道路变迁的历史层积

（图片来源：作者自绘）

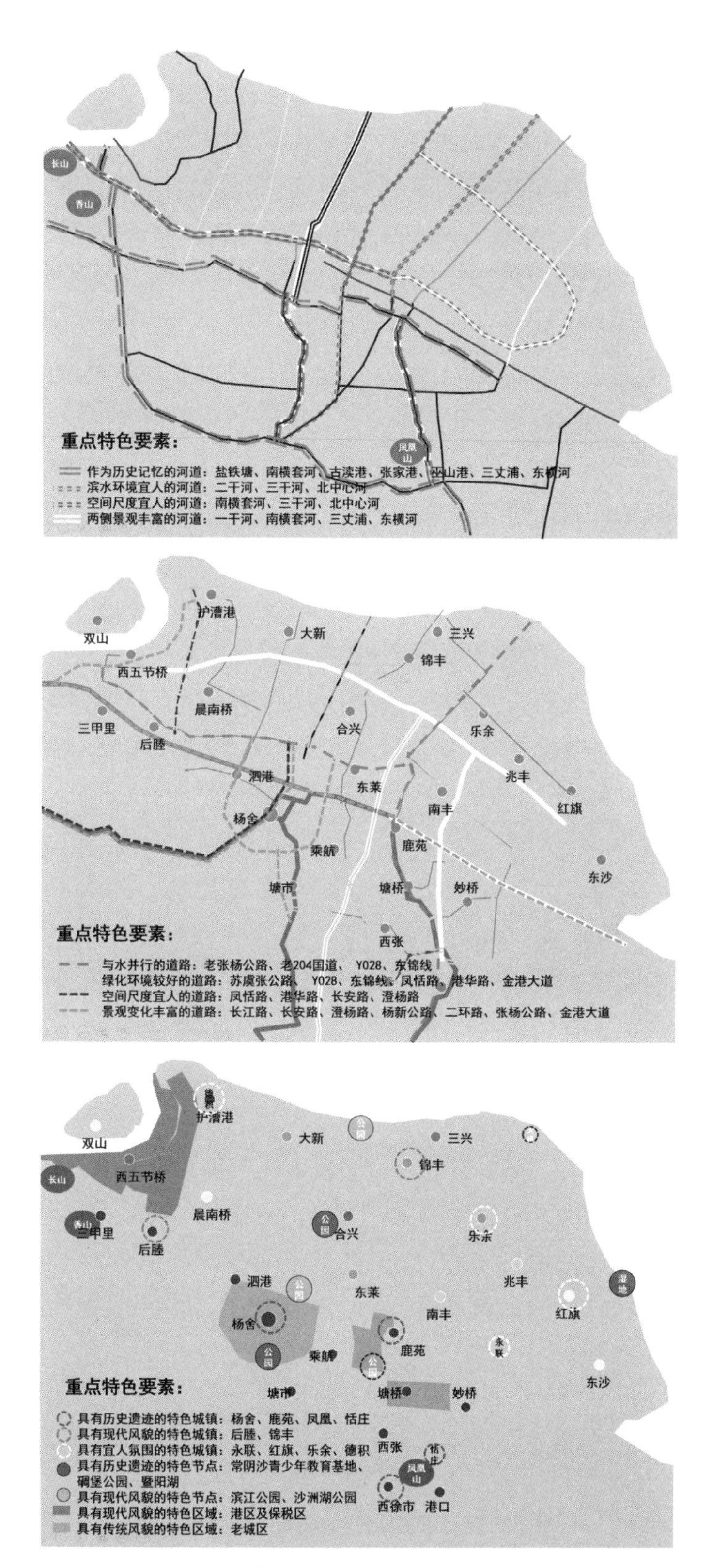

图 5.27　张家港河道、道路、城镇的特色评价

（图片来源：作者自绘）

4. 以设计的方法塑造与引导城市空间特色

城市空间特色的发展方向并不是绝对的，是基于当前实际，以及对未来的主观愿景的一种实现路径。个人愿景在协商妥协等社会过程之后，成为集体愿景，即一种相对的群体共识；而实现路径的选择，更是具有多种情景的可能性，在发展过程中还会随着形势的变化进行调节。因此，城市空间特色的塑造和引导是以设计的思维方法，在设定愿景目标的基础上，以延续历史空间特色为出发点，结合当下的实际操作可能性，进行的方向性引导与路径选择。

这个过程既不是单纯以保护为目标，也不是仅仅以发展愿景为目标，而是在两者之间选择一条或多条具有可操作性的路径，从而形成一种发展的趋势（图 5.28 和图 5.29）。

一直以来，对城市设计的理解存在“蓝图式”和“全过程式”的两种观点。很多新城区的开发建设会以一张宏伟蓝图作为招商引资的形象代言，但真实建造完成的城市空间却多少与之有所不同。因为蓝图式的特色愿景，是未来特色塑造的一个行动方向，而并不需要、也很难做到完全按照蓝图建成。

首先，作为特色塑造的一个意象，愿景的蓝图是一种设计的想象，与实际发展中遇到的各种实际问题存在一个调适的过程。从城市设计的愿景蓝图，到法定规划编制、建设方案的落地、建设施工完成，存在大量修改调适的环节。

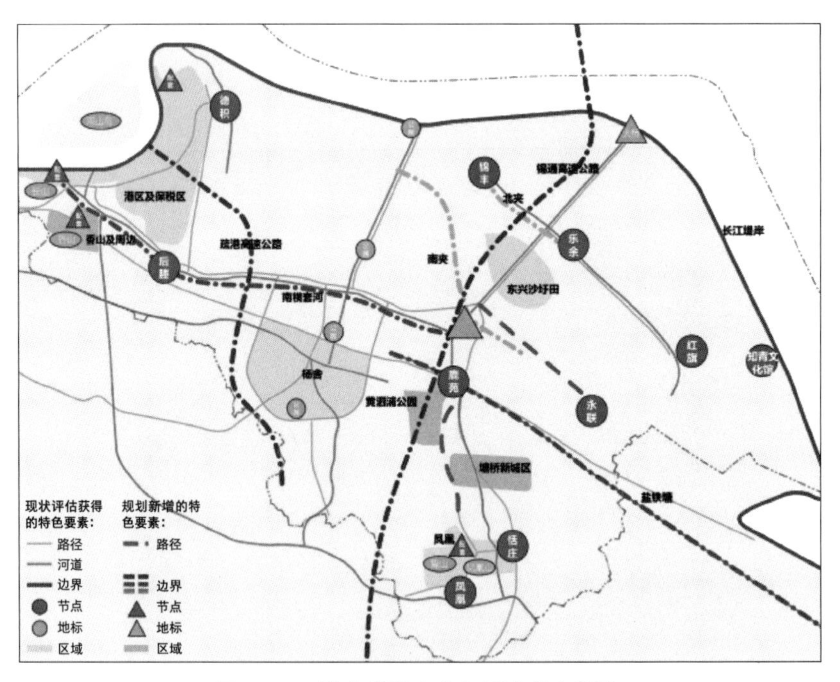

图 5.28　张家港城市空间要素特色提炼

（图片来源：作者自绘）

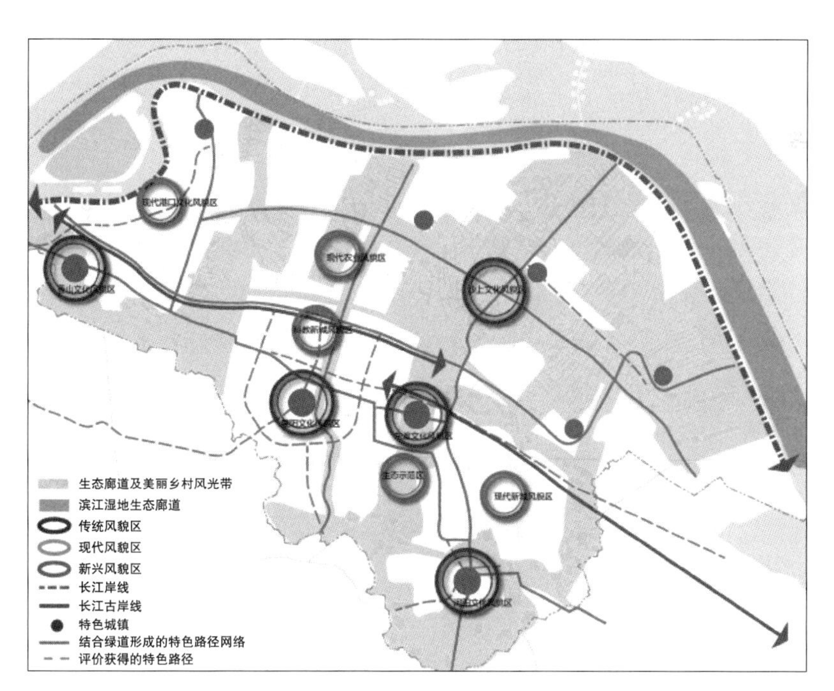

图 5.29 张家港城市空间要素特色骨架引导

（图片来源：作者自绘）

其次，特色的塑造，离不开人和时间的作用。即使按照蓝图原封不动地建设起来，由于生活或居住其中的“使用者”对物质空间的持续影响，存在多种可能的意义关系，因此，城市空间特色从建设完成、开始使用的时候起，附着其上的无形的社会与文化特色就开始持续发酵，并有可能形成设计者不曾想到的特色空间。

例如，上海人民公园，在设计和建造的时候都是将其作为一个市民休闲游憩的城市公园，而在使用的过程中，却逐渐被自发而来的市民作为“相亲角”，继而成为上海最有特色的相亲公园。空间本身的特色与人们使用这个空间后所形成的特色，并不一定相关。如果把上海人民公园当作一个持续发展的特色空间，它的特色在长时间的使用中，有了独特的意义，而当时的设计蓝图所反映出的空间特色，已成为众多历史层积中的一部分。

5. 以保护的原则检验与监督城市空间特色的塑造过程

城市历史空间的保护与城市空间特色的保护是贯穿于特色塑造的整个过程的。伴随着发展的形势变化，空间特色的引导路径也会相应调整，但是通过历史层积研究，所明确的城市历史空间特色的保护与传承，是时刻检验城市空间特色发展趋势中方向与路径是否正确的标准。正是由于在发展过程中，缺乏以保护为原则的主动监督机制，城市在快速发展的大潮中，往往采用消极避让的方式，使越来越多的保护区成为孤岛，或者以发展的名义，对保护原则阳奉阴违，致使“建设性的破坏”，甚至错误地选择发展路径，违背了保护原则造出成片的“假古董”。在城市空间的特色塑造过程中随时以保护的视角对发展变化做调适与校正，成为兼顾保护与发展的技术闭环中的关键环节。

例如，上海苏州河边的仓库货栈，作为上海近代工业遗存，具有一定的历史、艺术价值，建筑本身也有一定特色，但曾经在20世纪90年代末，因为沿河环境治理，将其纳入拆迁计划。在当时的设计愿景中，这些特色要素，虽然有一定的意义，但并没有作为城市空间特色塑造的实施路径，在当时的条件下也尚未发现这些工业遗产对苏州河发展愿景的资源价值。然而，这些淹没在历史层积中的特色片段，被遗产保护专家发现，在重新评价其意义和价值之后，将其作为苏州河的重要特色表征之一，重新规划并设计了这个区域，并且考虑到“未来”文化创意产业与晚近工业遗产存在相得益彰的可能性，因此，将其选作苏州河地区最重要的特色之一进行塑造。虽然对苏州河沿线环境治理的愿景并未改变，但是引导的路径发生了很大的变化。正是由于以保护的原则，对原路径进行主动检验，及时调整了发展思路，不仅保护了文化遗产，而且更是凸显了苏州河的城市空间文化特色，通过活化利用的方法将其作为一种提升环境品质、促进公共文化活动的发展资源。

5.3.3 保护与城市更新相结合的方法

1. 保护与更新的争议点

城市更新源于欧美各国第二次世界大战后对颓废住宅区的重建，专门研究如何对不适应现代化要求的城市地区进行有计划的改造，使其具有现代化城市的本质，为市民创造更加美好舒适的生活环境（叶耀先，1986）。其中，不仅涉及建筑的改造翻新、拆除重建，也涉及从城市土地整体经济利用的角度进行的综合平衡。由于最初的城市更新实践更多的关注物质空间的重建，并以最大程度发挥土地利用的经济价值为前提，因此在改造人居环境的同时，又带来了很多社会割裂、文脉消失的问题。此后，城市更新的概念具有了新的含义，即不针对面貌的老或旧，而更强调于内在的发展动力的复兴。城市更新在20世纪80年代传入我国，并迅速成为改革开放后旧区改造的理论依据，在各地进行了大量实践。

城市更新本质上是城市发展的自我调节机制，从城市诞生之日就已存在，因为城市始终会经历一个“发展—衰落—更新—再发展”的新陈代谢过程。城市历史空间的保护,不可避免的需要进行动态的维护更新。梁思成曾指出,中国人有“不求原物长存”的观念，正是东方哲学中天人合一思想的写照。这个“新”是相对于原状态的“旧”，而更新的目的，是清除发展中“旧物”所带来的障碍。因此，城市保护中的更新思维包括了两个方面的标准。

第一，如何界定“旧”的相对标准。例如深圳城市更新办法中规定，建成时间在10年以上的建筑就可以进行更新（深府办，2014）；而上海政府规定建成时间在30年以上的建筑就可以作为保护对象（沪府办，2004）。“旧”的相对标准，取决于人们对“新”

的空间、功能、需求、审美以及价值观在“旧物”上加载的意愿与可能性。一方面，对“旧物”的价值认同则存在赋予新功能、新需求、新价值的主观意愿，这种价值认同包括了文化价值的认同、经济价值的认同、社会价值认同的各个方面。另一方面，部分“旧物”本就不具备赋予新功能、新需求、新价值的可能性，例如解放初期的很多旧区改造即来自于破旧立新的思想意识，而20世纪80年代城市边缘区形成的很多构造简易的板式公寓，则属于后者。由此可见，旧物的界定存在综合价值的评判。

第二，如何界定“旧物”成为发展中的障碍，取决于城市综合发展需求的判断，处于不同发展阶段，设定发展目标不同，存在很大差异。上海里弄住宅由于历史遗留问题，曾被作为“老破小”，成为城市快速改善环境，提高人民居住福利水平的更新对象。从1993年—2013年的20年中，上海里弄消失了将近一半，现存里弄中仍有大约一半缺少保护机制（张晨杰，2014）。但在上海总体城市设计的问卷调查中发现，52%的被调查者认为上海城市空间特色最有吸引力的建筑空间是外滩洋房和老弄堂石库门建筑。虽然在部分情形下，这些城市历史空间依然有可能在城市更新的进程中被抹掉，但这些“旧物”已经越来越多的成为城市的文化记忆与空间特色，成为城市魅力的一部分，并参与国际化竞争。正是由于里弄住宅已经成为上海越来越稀缺的文化资源，从2016年开始，上海里弄调查被列为政协一号课题，开始进行全面普查，作为未来全面保护的研究基础。

2. 保护思维与更新思维的结合

纵观西方现代城市更新运动的发展演变，可看出以下几方面的趋向：第一，城市更新政策的重点从大量贫民窟清理转向社区邻里环境的综合整治和社区邻里活力恢复振兴。第二，城市更新规划由单纯的物质环境改善规划转向社会规划、经济规划和物质环境规划相结合的综合性更新规划，城市更新工作发展成为制定各种不可分割的政策纲领。第三，城市更新方法从急剧的动外科手术式地推倒重建转向小规模、分阶段和适时的谨慎渐进式改善，强调城市更新是一个连续不断地更新过程（阳建强，1995）。

- 更新中保护城市历史空间的活力

城市更新的过程，首先需要保护城市历史空间的活力，即保护城市历史空间中维持其活力的各种物质以及非物质的要素。城市历史空间中的功能复合性、空间多样性，以及长期形成的社会网络关系，使其不同于单一功能的城市新区。

20世纪60年代美国社会学家简·雅各布斯在《美国大城市的死与生》一书中提出，一个城市只有当其具有多样性的物理环境时，才能变得繁荣和有活力。这种多样性，需要满足四个条件。其一，城市辖区必须具有至少两个以上的功能，这样才能吸引人们无论是白天还是夜晚，能有不同的目的、在不同的时间来到室外。第二，城市的街廊必须够短，并且有足够多的路口，这样能给行人创造许多交流的机会。第三个条件是，城市内应该有不同年代和不同类型的多样性建筑，以满足低租金和高租金租户的要求。

与之形成鲜明对比的是，一个仅仅具有崭新建筑的地区只能吸引一些能承担新建筑物高额租金的商务人士或者是富裕人群。第四，一个城区必须有足够密集的人口与建筑。

来自特伦托（Trento）大学的 Marco De Nadai 通过数据研究发现，一个影响活力的重要因素是拥有“第三个地方”，这个地方不是家（第一个地方）或者上班的地方（第二个地方），“第三个地方”可能是酒吧、餐馆、教堂、购物中心、公园等一系列人们可以相聚并社交的场所。

通过对上海市大众点评数的热力研究发现，上海街道的活力峰值出现在南京路、河南中路、淮海西路一带。从中选取与南京路相垂直的黄河路路段发现。这个地区的“第三个地方”极为密集。仅一栋四层住宅的底层商业就包括 6 家不同类型的餐饮，1 家商业零售店铺，以及美甲、足浴 2 处服务性商业和 1 处移动通讯服务门店（图 5.30）。而在静安寺至恒隆广场之间的南京路路段的活力有明显跌落，主要由于铜仁小区和上海玫瑰花园两处封闭的居住街坊，功能较为单一，活力指数大幅下降。

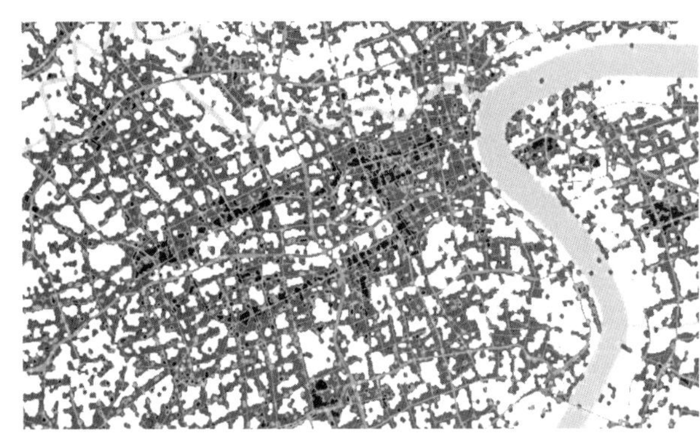

图 5.30　上海大众百度热力分析及其中的选取的黄河路路段

（图片来源：作者自拍）

● 基于资源效益综合评判的城市更新

作为推动城市可持续发展的资源，城市历史空间不仅传达出城市在历史发展中所形成的文化身份特色，而且也是一种最基本的空间资源，天然存在资源效益最大化的需求，尤其历史空间所处的城市区位，往往位于城市中心，具有较高的土地价值，对历史空间的开发所带来的空间资源效益，与历史空间保护所带来的文化资源效益，是可持续发展中进行综合平衡的重点。对空间资源效益与文化资源效益两者的冲突，在现实中存在两种解决办法：第一，将城市历史空间的资源效益转移，在其他地方补偿这部分空间资源效益的损失，例如容积率转移或异地奖励的方式。第二，通过对城市历史空间进行活化利用，提升文化资源所带来的经济效益，弥补这个区域的空间资源效益损失。

随着城市历史空间的文化资源价值越来越受到重视，城市更新在综合考虑经济、社会与环境的综合资源效益时，也将文化资源效益作为一个重要方面。一方面表现为对具有层积价值的历史空间的更新更为谨慎，另一方面表现为要求城市更新后新建的城市空间承担越来越多的文化与社会公共资源的职能。例如深圳的城市更新要求新建后有 15% 的用地作为城市公共空间。

● 更加渐进与细微的城市更新

城市历史空间往往处于城市中心区，人口与建筑密度相对较高，同时存在密路网、小街坊的传统空间肌理，而历史道路骨架是支撑其形式的结构逻辑，其本身也是历史性开放空间，具有层积的价值。因此，城市更新需要在城市保护的框架之下，避免对历史道路的结构性变更，而是在延续结构逻辑的基础上，对局部要素进行更新。这一过程必然是细微的，而不是大面积地推倒重建。

城市历史空间是不同时间段历史层积的叠加累积与相互作用的结果，而渐进的更新则是对时间作用的尊重和延续。历史空间的层积价值有个认识的过程，社会与文化的价值也需要在时间中沉淀，当下选择的更新方法和技术也不能代表未来也是最优。而历史空间的层积却是一旦抹掉就再无可能找回，而没有了物质载体的社会文化意义则缺乏了锚固的场景，只能成为一种记忆或想象。

城市历史空间中的多样性涉及更为复杂的空间以及社会人文的网络关系，在更新过程中需要更深入细致的研究，才能剖析出其中的脉络。在未有充分研究的基础上，就对城市历史空间进行快速更新，会导致精华与糟粕一起消失。因此城市历史空间的复杂性，以及保护对发展的重要性，决定了城市更新的过程更适合渐进与细微的方式。

5.4　保护融入发展的城市设计框架

通过研究城市历史空间作为发展资源的保护与利用、传承与再生的具体方法与原则，本研究试图建构起保护融入发展的城市设计框架，探索“城市保护”方法在城市设计领域的技术路线。

5.4.1　建立保护空间与产出空间的联系

1. 寻找具有再开发潜力的产出空间

从资源的开发利用角度来看，城市保护与更新需要找到一个结合点，作为突破口，既不影响城市历史空间的结构性要素，同时在更新后又能发挥更大的作用。

城市历史空间在发展中的潜力评判不同于其本身的价值，取决于几个方面：第一，其中具有文化与社会价值的场所活动是否可参与，场所的精神是否可感知，文化的意义是否可叙述；第二，其中具有可替换、可更新的要素是否够多，以便嵌入新元素，并进行平衡；第三，其中容纳当代新的使用功能的包容性是否够大，以便在传统的形式中，加入新的功能元素；第四，城市历史空间的新旧价值叠加后，能否产生较大的影响力。这个影响力的评判，包括了影响的范围是否够大，影响的时间是否够久，以及影响的意义是否深远。例如上海音乐谷是国家音乐产业基地，其影响力相比同样区位的三角地菜市场的影响范围更大；以音乐节为形式的音乐产业基地的影响时间，则不如三角地菜市场作为日常性使用的影响时间更长久；而音乐谷的文化影响力，会带来相应的其他文化产业的共同繁荣，而三角地菜市场所影响到的相关上下游产业比较有限，因此，在影响的意义上不如音乐谷的影响更深远。

在城市历史空间的保护与更新中，重点关注三种空间类型：第一种，是用来接收转移容积率的空间，以其经济收益来弥补历史空间保护的相应开支和损失的空间资源效益。这类空间的现状环境品质越差，涉及的建筑量与人口规模越小，则拆除的损失越小。第二种，是容纳新功能与新活动的新空间，以新鲜的功能与活力产生新的经济价值，用以弥补历史空间保护所需要的经济开支与损失的空间资源效益，并满足新的功能需求，提升地区活力。第三种，是对历史空间进行改造或再利用，其前提是历史空间本身对新功能具有较高的包容性，通过历史要素与时尚要素的融合，形成独特的吸引力，带动地区发展。这三类空间是城市保护与更新中的“产出空间”。

第一种，接受转移容积率的空间。在城市历史空间发展框架中，对于历史城区已经具有历史价值、艺术价值和科学价值的街区、街坊或建筑，一般已经有较为明确的保护意图，因此并不是“产出空间”的重点，反而是在这些地区中不具有三大价值，同时又环境品质较差的街坊，更容易成为未来进行改造或拆除，以形成新的开放空间或新的活力区的潜力地区。如果说以保护的眼光看历史城区，更多关注于杰出而优秀的文化遗产，那么以发展的眼光看历史城区，则更多关注于落后、低质、具有干扰性的遗产周边环境，所探寻的是这些零星地块的剔除，将带来怎样的整体环境品质的提升以及如何注入新的活力，带来新的人群，实现历史城区在功能使用上、公共活动上、心理认知上的良性而持续的发展。

第二种，容纳新功能与新活动的新空间。在剔除“不卫生街区”的空地上，嵌入具有新功能与新活力的公共活动场所，在空间上属于微型的局部改造，但由于富有新的生机和活力，因此在公共活动上对周围环境产生层层传导的作用，从而带动整个区域的复兴。历史城区所体现的传统价值观念，与现代的价值观存在一定的差异，而这些新产生的空间，可以有针对性的调整新功能的受众及新的审美情趣，更多的体现年轻人的需求和时代风尚，以扩大地区吸引力，避免地区活力的衰退。例如，上海延安绿地的建设，就是一种以新建城市公园的形式对历史空间的改造，提升地区整体环境品质。巴黎的蓬皮杜艺术中心，也是不卫生街区剔除后新建的文化艺术类设施及场所，形成了新的时尚地标。

第三种，通过对历史空间进行改造或再利用嵌入新功能与新活力。作为城市遗产的一部分，历史建筑具有较高的历史价值、艺术价值和科学价值，但是随着时代的发展，当初的使用功能可能会发生改变，也往往会因为原有的使用功能已经无法恢复，而新的使用功能又难以适用于这种空间形式，因此会造成其使用价值的损失。对历史建筑的再利用也是帮助人们了解遗产价值和文化意义的活动。遗产除了专供科学研究和有特殊保护要求的之外，都应该通过对遗产的再利用获得遗产价值的整体增值。尤其是在空间上具有较大包容性的历史建筑，具有容纳不同功能的潜质，应该成为城市遗产保护关注的重点。随着建造技术与设计理念上的不断创新，历史建筑的再利用已经具备了越来越多的可能性，运用新的建筑语汇来诠释历史建筑的风格与形式，成为历史建筑再利用的一种更先进的方法。

2016年4月20日新开业的荷兰阿姆斯特丹奢侈品商业街PC Hooftstraat上的香奈儿旗舰店（图5.31），吸引了全世界的眼球。开发商Warenar选择在这条老街的一处住宅上建造品牌商店。这个具有百年历史的住宅建筑，与周围其他建筑一起构成了具有荷兰风格的历史建筑群。在MVRDV的设计理念下，运用玻璃砖模拟原建筑的陶土砖外墙建造细节，通过建筑立面从玻璃砖到传统陶土砖逐步过渡融合的方法，维护了基地的整体特征，既符合了城市的美学规范，又构造出具有特色和个性的水晶屋。这个设计唤起了人们对此区域的乡土之情，并很好地避免了高档购物街的特色趋同。MVRDV建筑师及创办人之一Winy Maas说“我们对业主说，让我们带回被拆去的部分，但向前更进一步。水晶屋尊重周围的结构，以玻璃构造将充满诗意的创新带入。它将现代与传统结合起来，因此它可以在我们的历史悠久的城市中心被应用。”这一创新性的设计，运用玻璃砖和新型粘合剂诠释了陶土砖墙的荷兰风格，与150多年前勒杜克运用钢结构诠释哥特式建筑风格的思想如出一辙。

图5.31 阿姆斯特丹的香奈儿旗舰店

（图片来源：https://www.gooood.cn/crystal-houses-amsterdam-by-mvrdv.htm，检索日期20180927）

2. 在保护为主的历史空间与发展为主的产出空间之间建立联系

历史空间的保护需要巨大的财政投入，同时历史空间因为受到保护，其空间资源效益难以完全发挥出来，因此，在保护为主的历史空间与发展为主的产出空间之间，需要形成某种联系，这种联系的密切程度由弱到强有如下的几种可能性：财务上的联系，视觉上的联系，交通流线上的联系，人的社会生产或生活等活动上的联系，功能及空间布局上的联系。这种联系使得以新产出空间为触媒点，向外辐射并带动历史空间产生新的活力；同时，以历史空间为中心，向外辐射并带动新产出空间的场所精神得以产生交互作用，通过人流联系、活动联系、功能联系形成具有实际意义的联系纽带，使两者形成功能、活动、文化与社会价值方面的互补与相互影响。

一对以及多对历史空间和产出空间的联系纽带，共同构成了城市更新与保护相结合的空间框架。这个空间框架是城市历史空间的更新发展的内在机制，可以通过规划控制引导其形成。但同时，由于这些空间要素具有活态属性，还需要通过对公共活动的组织与引导，以及使用者在长期使用过程中的自我创造，才能够形成真正意义上的空间特色再生，促成城市历史空间在不断更新中实现整体发展。在这个长期使用的过程中，存在各种不确定因素，需要动态的应对各种可能的影响，将变化维持在正向的趋势上。例如，通过多情景预测，多方案比选，建立项目库，分轻重缓急，设置底限，提出持续更新的建议等，作为长期治理的工具包。

5.4.2 建立历史场所与公共活力区的联系

1. 塑造新的公共活力区

场所空间在历史城市肌理中随处可见。在欧洲历史城区中相较于庭院和街巷，公共广场由于发生过某些重要的历史事件，或长期作为宗教活动、市民集会、商业集市、节庆活动等的公共空间，因此更具有场所精神。在中国的历史城区中由于民主传统与西方不同，如商贸集市、节庆等公共活动更多地集中在街道上，具有线性流动的动态特征。作为一种空间虚体的公共场所空间，其周边的建筑实体本身也具有一定的活力，例如复合的功能业态，虚实空间之间的半公共空间的处理，以及建筑界面本身的亲和性处理等,使这些场所及周边建筑群成为吸引人流驻足,进行多样性活动的公共活力区。

复合的活力来自于三个方面的多样性：第一，活动的行为类型多样，即各种不同的使用功能复合设置，促使其中发生各种不同的使用行为；第二，活动的人群多样化，即各种年龄段的使用者，从事各种不同行业的人，具有不同喜好与审美的人都能够愿意在这里发生使用的行为；第三，活动的环境多样化，空间环境的多样性一方面提供了承载不同功能的物质实体，另一方面也满足了不同人群的心理预期，具备了吸引不同人群的外在刺激。这三者彼此促进，共同构成了空间场所的活力（图 5.32）。

图 5.32　芝加哥的城市雕塑 the Bean 与之形成的公共活力场所

（图片来源：作者自拍）

活力所带来的粘聚性：2011 年 UNESCO 对历史性城镇景观的建议书中，针对世界遗产中心 WHC 所描绘的文脉“断裂”的现实情况，提出了粘聚性“Cohesion”一词，指向“凝聚力”的含义，尤其是社会凝聚力，它似乎更想表达遗产保护对社会的作用。粘聚性“Cohesion”一词强调了使构成元素凝聚在一起的“吸引力”（龚晨曦，2011）。活力所带来的吸引力，在大众心理学中已经被完整地阐释出来，这种不仅针对个人，更是影响社会的活力，具有社会发展的积极作用。例如，2010 年成立于纽约的 Wework，就是运用互联网思维，倡导共享经济的产物，正是由于这种共享的方式带来了一定规模的多样人群、多样行为和多样环境，因此极具活力和吸引力，后来又继而发展出 Welive 等新产品。

2. 在历史场所和公共活力区之间建立联系纽带

历史城区与新城区在功能上很难保持一致，其中的公共场所空间所产生的场所意义也很难完全匹配。因此很多地区的新城区与历史城区分开布局，但是对历史城区的保护往往是通过保护范围来界定，历史性场所与新城区中的活力区缺乏联系，因而造成了彼此的割裂，而另一方面，历史性标志景观与当代新建的高层建筑所产生的视觉联系却疏于管理，造成了整体性视觉效果的破坏。因此在城市遗产中，有必要将历史性场所与当代活力区之间的联系纽带作为重要的管理对象。

这里值得借鉴文化地图中的文化走廊（Corridor）和文化集聚区（Cluster）的概念。文化走廊强调的是联系的相互作用，文化集聚区强调的是多功能的相互作用。同时，遗产类别中还有路径的类别，如运河申遗和丝绸之路申遗。不同的文化集聚区通过文化走廊联系在一起，构建起具有文化意义的网络。而历史场所与当代活力区分别代表了历史上的文化集聚区和当代的文化集聚区，联系两者之间的文化走廊，将起到文化交融与互通的作用。

● 以步行环境为主的公共活动纽带，发挥文化走廊的作用

文化走廊具有路径的意味，需要强调行进速度相对的慢。因为慢了，才有可能产生持续的交互作用，在步行环境中更容易创造停驻的可能性。而在现代社会中，通行的速度普遍加快，亦可通过增加交互作用复合性的方式，提升公共活动纽带的文化集聚作用。如上海地铁，在某些路段隧道里做连环画，形成了动态的视觉效果，用来彰显这个路段的特殊文化特色。

● 新老文化共同集聚的公共活力纽带

为了提供更多交流的可能性，公共活力纽带沿线的功能要避免单一化，因为功能单一则具有更高的排他性。作为新老过渡与衔接的联系纽带，更需要通过功能的复合设置实现公共活动及场所精神的延续。例如，在周庄，虽然旅游业发达，特色鲜明，遗产也很丰富，但是商品过于单一，如随处可见的“万三蹄”，反而造成了一种排他性，减少了商品多样化所带来的选购乐趣。很多遗产地，单一的居住功能或单一的旅游功能，

都不能提供更多的交往可能，因此文化的集聚度不够，吸引力也较差。

5.4.3 建立历史肌理与新区肌理的过渡

1. 历史格网的延续使用

在城市平面格局中，具有交通功能的公共空间网络，是历史城区和新城区之间联系的最重要的纽带，也是从历史延续到今天，并发展到未来的一种空间载体。有些地区历史的格网一直沿用至今，有些地区历史的格网在长期的细微调适中改变了形态，也有些地区历史的格网一直保留，但与新城区的格网之间通过转接的节点进行联系。这些平面的网格总体上分为规则型的格网和自由生长的有机型，体现出人类在与自然的互动作用中，是人类的规则性力量占了主导，还是自然的力量占了主导。西方规则型的格网源自罗马的百户制（Centuriation），在中国也有类似的井田制对土地的网格状分割，适用于平原地区。在山区、丘陵、湖泽、岛洲地区由于对地形的改造需要付出更多的劳力，因此较多采用有机生长型。

意大利罗马的百户制（Centuriation）源自军队（Centure），早在公元前4世纪，罗马帝国将地中海地区的新殖民地以网格划分后封赏给军队。测量者在确定中心点后，运用仪器划分南北轴和东西轴，并逐级细分。这种格网在埃及、希腊、伊特鲁里亚还可以找到，如从米兰东部贝尔加莫南边的小镇Stezzano西南向到Spirano的路就是罗马网格留下的道路（图5.33）。其基本原理是设定东西大道宽11.84米，南北大道宽5.92米，下一级的道路3.55米宽，其他路2.37米宽。一个大格子“Centuria”由100个小格子“Heredia”构成，每个小格子是71米见方，共0.5公顷。每个小格子再以南北中轴线一分为二，半个小格子约2523平方米，是一对牛耕作一天能够完成的面积。

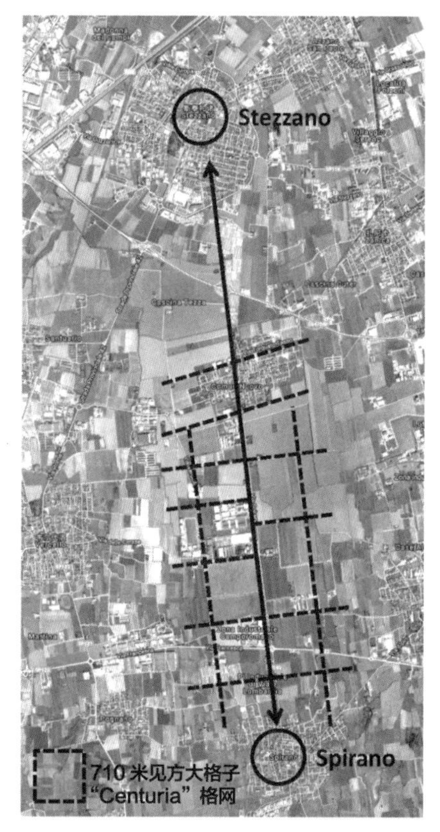

图5.33 意大利米兰附近保留至今的百户制道路格网

（图片来源：作者自绘）

百户制留下的罗马网格，对西方城市肌理产生了重要影响，由于过于机械，在很多地方根据地形变化也产生了变体，但此后这些格网成为道路的雏形，对城市地块的分割、财产分割、排水沟渠的设置产生了重要影响，例如法国南部城市奥日朗（Orange）的古老的地籍图还反映了罗马网格作为土地资产划分的基础框架。

罗马的百户制道路格网，被美国第三任总统托马斯·杰弗逊采纳，后来作为美国的道路网系统。例如在美国的 Nebraska，至今仍然能看到清晰的网格。但是美国的格网大约是罗马大格子“Centuria”的五倍大，与农业技术的革新有关。现代的机械化耕作方式，使 1 个劳动力所对应的土地范围大大扩展，而主要影响到格网宽度的因素是灌溉。美国的格网基本为 1600 米见方一个，在圆中心是喷水点，而机械喷淋臂的辐射范围约 400 米，因此出现了美国农业灌溉区方形套圆形的平面肌理（图 5.34）。

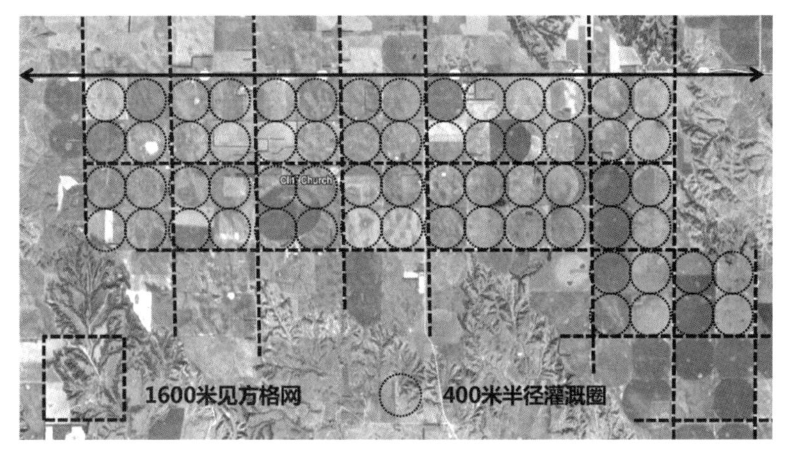

图 5.34　美国内布拉斯加州的道路格网

（图片来源：作者自绘）

在中国类似的格网当属井田制，产生于公元前 1000–771 年的西周时期，一个单元边长约 300 步，大约 900 亩（60 公顷），每家占 100 亩，共容纳 8 家，中间的 100 亩为公田。长宽各 100 步为一田，约 100 亩（6.67 公顷），是“一夫”，即一个劳动力能耕作的土地规模。但在实际操作中都需要因地制宜，因此严格按井田制划分的土地几乎没有。

中国在公元 900 年左右，五代十国中的南唐和吴越兴起了圩田制，包括今天的江浙沪以及安徽、江西、福建的北部等地，在唐朝时期达到鼎盛。通过圩田的方式治理长江下游湖泽地区的洪涝灾害，并围水造田。在宋朝时显示出成效，促进了南宋时期江南地区的经济发展。圩田制是一种顺应水系沟渠，有机生长型的平面格网，但由于排洪沟渠的层层细分，使圩区内部的土地细分越发容易，因此圩区内部也体现出一定的规则性。大小圩区的挡水堤坝在湖泽地区成为相对的高地，逐渐发展成为道路，并在其两侧进一步拓宽形成居民点，因此在江南圩田地区，很多圩区的堤坝都是道路的基础路基。

2. 历史肌理与新区肌理之间的过渡

城市历史空间中的空间肌理是城市形态多样化的反映，由细密的街巷网络、复杂的地块分割，以及紧凑的建筑布局共同形成。而现代化的新区空间肌理，在以车行为主的城市道路分割下，街坊尺度偏大，同时受日照、防火间距、封闭管理等方面的限制，城市肌理较为松散。两种肌理的直接相遇会导致历史空间在城市中成为孤岛，如同城市中的盆景。同时，传统肌理中的公共活动缺乏逐渐进入的空间序列感，场所感知性较差。历史肌理与新区肌理之间需要建立过渡，使历史空间在空间形态上的影响范围拓展到现代化城区中去。

城市形态的研究伴随了人类对城市研究的整个过程，也是城市规划、城市设计理论的核心。历史城区与新城区相互咬合的空间肌理所共同形成的整体形态，是一种具有历史延续性，同时又有新的拓展生命力的有机体，更具有发展的弹性，也兼具着保护与发展的共同使命。

整体的城市形态能有效地避免社会割裂，促进社会融合。2010 年怀特汉德在世界遗产第 27 期论文集中发表《在城市形态区域化与城镇历史景观》一文，其中介绍了赫伯特·路易斯（Herbert Louis）所发现的城市形态发展过程呈现的出租地循环的规律，即一个城区向外扩展时其进程是不均匀的：城市的扩张由一系列具有明显停顿而相对分离的、向外扩张的居住区构成。当城市建成区停止生长或生长很慢的时候，在城市的边缘地带就容易形成一个边缘带，城墙起到了后来被康泽恩称之为“固结线”的作用。城市扩张中每个时期的城市形态都具有历史层积的价值，新老城区之间的关联，反映出人与城市外围自然环境之间的互动关系。同样，历史空间的肌理与新区肌理之间的过渡，也反映出人与历史空间外围的城市建成环境之间的互动关系。

城市肌理作为一种活生生的存在实体，通过隐藏其后的非物质的背景，激励或约束人的行为。因此历史城市不是静态的结构，其内在的价值和品质是其能够反映并支持“特色建设的过程”，而这一点强化了公民社会（Stefano Bianca，2010）。

5.4.4 建立历史景观与城市轮廓及标识的联系

1. 突出历史地标的视觉显著性

位置恰当的视廊：单体的历史地标，在体量上很难逾越超高、超大的当代建筑，因此选择合适的视廊与对景十分重要。尤其是历史地标及周围环境都是保护的对象，需要寻找合适的角度与视线廊道，使之相对的处于合适的位置上，从而加强其视觉的显著性。

甘做陪衬的环境：为了达到历史地标的视觉显著性，对周围环境的平淡化处理，有利于使之从中凸显出来。将环境做成陪衬的方法和环境与历史建筑本身风格一致的做法虽然都是对历史建筑的保护，但从视觉标识性上来说，历史地标的显著性会大大增强。

2. 突出当代地标的心理象征性

第一种，借鉴意大利在 20 世纪 50—20 世纪 60 年代的历史景观设计的手法，将新地标与历史地标通过景观设计使之和谐共存，使当代建筑成为历史地标的心理图式的

一部分，通过一段较长的时间，慢慢使人们接受，并形成新的心理图式。

第二种，在不影响历史地标的情况下，形成一种全新的地标认知，并成为人们对城市当代象征的新的心理图式。例如，上海浦东陆家嘴所形成的城市地标，从 20 世纪 90 年代开始建设至今，直到 2016 年才建完最高建筑——上海中心大厦，但是这并没有影响这个建筑群作为上海全球城市形象的终极心理图式，而隔江对岸代表“万国建筑博览会”的外滩历史建筑群所形成的历史地标的心理象征性也没有受其影响，反而在黄浦江的两侧形成了交相辉映的两种截然不同的心理图式。

3. 将历史景观纳入城市轮廓与标识体系

城市整体的意向认知涉及与视觉显著性相关的地标，与心理象征性相关的地标，以及最后形成的整体图式，即意向地图。城市遗产中间杂着历史的和当代的城市地标，按照视觉感知的基本原理，历史城区的标识性体现在历史建筑群体相对于现代城区环境的一种凸显，以及形式上与现代城区的差异。但这种视觉刺激的程度很难与个性张扬的当代建筑相匹敌，也因此造成了历史城区在视觉显著程度上的弱势。但历史城区在长期发展中所形成的心理象征，已经演化为一种图式，表现出城市的集体记忆与地方认同。而新城区地标的象征性有限，尤其是人们对历史城区所形成的心理图式已经存在一定的心理预期，因此下意识的会将新城区的视觉感受与之进行对比，如果超出了心理的某种“标准”，就会产生超常的感受，继而对城市整体意向的感知产生割裂性。因此，将历史性景观纳入城市轮廓与标识体系尤为重要。

平原地区的城市，在处理历史城区的高度和当代建筑高度的关系时困难非常大。历史城区中各类建筑的建设年代，受技术与材料的限制，较为低矮，建筑密度相对较高。而历史城区的制高点一般都是重要的视觉标识，也往往是当时较为重要的建筑。这些历史建筑与周围的历史环境所形成的城市轮廓构成了历史城区的重要的景观场景。

从视觉分析的角度看，视廊包括了视点、站点、视野，以及视野后的背景几个方面的要素影响。在平原地区，地面的站点主要考虑人流集中的公共场所，或者具有仪式性的重要空间，而视点多为建筑高度较高的塔楼、城楼、钟楼或特别重要的建筑。由于历史肌理较为狭小的视野，在历史城区内部本身也存在近了被遮挡，远了看不清的问题。因此，历史城区中最重要的景观是站在地标建筑的高点上俯瞰整体城市轮廓，具有宽大的视野。

在处理历史城区与新城区并存的城市轮廓时，要么对新建的高层塔楼进行模糊化处理，例如与天空背景融在一起的外立面处理方式，要么需谨慎的设计其形态，使之与历史城区原有的标志性建筑具备和谐统一的视觉关系，并将其作为未来新的景观标识。

例如上海历史城区的城市轮廓在 20 世纪 90 年代以前一直保存较好，从 20 世纪 90 年代开始的旧区改造，为了解决资金压力，同时又能改善居住环境，因此普遍实行就地安置，导致原有地块容积率和高度大大增加。当时在快速建设的势头下，很多新建的高层住宅立面和外观形态也较简单。这批早期的城市更新，改变了上海历史城区的整体城市轮廓线，其影响一直到今天。

5.4.5 应用实践：上海虹口港地区城市设计

1. 背景简介

虹口港位于上海市虹口区中南部，现为黄浦江的支流水系，其两侧的城镇化地区，从清末渔村逐步发展为内河航运的中转港口，并在租界期成为上海制造业、工商业、公共事业繁荣发展的地区，并延续至今。近几年，迫于周边地区发展的压力以及自身衰败的影响，该地区开始进行局部改造与更新，社会环境也在发生着剧烈变化。这种持续发展的变化，使得新旧并存的城市空间与社会融合带来的多样性文化，成为该地区的特色所在，并具有继续推动发展的价值（图 5.35）。

虹口港地区的历史空间虽然没有整片的划入上海的风貌保护区，但是各种空间要素中具有历史层积的价值，并在长期的更新与发展中形成相互咬合的整体环境。按照城市历史空间中文化资源的保护与发展原则，虹口港地区的各类历史空间要素之间可以形成动态更新的城市设计框架，以历史空间环境中的新建筑与新空间作为激活点，以历史空间与历史场所复兴作为人文点，以历史建筑再利用作为遗产点，将新的场所营造、项目与文化活动策划，多方参与的合作机制，以及动态应对变化的技术方法结合在一起，促成虹口港地区的整体复兴。

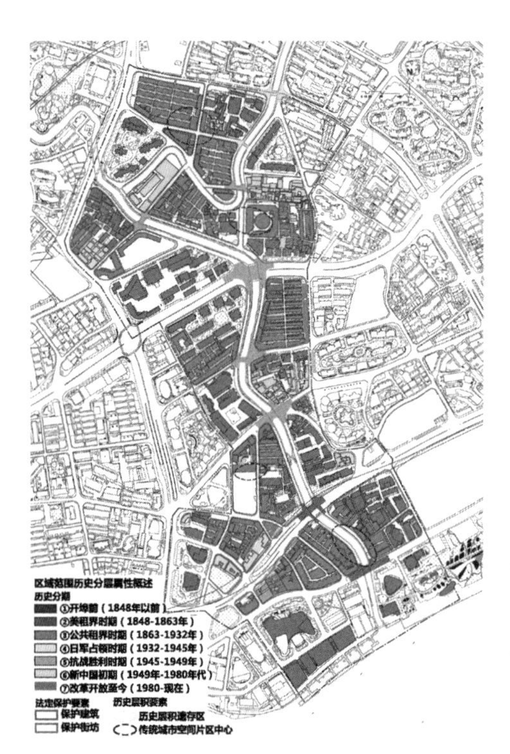

图 5.35 虹口港历史层积属性分布

（图片来源：上海同济城市规划设计研究院，虹口港地区文化复兴研究报告，2017）

2. 建立保护空间与产出空间的联系

首先，在虹口港地区的非历史空间中选择现状环境品质及风貌较差、建筑量较少的地块，作为拆除新建的产出空间。然后，在以保护为主的历史空间与发展为主的产出空间之间建立联系。

例如，1933 老场坊北侧的现状仓库与 2 层住宅混杂的地块，在拆除后作为新建多层及高层居住区，接纳来自南侧的里弄空间保护所转移出的容积率。该街坊共计 2.7 公顷，保留 2 层里弄建筑面积共 4400 平方米，利用北侧拆除的产出空间新建 18 层以及 6 层住宅建筑，共新增建筑面积 6.6 万平方米，街坊平均容积率达到 3.41。在开发权转移上实现了保护与产出空间的联动发展（图 5.36）。

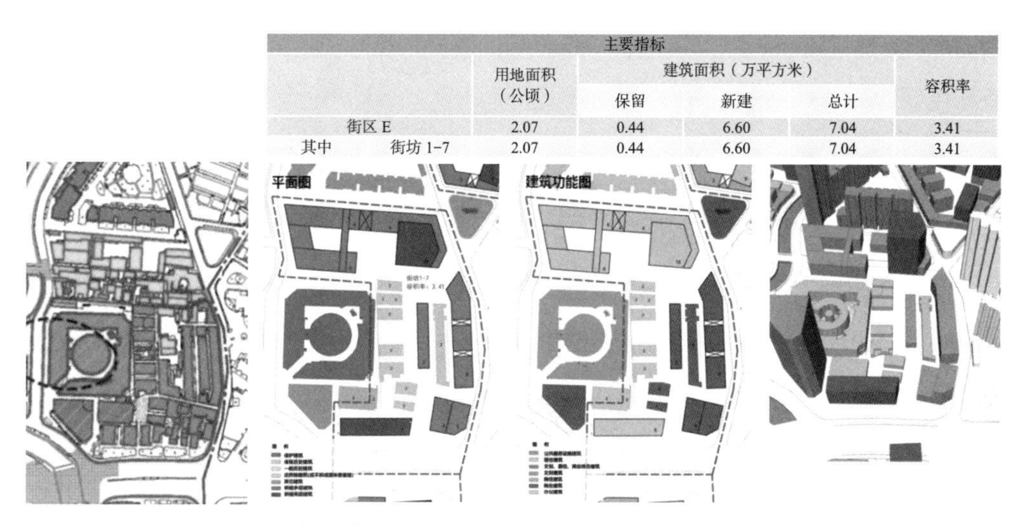

主要指标						
		用地面积（公顷）	建筑面积（万平方米）			容积率
			保留	新建	总计	
街区 E		2.07	0.44	6.60	7.04	3.41
其中	街坊 1–7	2.07	0.44	6.60	7.04	3.41

图 5.36　虹口港 1933 老场坊北侧地块的现状及改造方案示意图

（图片来源：上海同济城市规划设计研究院，虹口港地区文化复兴研究报告，2017）

由于保留建筑的区位条件较好，功能从居住调整为办公与商业餐饮休闲服务。同时新建的居住功能将会带来约 600 户新家庭以及更高的消费能力，对周边设施具有更高品质的要求。因此居住、办公、商业服务三者在这一街坊内形成了互补，对服务配套的整体水平有所提升。居住与办公带来多样化的商业及餐饮需求，以及不同时间段的服务需求，有助于该地区的功能更趋于复合，使地区活力大大提升。

3. 建立历史场所与公共活力区的联系

1933 老场坊是历史建筑再利用的典范，但因为腹地有限，地区周边的公共活力始终仅限于建筑本身所在地块。因此，有必要将这一历史场所与公共活力区进行联系。1933 老场坊东侧街坊在保留原建筑空间的基础上，将原居住功能调整为商业餐饮休闲服务功能，并且在周家嘴路、梧州路、如皋路三路交汇处形成整个地块的入口标识，通过商业内街及广场系列的塑造，将其建设成为新的公共活力区。这一街坊以开放街区的布局方式，与 1933 老场坊形成统一铺装的整体环境。

4. 建立历史肌理与新区肌理的过渡

梧州路与海拉尔路交汇处的三角地是租界时期街巷肌理的遗存，该街坊在与三角地菜场的空间过渡上需要做界面处理，同时北侧的凯虹家园是新建的板式高层住宅建筑，街坊肌理松散，因此这一街坊在延续 1933 老场坊、三角地菜场以及南侧保留的里弄建筑肌理的基础上，需要作为与北侧居住空间肌理的过渡，表现为整体的条状延续以及组团分割变化，进行局部遮挡（图 5.37）。

5. 建立历史景观与城市标识性轮廓的联系

以哈尔滨路桥为站点，沿虹口港水道视廊，向南正对 1933 老场坊及九龙宾馆的历史景观是虹口港地区的标志性景观。未来 1933 老场坊北街坊进行改造整体提升容积率

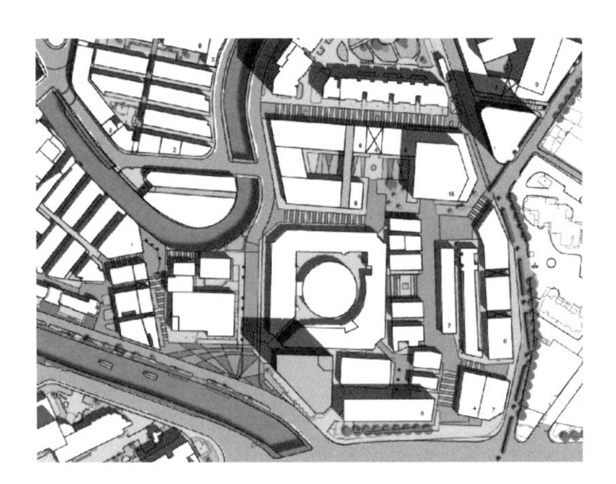

图 5.37　虹口港 1933 老场坊周边改造总平面

（图片来源：上海同济城市规划设计研究院，虹口港地区文化复兴研究报告，2017）

后，将新建一栋 18 层住宅塔楼。塔楼位置尽量靠近东侧，以增加与该景观站点的距离，同时在视觉上处于偏位，不易成为视觉焦点。从城市轮廓线上看，这栋新建的 18 层住宅会处在现有住宅建筑后侧的不引人注目的位置上（图 5.38）。

图 5.38　虹口港地区新旧并存的整体空间意向图

（图片来源：作者自绘）

按照上述的四种联系方法，对虹口港地区的街坊进行逐一关联，形成若干对同步更新的街坊，并构成区域整体的更新框架。

新产出空间由于处于历史环境中，具有一定的稀缺性资源，包括历史空间中的社会文化资源，以及因保护带来的较低的开发容量，这些获利在遗产资源日益稀缺的今天，越来越多的转化为一种经济资本，其中的获利得益于历史环境。新产出空间带来的经济收益有助于反哺历史地区环境改善所需要的巨大财政投入，也有利于转移原有历史空间中过于密集的居住人口，提升居民的生活环境品质。历史空间与产出空间捆绑的开发模式，有助于形成这一反哺机制中的关联。

功能混合与同步开发，能有效改善地区活力，通过生活、办公，以及不同需求层次的商业服务配套，形成多样化、复合化的城市公共活动，为形成新的活力场所创造条件。保持一定的居住功能有助于社区营造，以及在未来逐步形成场所精神。环境品质的提升、新业态的植入、新功能与新空间的塑造，将带来整体物业的升值。通过多样功能的复合开发、公共活力的恢复、社区营造培育场所精神、整体环境品质与物业价值的提升四个方面的具体措施，最终实现地区的复兴。

5.5　基于系统性变化的动态管控方法

城市地区被视作一个更广大的空间的一部分，永远处于一个持续变化的动态过程中。在工业化以前，城市适应过程和转变过程缓慢，是正常演变系统中的一部分，结构性的变化被弹性的管理在一个城市形态整体框架中。而在工业化、城镇化、现代化的进程中，这种变化已经日新月异。历史性城镇景观的方法可以作为理解城市历史空间随时间变化的工具，既包括了静态的变化也包括了动态的变化，是对城市独特的文化品质的再认识。虽然前文已指出了城市历史空间中独特的文化品质产生于历史层积的漫长过程，然而当前的环境以及未来的发展趋势依然是一种快速的变化过程。阿迦汗历史城市项目主任 Stefano Bianca 在《21 世纪的历史城市：全球化进程中的核心价值》中指出，“文化进程”不仅关注物质实体，更要保持持续的社会模式，使活的文化传统在当前变化的环境下依旧繁荣。因此如何在快速变化的环境中，保持缓慢的文化进程中的城市空间特色，是亟待研究的重要内容。

5.5.1　城市空间的系统性变化特征

从系统论的角度看，城市空间系统是各种物质的空间要素与非物质的相关结构所共同构成的，并且存在于某一个相对的环境中，受某种结构关系所支配。因此，存在要素、环境、结构三个方面的系统性变化特征。

1. 要素类变化特征

● 产生多样性的自组织竞争

分形是多样化发展的内在动力，是系统自组织的表现之一。城市空间发展的自组织，源于空间竞争而产生的协同动力作用。在城市空间系统演化中竞争与协同是相互依存和相互矛盾的，通过竞争达到协同，协同又会引发更高一级的新的竞争，两者是对立统一的（张勇强，2003）。正是由于空间的自组织，使相邻的空间要素具备了学习能力，并在竞争中形成了自身的微弱优化，形成了在某种结构主导下的要素的丰富多样，从而表现出要素类型的多样性特征。在城市空间特色中，某种特征类型，会根据自身所处的环境进行自组织的调试，以某种适当的形式存在，而这种特征的具体细节，又会进

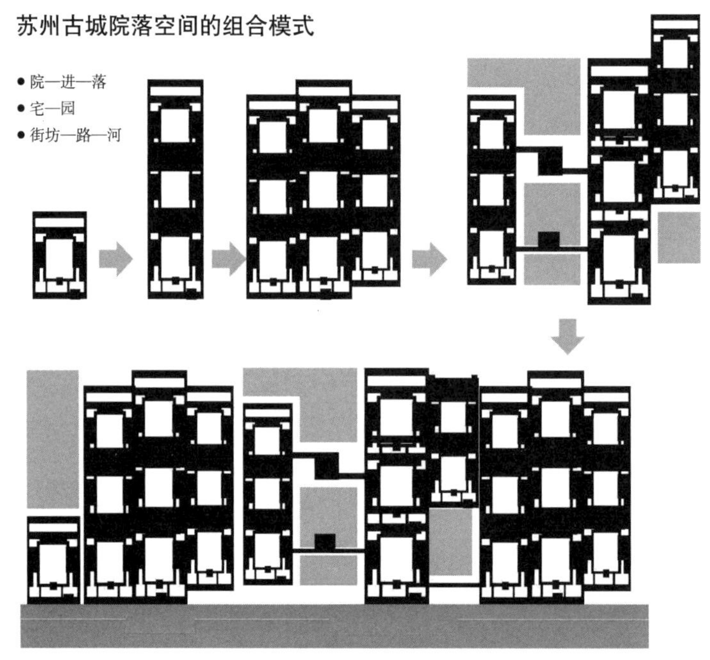

图 5.39　苏州古城院落空间的演变模式

（图片来源：作者自绘）

一步分化，并再次对相应环境进行自组织调试。因此多样化的趋势始终存在（图 5.39）。

例如，中国传统四合院与西方的联排别墅相结合所产生的中国里弄住宅，属于中国最早的房地产开发产品，在经济利益的推动下，地块的划分趋小，并且在不同的开发主体下分形演变出不同形态的里弄住宅，呈现出特征的丰富多样。在里弄从一栋楼一户人家到一栋楼十多户人家的过程中，又表现出内部的分形特征。虽然都属于里弄住宅的特色类型，但若细分还有上海里弄、天津里弄、青岛里弄、广东里弄等，与当地的气候条件、居民生活习惯、人口密度都有关系，因此，造成了某种特色类型的丰富与多样。正是由于从租界时代发展至今百年历史中的各种社会经济文化背景影响，里弄街坊的空间经过不断的自组织演变，从而形成了上海独特的里弄建筑群。即使是今天很多里弄在消亡的同时，仍能看到里弄住宅与现代需求结合后的局部改造实践，这些自发的改造，虽然不一定是对这种特色的优化，但也属于特色的分化与多样化细分。这种自组织分化的作用，往往在城市空间特色塑造中被忽略，这也是中国城市规划自上而下的规划模式，难以促成空间多样化的主要原因。这种对自组织分形作用的长期忽略，造成了“千城一面”的城市风貌。

● 产生同质性的竞争协同

借鉴系统耗散理论中熵增带来的热寂效应，城市空间在自组织的竞争中，如果没有外力的介入，最终会在无限的竞争循环中，逐步消除微弱的特征差异，最终达到某一种协同的平衡态，表现为特征的同质性。从全球范围来看，由于信息文化的频繁交流，会使某一个地区的特色更加丰富，这个地区在整个世界范围来看，特色越发的不明显。以非领地化和再领地化为特征的全球文化图景，其效果就像是将一幅写实主义的绘画通过加入更多色彩，变成一幅修拉式的印象主义点彩画。整个画面更加丰富了，全球文化的总体得到了繁荣，信息熵减少；但画面局部细节的可辨性却降低了，尤其是如果从中提取一个局部，将可能难以分辨其画面的内容，因此是系统的结构熵增加了。“城市趋同”的真正危机，就是这样一种结果：单个城市层次上来看，由于多元化趋同的结果，城市建筑风貌过度丰富，信息熵减少；然而从全球层次上却对应着地域性差异的模糊，成为全球系统结构熵增的“热寂困境”（侯正华，2003）。因此，全世界范围内空间特色的趋同是一个必然趋势。

全球化背景下空间特色的趋同，就是在全球稳态系统中熵增，造成不同地域原有的多样化的特色差异被逐渐减弱，最终出现“千城一面”的本质原因。

城市空间所反映出的同质性特征，是相对于多样性特征的一种反作用力，也正是基于这一系统演变的规律性特征，对维持热寂稳定的环境因素，有必要做出外力干预，从而形成新的结构。

2. 环境类变化特征

- 要素间相互学习并关联

整体的关联性已被证实是人类文明进程中的阶石。在整体关联性影响下，不同的要素才具备了差异比较与相互学习的可能，才会形成竞争与协同的动力，从而在自组织的发展演变中产生出新的结构意义。

- 要素与环境之间的动态相对性

城市历史空间价值形成的基础是系统组织下，多样化演变与竞争协同作用所形成的群体要素特征。而群体要素中经过评价与比选，使部分要素成为群体要素特征的代表。前者是系统自然演变的过程，后者是人为评价的结果。忽略群体要素的基础性作用，仅仅保护部分凸显的要素，就如同只看到冰山一角，而忽略了海平面以下的群体要素部分（图 5.40）。

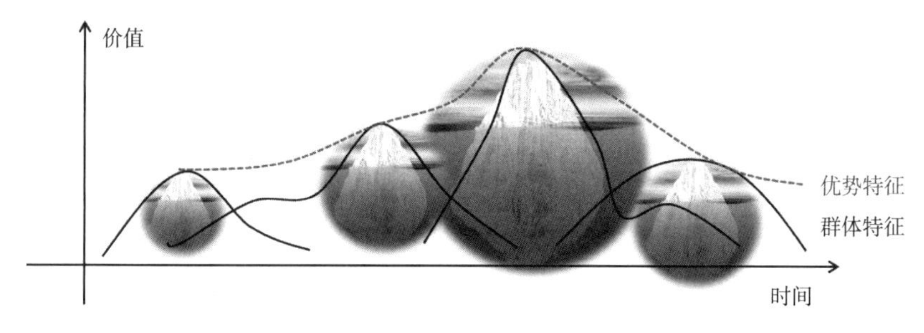

图 5.40　要素与群体间的关系示意图

（图片来源：作者自绘）

例如，徽州古村落具有相似的特征，并形成了具有识别性的突出的空间价值，但在确定保护对象的时候，往往优选具有突出代表性的村庄，而对其他相对普通的村落缺乏保护与引导，因此，越来越多的古村落逐渐消亡，而最后被保护下来的村落也逐渐失去了与群体的联系，从而逐渐失去维系其存在的社会与文化基础。例如，西递村口的牌坊被作为这个古村落的空间特色标志，但在历史上它并非是西递历史上最精致的一个，却是保留最完好的一个，这种认定无疑是在整体品质与数量下降的情况下的无奈之举。因此是选择整个冰山的整体发展，还是选择露出水面的一角能够持续发展，会形成保护思路上的巨大差异。群体的发展，会产生新的特色的高度，但是一个庞大的体系的维持与发展，需要结构性要素的延续与发展；而对凸显要素个体的保护，能够确保在动态变化的环境中，这种价值不会消失。因此，两者在保护与发展的不同方面所发挥的作用有所不同。

● 要素与环境的相对性特征

环境与要素是相对的概念，从某种方式所界定的要素上看，由于其具备了一定数量与一定的规模，因此成为凸显于环境上的一种特征。而由于不同的界定方式，环境中特征的凸显性有很大的不同。由于要素本身的多样性差异，这种界定的方式也存在多样的可能。

空间价值是环境中相对比较的产物，来自于两个方面的评价标准："人无我有"的特征最具有稀缺性和识别性，因此不可替代；而"人有我优"，是在群体要素环境中不同个体之间，具有一定程度的比较优势，这种差异包括了品质差异、数量差异、支撑条件的差异等。

由于"人无我有"的特征不可替代，而变化又具有不可逆性，因此变化带来的风险是巨大的挑战，变化的容忍度较低，更适合以保护为主要原则，在保护的前提下，适当的保持线性的发展。而对于"人有我优"的特征，是构成价值的基础，对变化的容忍度较高，更适合以发展为主要原则，在发展的前提下，适当的管理变化幅度在量变而非质变的范围内。

3. 结构类变化特征

● 关系环的支配作用

关系环在系统结构运动中具有决定性的作用。对于一个没有关系环的系统，它的行为仅随环境的变化而变化。当系统结构中的所有关系环都停止运动时，系统结构以至系统行为也停止运动。自然界中的一切复杂现象及其规律都是由系统结构引起和支配的，或者更确切地说，是由系统结构中的关系环引起和支配的。

因此，城市空间特征的演变分为三种。第一种是在关系环的支配下，仅仅随环境外因的变化而变化，这种变化基本不影响关系环，因此也不会造成根本的质变，例如在里弄盛行的年代，由于对里弄这种居住方式的认同，存在关系环的支配，由于战争、火灾等环境外因的变化，并不会影响里弄住宅的演变和发展；第二种是在关系环的支配下，环境本身都已经消失，但是依然存在记忆性系统，并反映在非物质的行为中，例如在里弄形成早期，由于依然存在江浙传统乡绅的儒家思想的关系环，因此，即使在传统民居的建设环境已经消失的情况下，通过里弄住宅中的仪门、堂厢、中轴线等的布局方式呈现记忆性系统；第三种是在关系环不存在的情况下，也就是没有结构逻辑和关系支配的情况下，要素或环境的变化都是无方向性的，与初始状态无关，也不具有继承性。例如，新天地的改造方式，使里弄住宅的居住功能发生改变，基本的关系环已经不存在，因此，院落空间和建筑空间的组合逻辑与居住无关，而是与新的商业空间模式有关，因此不具有继承性，虽然算作城市更新的一种模式，但并不是里弄式住宅改造的成功典范。

- 整体大于部分之和

各种要素叠加形成的整体，除了要素以外，还有背后的结构关系，而往往结构关系具有强大的生命力，对于系统的发展有重要意义，表现出“整体大于部分之和”。也正因此，要素的局部消亡是可以接受的，这个差额的临界点，就是整体大于部分之和的额外的部分。因此，结构的意义越大，要素可变性越大。

- 结构重组带来环境质变

如果将空间的变化抽象地来看，就像一个固定场地中的一个突出的颜色。在区域中，不同的场地具有自身的突出特色，彼此的空间具有相对独立性，就像不同的城镇在社会经济发展缓慢的时期，信息交流较少，外来文化的影响反而是对自身特色多样化的发展。如果不同场地之间开始进行信息交流，颜色相互掺杂，则显示出如马赛克一样的噪点，这一固定场地中的特色就会逐步丧失，这就像当前全球化背景下，发达地区的城市特色都有同化趋势一样，有些偏远地区反而由于与外界阻隔缺乏信息交流而保持原生态的特色。但是，这种阻隔也同时造成当地居民与现代化生活的脱离。如果消除所有阻隔，整个系统处于充分的信息交流中，每个固定场地都不再具有自身的特色，换言之成为无数细碎的噪点，世界趋同即是这样的结果。但是，从印象派的画中能够得到启示，如果这种充满噪点的系统，以一种结构重组的方式呈现，又会形成完全不同的新特色，因此结构的重组在应对城市空间特色趋同的问题上具有重要的意义（图 5.41）。而且，如果这种结构能够成为这个新系统的特色，其中噪点的变化弹性非常巨大，构成要素的变化，或者说某个场地内的特色是否保留，已经不再重要，更重要的是这种结构的意义，并且，这种结构还可以在空间上继续拓展，并包容其构成要素的一定程度的变化。

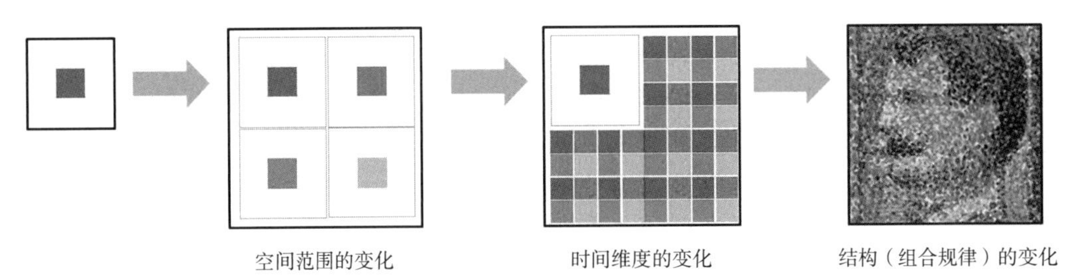

图 5.41 要素与环境演变中结构的支配作用示意图

（图片来源：作者自绘）

5.5.2 城市空间的系统性变化因子

1. 变化的速度

● 变化的内因是人地互动的漫长过程

人类获得历史文化领域成就的工具是艺术创造力，即将更高的意识形态的东西通过想象物化出来的能力，创造性的想象让人们整合物质和精神的维度，并构成了空间、建筑、艺术作品的意义。这个过程中，一方面通过直觉和心智感知精神现实，另一方面将价值转化为有形的日常生活的实践。把概念化的意义沁入建筑表达，是人类干预环境的本能，包括了建筑师、工匠、建造者。一旦被捕捉到，这些象征意义的要素反过来作用于人类，人在被提供的空间或构筑物中产生被动体验，并受到强烈的特色刺激，于是人会再生产它，并且在许多其他的文化表达中对其添油加醋。

这是一种积极的精神层面的“交互关系”，代代相传，并形成具有实质性的，内在的一致性，外在的凝聚性，使人们扎根于有意义的文化模式中。依据城市的结构，自由和秩序之间的独特平衡也被建立起来，从而形成了历史城市的特性。场所精神作为既多元，又协调的艺术，产生了文化，通过交互关系的影响过程，产生了这个场地的品质（Bruno Gabrielli，2010）。

● 变化的外因是外来影响的快速冲击

当前全球化、信息化以及现代文明的发展下，原有的地区封闭环境已经被打破，全球化背景下的地方特色趋同是种必然趋势。城市历史空间的形成是漫长的时间作用的结果，而外部环境影响所带来的变化却是“冲击性”的，尤其在新技术条件下，人对自然的改造能力已大幅提高，对物质空间环境的改变是极为迅速的，拆除是迅速的，新建也是迅速的，而在新的空间环境中形成人地互动关系的过程却依然是漫长的。虽然新的城市环境中人口密度更高，人与环境的互动活动频次更高，会以更快的速度形成新的场所认知，但是在信息爆炸的时代，以互联网为支撑的虚拟现实环境大大稀释了物质空间实体环境中的人的活动。总体上，受外部影响所发生变化的空间实体，其场所内涵以及层积价值的丰富程度远低于历史性空间要素。而变化具有时间指向，是不可逆的。

因此，**城市历史空间中的结构性要素，应避免在外部影响中受到冲击。对城市历史空间中的结构性要素，应以保护为主。**

2. 变化的方向

● 外部影响与内部变化的嫁接

城市历史空间的发展必须遵照其内在的秩序和逻辑，需要一种连续而整体的过程。外部影响需要通过内化的过程，与城市历史空间中的结构性要素产生联系，这个过程包括了交流、转化和创新。例如外来文化对本土文化的影响，需要通过一系列的嫁接过程，将外来文化带来的变化重新演绎为对本土文化精神价值和原则的指导，本土文化和外来文化所引发的需求被嫁接在一起。只有当两者的结合成为一种自然演变的过程，新产生的空间形态才能够响应当地人在精神和情感方面的渴望，通过每个人参与的心灵和意识的集体互动，外部影响带来的变化才可能变成可持续的发展，外来的影响才有可能转化为内在的具有创造力的变化（Bruno Gabrielli，2010）。例如，日本文化中“和”精神是其演变过程的内核，通过社会结构、文化形态、心理和行为上的复合，日本实现了外来文化与传统文化的结合，通过有选择的加工、改造和创新，实现了对外来文化的发现、接纳和融合的演变过程（王毓，2011）。

外部影响与内部变化的嫁接过程，是历史上各种文化发展的必经过程，是一种有意识的复兴，一种真正意义上的主动发展。文化创新的理论研究，为我们指出了文化产业、民主化本土化、全球化本土化、消费时代、多元文化主义等多种文化嫁接发展的可能性。传统文化与现代文化的交融在当前推崇文化多样性与传统文化的复兴中，产生了新的传承方式，如中国式的雅致生活，同时对激发文化交融的创新环境，包括产生条件、分类和构成要素等创意环境空间特征的研究成果均值得借鉴。

● 引导内化过程

外部影响与内部变化的嫁接需要包容性。首先需要隐藏限制，允许交流与碰撞，否则一直处于隔离的状态，无法产生嫁接的环境。第二，要避免偏见，避免因冲突而造成的毁灭，允许异质要素在一定程度上的共存。文化冲突和碰撞，会带来一些消极的影响，甚至引发战争或者一方的消亡，造成断层式的突变。在这个过程中，寻找“重叠共识”十分重要。罗尔斯 1971 年出版的《正义论》中提到，尽管公民们对正义的理解有许多差异，但这些不同的政治观念有可能导致相似的政治判断。罗尔斯说这种相似的政治判断是“重叠的共识而不是严格的共识”。这个共识的逻辑含义很简单，那就是“不同的前提有可能导致同一个结论”。罗尔斯把“重叠共识”列为“政治自由主义”的三个主要观念之首（高景柱，2008）。在多元文化的今天，全人类的价值观上升到一定的高度，但是达成全民共识依然是一种社会发展的目标，远未达到。因此，追求统一的价值共识不具有可操作性，但追求“重叠共识”即具备了包容性共存的可能，为文化嫁接创造了条件。重叠共识即各取所需，而非严格的共识，也就是求同存异的观念。

在价值多元论的影响下，通过回避矛盾与冲突，包容不同文化之间的差异性，在一定的底限条件下共存，才有可能形成与原来不同的新的亚文化。

外部影响与内部变化的嫁接需要剔除杂质。英国伯明翰学派研究了20世纪50年代英国青年亚文化现象，提出了“亚文化的风格”理论，认为亚文化是对霸权和支配文化的抵抗，存在一定的消极影响。文化嫁接的过程中，会产生各种不同的亚文化的可能性，需要仔细甄别外来的正面的发展模式，主要的受众，以及被正向发展了的本土文化，对这些亚文化有必要加强其发展。要恢复社会的内在力量和文化弹性，创造性的吸收文化的冲击，而不是被外来的冲击所干扰，简单地进行反馈。在各种可能的文化重建与重构的过程中，选出有机的嫁接，通过剔除一些病态的形式，才能够在传统中产生出新的形式来。

3. 变化的关系

按照系统变化的关系，要素和结构是内因，环境是外因，外因通过内因起作用。要素是功能运转的物质基础，结构是功能运转的重要依据，环境是功能运转的外部条件。第一，当要素相同、结构不同，则功能运转不同，例如仿古一条街中所有的构件要素都能找到历史的出处，但由于使用方式不同，结构与意义不同，因此实际的功能与运转方式与历史街区不同；第二，当要素不同、结构相同，则功能运转还是不同，例如里弄住宅中的居住空间和现代高层住宅公寓的空间要素不同，但其结构都是与生活起居的使用逻辑一致的，那么在运转中生活的品质与生活的方式有很大差别，表现为运转不同；第三，当要素不同、结构不同，而功能运转却有可能相同，例如江南水乡的历史街区中原有的集市要素以及与周边环境及人群的关系结构，与西方广场上街头艺人的表演完全不同，但在塑造场所的活力上却具有相同的功能与运转方式。其中，反映了三个变化关系：第一，物质的要素是可以改变的，具有遗产价值的要素需要进行保护，而非遗产的要素可以变化；第二，代表要素背后意义的结构，在还没有创新性的办法实现功能运转的情况下，应该保持和延续，适当有所拓展；第三，要素不同、结构也不同时，需要通过更大的创新，实现功能运作的相同。其中，对结构的控制尤为重要。

结构所体现出的关联性，涉及广度、深度和强度的问题。**第一，广度**。即城市历史空间中的无形遗产具有影响的范围，例如某个老镇的历史空间以十字形的空间骨架为结构，影响范围仅在本镇，如果说这个十字形空间骨架是河道水运和道路上的马车或人力车运输的交相作用所形成的双棋盘格局，那这个价值的关联范围就是整个江南水乡地区，如果这个双棋盘格局的形成是由于历经几百年的漕运体系——货物水运系统与江南圩田制所形成的富饶的物产基地与运河体系有关，那么其关联的范围就是整个运河影响区域。**第二，深度**。即城市历史空间中的无形要素具有影响的历史跨度，例如，某个菜市场，是城市重要的露天生鲜市场，其影响的深度是在当代，如果这个菜市场的形成是源自民国，某一次道路改造工程，经历这么多年的菜市场的影响深度可能有近百年，如果这个菜市场是这个城市建成以来通往农产品基地的必经之路，农民与市民达成交易的默契，成为固定的集市与习俗，已经有上千年的历史，那么这个影响的深度就可追溯到一千多年前。**第三，强度**。即城市历史空间中的无形要素具有关联的密度。例如，镇上有一个旧粮仓，每半年进行一次修整，则与镇上居民的关系较弱，也很容易被替代。如果这个仓库在饥荒时，成为施粥的据点，镇上居民每天来领一次粥，则与镇上居民的关系强度大幅增强。

5.5.3　动态管控的原则与方法

1. 规划管控与设计引导相结合

- 规划管控的公共政策属性

城市规划引入了政治学中的“公共政策”概念，将城市规划作为一项公共政策，并相应产生了城市规划管理的相关理论。在公共政策的众多表述中，可以大致归纳出公共政策含义的五个基本方面：公共政策的制定主体是政府或社会权威机构；公共政策要形成一致的公共目标；它的核心作用与功能在于解决公共问题，协调与引导各利益主体的行为；它的性质是一种准则、指南、策略、计划；公共政策是一种公共管理的活动过程（何流，2007）。因此，包含在城市规划中的城市历史空间的管理，带有强烈的公共政策属性，需要满足公共利益的价值观，需要追求发展的效率，通过权威性的行政手段执行。

第一，满足公共利益的价值观是一种相对大多数人的社会公平，同时反映为更高层面的公共价值取向。但是公共利益与个人利益始终是一对共生的矛盾体。公共利益曾被理解为较多数人的利益，采取少数人服从多数人的原则。但是公共利益具有功利性价值，而人权具有目的性价值，公共利益的增益不能以剥夺人权或牺牲人权为代价，这是法治社会的基本原理，否则将可能导致“多数人的暴政”。换句话说，公共利益应该是对所有个体利益的整体性抽象，它体现为每一个个体利益都能得到改进。

第二，追求发展的效率是以公共利益为出发点的一种综合各个方面后的发展目标，包含了社会、经济、文化、环境等诸多方面，而城市历史空间的保护与发展是该框架的一个组成部分，因此，对变化的管理本身不仅仅是基于对历史空间的保护，还有对其他方面发展的综合考虑。

第三，行政审批制度是目前我国城市规划执行体系中最主要的方法途径。权威性的行政手段反映出政治性，是政策和制度建立并实现的过程。城市规划从规划的编制、审批到实施的全过程，都体现了政治的选择与决策，表现为自上而下的城市治理。

- 文化发展的异质多样属性

按照文化生态学的理论，文化的发展具有自下而上的生长逻辑。

文化的发展依赖于环境中的异质性要素，与其他同质性要素在交互界面上产生相互的影响，这种影响可能表现为冲突、碰撞，因而造成某一种要素的消亡；也有可能促进了相互学习，并转化为一种新的亚文化，具有一定的创新性。亚文化本身也具有一定的异质性，存在边缘化、抵抗性，以及消极的影响；但却创造了多样并存的整体环境，在进一步的转化与发展中，亚文化与主流文化之间的相互影响，促进了文化的发展与繁荣。这一系列的过程，是打破传统文化系统的静态环境，打破同质分形所形成的多样化形式，通过要素重构，形成异质多样性的进化过程。因此具有一定包容性的环境，是促进文化发展的前提。正如遗传生态学所揭示的，异质性要素与原有同质环境所形成的对立面，是产生自体运动、自体发育、生活过程、新陈代谢的基础，而与此同时，按照优胜劣汰的自然选择结果，优质的被保存，劣质的被淘汰，从而形成了有机的良性发展。同样的，在文化的发展中，也需要允许异质元素的存在，创造异质多样的可能性。

公共政策的管理方式具有自上而下的特征，在对城市历史空间进行保护为主的管理时，具有更积极的意义；而文化发展的自下而上的特征，在对城市历史空间进行设计引导的管理时，具有更积极的意义。自上而下的规划管理方式与自下而上的文化发展方式，需要通过控制和引导的两个方面共同发挥作用，偏颇了任何一方都难以促成城市历史空间的良性发展。

2. 动态管理的原则

对变化的管理基于三个基本原则：第一，对底限的控制，即明确可变与不可变的内容。第二，开放的环境，即允许异质性要素产生的变化。第三，进行方向性的引导，即适当的变化趋势。

- 对底限的控制

对底限的控制，应是建立在遗产保护制度之上，以不降低现有的遗产保护要求为前提。因为在当前的世界环境下，遗产保护的形势十分严峻，而这种破坏是不可逆的。我们不能再让城市遗产受到任何一点点损失了。意大利伟大的建筑师和规划师 Ludovico Quaroni 曾经说过，人类和其他动物的区别就在于人类活着不能没有记忆（Bruno Gabrielli，2010）。控制的底限在于变化中允许的幅度：城市历史空间的变化幅度应该被界定在保护与发展的中间位置，按照变化的幅度可以分为几个层次：第一，最小的变化，即保持（Preserve）；第二，彰显（Reveal）；第三，活化（Revitalize）；第四，提升（Promote）；第五，城市品质（Quality）的形成。如果选择完全创新，其条件是关注场所精神，也就是说对产生场所精神的空间形态给予充分尊重，并继承镌刻在整个历史中的标识和线索。如果选择完全保护，则必须注意对遗产的文化资源价值的利用，因此，也需要探索创新的方式，例如用于扩大遗产价值的技术和设计的解决方案。只有这样，保护和创新才被同等程度地体现出来（Bruno Gabrielli，2010）。

● 保持开放的环境，包容异质性

城市历史空间本身是活态的，很容易理解这一环境的开放性，城市的功能、人的流动或视线所及，都是城市历史空间作为城市生活的重要组成部分。但是，对异质性的理解与遗产价值的判断有关，对异质性的包容存在一定的困难。尽管异质性对文化发展具有重要的意义，但是在物质空间环境中，尤其在历史城区中，对异质性的包容无法形成统一的标准，也因此存在一定的偶然性。

例如，位于同济大学西侧的曲阳街道和东侧的四平街道，虽然在地域上相邻，但由于分属于虹口区和杨浦区，因此对住宅破墙开店采取完全不同的两种态度。曲阳街道允许老公房的底层住户破墙开店，因而沿街的一楼住宅纷纷复合了商业零售功能，带动了老社区的街道活力，也形成了更丰富的功能业态，并改善了住区居民的生活，这些带来社区活化的“异质性要素”，也同时形成了“居转非”的“非正规”问题，继而产生了社区邻里纠纷，治安与环境等一系列问题。而四平路街道，严格禁止老公房一楼的破墙开店，使蜗居在老公房中的社会底层人群，无法在社会整体价值升值中获得利益，只有当政府推动老小区的整体改造，才有可能给他们的生活环境带来改善，以其个体的力量，难以产生较大的变化。从中可以看出，尽管两个城市空间在位置上相近，但由于管理政策的不同，环境对异质性的包容度有所不同。

上海田子坊作为自下而上进行城市更新的典型案例，在形成之初对异质性的包容迈出了一大步。家住泰康路 210 弄 15 号的周心良，于 1964 年作为知青去了新疆，30 年后回到上海，与兄弟同住于一间亭子间中，每月工资 339.39 元，到 2004 年，由于泰康路的弄堂工厂进驻了陈逸飞等几位知名艺术家，不时有人来寻找租房。他以 3500 元 / 月的价格租给知名的服装设计师一慧，此后一楼的住户纷纷效仿，而随之带来的噪声干扰、环境问题，带来了里弄居民的种种纠纷，但是这个相对宽松的环境，却包容了异质性的生存，并形成了文化创意产业的集聚。很多学者认为这种小规模渐变式的多元性的更新，代表了一种“小而灵活的规划”，并且因为居民业委会自治进行弄堂管理，协调街坊矛盾，形成了“公民社会的萌芽”。但由于“居改非”涉及法律层面的问题依然存在矛盾，后来作为一种特殊情况，由卢湾区人大审议通过，才有了法律赋权。对异质性的包容体现了社会治理的水平以及社会的包容度，而对异质性要素的约束性管理也十分必要。

● 进行方向性的引导，确保正向变化

城市历史空间演变方向的管理，包括了几个方面：

第一，保持较高的活动密度。促进功能的复合，保持空间形式的多样性，从而促进交流，创造文化意义的转化环境；与之相对立的是功能单一，带来人流活动的稀疏或频率降低，由于“功能决定形式”，因此空间形式也很难表现出多样性，缺乏趣味性与吸引力，会造成城市历史空间的活力退化，带来整体的价值损失。以上海的风貌保护区为例，采取纪念物式的保护方式，只能是局部的，不可能也不应该将一个风貌区作为一种特征类型，将其他不同的异质统统剔除。例如，上海江湾历史文化风貌区共计 457 公顷范围内，核心保护区只占了 14%，而对剩下的其他非核心地区，应该进行正向变化的引导，而不是以绝对净化的方式进行所谓的“保护”，这样反而会造成功能单一、活力降低。

第二，鼓励转化与创新。与之相对立的是对某种突出的风貌特征，进行大面积复制。城市历史空间中最具价值的遗存是文化遗产，但是将这种特殊的空间形态移植到其他地区，既是一种考古学意义上的作伪，又是对其他地区在地特征与独特个性的不尊重。即使是相邻的两个街坊，也可能存在完全不同的空间形式与文化意义。在没有充分研究的情况下，对历史街坊的复制也会造成原街坊的价值破坏，造成负面的影响。例如，上海虹口港地区，不同的街坊虽然相邻，但始终保持着各自独有的特征，并在整体环境中长期存在，继而形成了一种反映历史价值层积，又具有现代活力的复杂而多样的文化景观，石库门的住宅街坊，与现代化的高层宾馆并存，具有百年历史的工业厂房被改造成文化创意产业园，各种新旧元素之间形成了转化，并创造出一种全新的具有现代性的活力。

第三，剔除杂质。与之相对立的是对需求的不加限制，造成私搭乱建的整体环境破坏，以及对已然恶化的环境的放任自流，这种管理上的不作为，本身也是一种破坏。城市历史空间中各种创新的新场所、新功能、新形式不能对遗产保护的核心区产生负面影响。例如在故宫景区设置麦当劳，即使功能上确实需要，但对店招广告牌等形式也需要做谨慎的处理。与此同时，历史城区中的旧里弄街坊，由于长期缺乏修缮，整体环境恶化，缺乏基本的给排水设施和燃气设施，卫生条件极差的生活环境，需要进行整体改善，才能保持正向的发展演变。

第四，确保延续性。与之相对立的是清除场地上所有遗存，迁移其上的所有原住民，替换为全新的功能。这是在快速城镇化中，城市蔓延所采取的最简单快捷的方式，与此同时也带来了城市周边环境的巨大破坏。以柯布西耶为代表的现代主义运动，将历史城区视为生活不卫生、用地不高效的劣质环境，主张以革新式的方式推倒重建，这种思想产生的影响一直延续到今天。虽然遗产保护理论的发展将历史城市中具有文化价值和社会价值的遗存保护了起来，但是却依然无力阻挡城市外围拓展区还在采取这样的方式推倒重建。城市外围拓展区的自然环境与镇村景观的快速消亡，是当今城市历史空间总体式微的主要原因。国外对城市环境的认识，已经从 20 世纪 60 年代关注工业污染等环境问题，发展到 20 世纪 70 年代保护自然环境和景观，一直到 20 世纪 80 年代后期，才开始意识到传统城市建筑环境的破坏也是现代环境问题的重要课题，日本甚至将在开发名义下对城镇传统建筑环境和风土文化的盲目破坏称为“第三公害”（第一、第二公害分别为污染和对自然环境肆意开发造成的破坏）（栗德祥等，2000）。

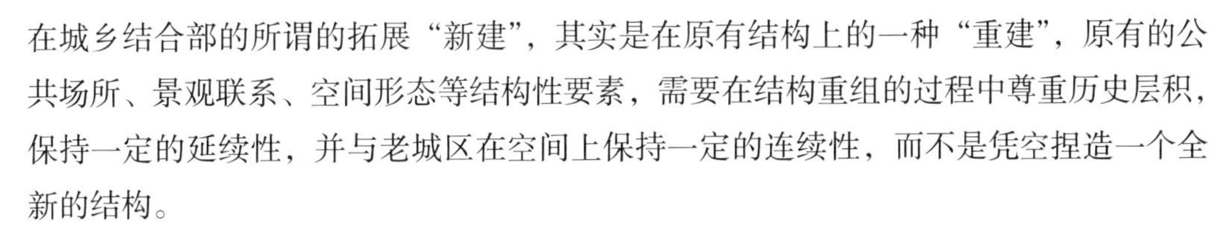

在城乡结合部的所谓的拓展“新建”，其实是在原有结构上的一种“重建”，原有的公共场所、景观联系、空间形态等结构性要素，需要在结构重组的过程中尊重历史层积，保持一定的延续性，并与老城区在空间上保持一定的连续性，而不是凭空捏造一个全新的结构。

● 多情景模式的比较

为了应对不同的变化需求，城市历史空间的动态管控需要根据不同的情境进行调适，以应对政策、资金、市场、社区的各种影响与变化。

从上海虹口港地区的更新研究发现，城市历史空间的改造更新主要涉及三种不同模式，其中反映出建筑肌理、地块肌理、街坊肌理的变化所带来的其他相应变化，从而为管理决策提供技术支撑。

情境模式一：原拆原建，保持建筑肌理

策略：按原位置、原尺度重建部分里弄；对街坊内巷道空间进行环境整治；改善保留里弄的住房条件；原尺度重建的建筑功能以商务办公、文化创意、商业服务为主。

要点：街坊建筑总量无增加；通过原拆原建保留里弄的空间肌理；保留里弄住宅部分能按照住户意愿逐一进行住房改善，但改善程度有限；街坊本身投入大于产出，其中的投资效益需要在更大范围进行平衡。

难点：以“居改非”提升物业价格得到的收益较为有限，同时建筑总量变化不大，因此难以通过新增空间容量的方式提升整体价值。

2016 年底虹口港地区所在同等区位的新商品住宅价格已经达到 7–9 万元 / 平方米，以凯虹花园为代表的二手房均价也在 7–8 万元 / 平方米之间，同时该区域新的商品住宅供应短缺，因此居住物业的价格仍在上涨。而普通写字楼的物业价格在 2–4 万元 / 平方米，即使是东大名路沿线可观黄浦江的北外滩高档办公楼，也难以超过 4.5 万元 / 平方米的价格。这一地区成熟商圈的商铺售卖价格在 2–5 万元 / 平方米，即使在临近的四川北路商圈，商铺售卖的价格也很少超过 7 万元 / 平方米。因此，商务办公和商铺的物业价格均低于居住功能的物业价值。

情境模式二：局部拔高，保持地块肌理

策略：在街坊内拆除部分里弄后，新建多层与小高层建筑，同时新增部分绿地、广场等公共空间；改善街坊内整体居住环境品质。

要点：街坊建筑总量略有增加；街坊沿街部分的建筑进行原拆原建，保持原体量，功能从居住调整为商业服务；街坊内侧保留的里弄住宅，可进行内部改造，实现住房成套化；部分沿街建筑需“居改非”；新建建筑功能以住宅和商务办公为主。

难点：由于局部建筑在更新后高度增加，对周边住宅产生日照影响，因此需同时考虑将新建的多层与高层建筑北侧的住宅进行“居改非”的调整。同时新形成的建筑肌理局部松散化，仅能保持街坊内保留地块的肌理延续性，但通过城市设计的方法能进行一定的过渡与衔接。

情境模式三：整体更新，保持街坊肌理

策略：将街坊进行整体规划，按历史建筑的保护要求拆改留并举，并重新规划布局，提升整体环境品质。

要点：街坊内建筑总量有较大幅度增加；街坊品质有本质提升；保留的历史建筑与历史空间通过城市设计的手段融入新环境；可以植入居住、服务、文化、商业等复合功能，带来新的服务人群，提升整体物业价值。虽然地块肌理有所改变，但由于保留的历史建筑与历史空间具有锚固的作用，因此整体街坊的肌理基本得以延续。

难点：需要通过城市设计的方法，满足保护空间与产出空间之间的联系，形成历史肌理与新建肌理的过渡，需要谨慎处理历史场所与新的公共活动的衔接，保持地区社会文化精神的延续。由于建筑总量大幅增加，新建的高层建筑需要与历史性景观相协调，避免对标志性历史景观的破坏。

城市历史空间的动态更新过程中，由于历史空间要素散布其中，既不是全盘保留，又不能全部拆除重建。受不同的拆赔政策、资金投入总量、当地居民意愿，以及市场宏观环境的影响，城市历史空间需要根据不同的情境下的相应变化，选择不同的更新模式。

第 6 章
基于 HUL 的上海总体城市空间研究

6.1 研究背景

6.1.1 研究目的

上海的历史可以追溯到“崧泽文化”的源头。随着海陆变迁、冈身递进的过程，上海形成了根植于吴越文化和江南文化，兼受海洋文化、移民文化和近代西方文化共同影响的多元并存的海派文化。近代以来，上海一直被誉为“精致时尚的东方国际都会”，并随着城市的开发建设，涌现了一系列吸引全球目光的高品质城市空间场所，如上海外滩、人民广场地区、陆家嘴金融区、世博会滨江地区等；但同时，遍地开花的高层楼宇的建设逐渐成为影响城市“空间关系”的主导要素，并呈现出建设行为集体无意识发展下“尺度失控”的问题。与此同时，具有鲜明地域特征的历史空间环境也逐渐碎片化，历史空间环境的整体关联性日益减弱。城市的秩序感、整体性、可识别性等基本空间属性正随着城市空间扩大而逐渐削弱。

按照 HUL 的基本观点，上海的城市空间是近现代多种历史层积相互交织，当代城市更新与开发建设区块混杂其中的一种拼贴杂糅的产物，总体上呈现出一种秩序的混乱状态，空间品质优劣并存。由于上海处于高密度地区快速城镇化的过程中，因此又持续的存在保护和发展的矛盾与冲突。

图 6.1 2005 年的上海南浔路街景

（图片来源：作者自拍）

以上海南浔路为例，路两侧是建于不同年代的里弄住宅，街坊内还混杂着历史遗留的街道工厂，住宅空间狭小缺乏卫生设施，却因为区位交通便利，成为外来打工者和本地居民，甚至外国人混居的一片街坊。不远处就是陆家嘴的东方明珠。对于这样的黄金地段，从政府角度来看，亟须提升城市风貌和空间品质，有必要对这些地区进行城市更新，完善设施配套；而这些街坊中所留存的优秀历史建筑、历史风貌街坊，以及多元混搭的活力氛围往往使专业人士对改造更新工作顾虑重重。这种保护与发展的矛盾，在上海很多城市空间中都存在（图 6.1）。

针对上海兼有快速发展和历史保护的需求，又有城市空间秩序混乱、品质不高的情况，HUL 所倡导的保护与发展相结合的理念，有助于从上海的城市空间层积、要素分析的角度，提出治乱理序与品质提升的方法。

6.1.2 研究内容

2014 年上海第六次规划土地工作会议以后，正式启动了新一轮总体规划的编制工作，在“追求卓越的全球城市”的目标引领下，提升城市文化影响力、培育城市魅力以及完善城市空间环境品质成为城市未来发展的重要战略。在此背景下，《上海市总体城市设计专题研究》成为《上海市城市总体规划（2016-2040）》的重大专题之一。上海总体城市设计的研究包括了两部分内容：第一，研究总体城市空间的现状表征，即对空间混乱的状况进行系统评估；第二，研究总体城市空间的历史层积与形成现状表征的主导性要素，即运用 HUL 的方法寻找内在秩序；第三，研究“将保护融于城市发展框架下”的总体城市空间管控要素与管控要求，即用城市设计管控的方法重塑或凸显上海的总体空间秩序。其中，HUL 的方法主要运用于第二、第三部分的研究中。第一部分的研究主要运用空间分析技术进行定量分析，在中心城区选取建筑高度做聚合分析，对建筑高度分布、建筑肌理分布的斑块特征进行定量评估；在市域范围内，对水系空间的分布特征做聚合分析，对水系肌理分布的斑块特征进行定量评估，本章仅介绍基本结论。

考虑到上海空间特点，本次研究在上海市域范围（陆域 6833 平方公里）和中心城范围（约 660 平方公里）两个层次开展（图 6.2）。市域范围关注城乡风貌和大地景观格局，中心城范围关注集中建成地区、高密度环境的普遍问题。对于主城片区、新城、新市镇等其他的城镇集中建成地区，进行局部样本式研究。

本章的研究主要包括以下四部分：

第一部分，从自然环境的影响、社会文化的影响、城市建设的影响三个方面进行历史层积分析，并形成总体特征表述。

第二、第三部分分别在市域和中心城两个层次，对层积形成过程以及主导性要素进行分析。在市域空间格局及要素体系方面，选取影响市域风貌景观格局的水网肌理、自然生态、历史人文的三类要素，分析上海市域空间格局状况，提出上海市域空间形态类型及特色要素规划策略。其次，在中心城空间格局及要素体系方面，选取历史性、网络性、公共性、标识性四大城市空间体系中的关键要素，分析城市公共空间系统的特征，建构上海中心城空间要素体系规划策略。

第四部分，在对城市历史空间的发展脉络及未来建构形成整体框架的基础上，选择能够有效引导空间秩序的关键要素，强化建构，强化特征。以市域、中心城不同层次，制定关键要素全域性、系统性的差异化管控体系，使基础性研究的成果转化为融入发展整体框架的管理型文件。

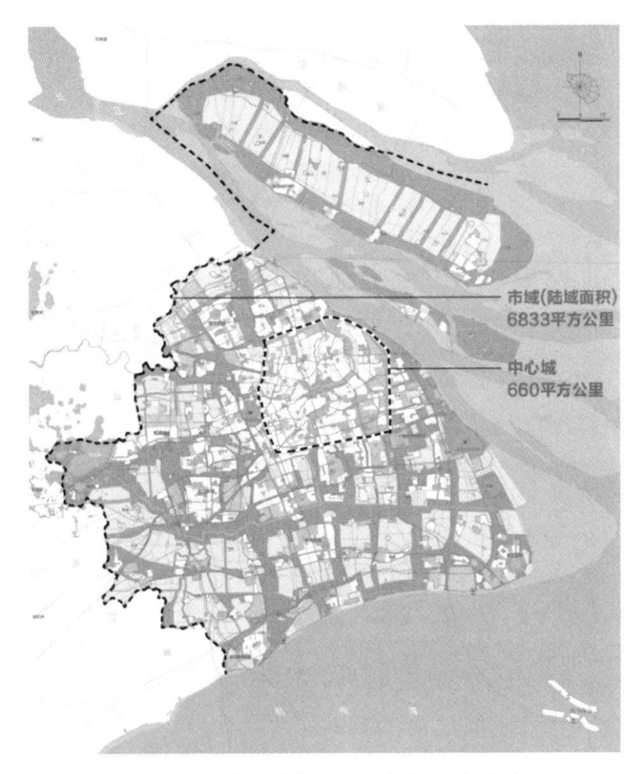

图 6.2　总体城市设计研究的两个层次

（图片来源：上海同济城市规划设计研究院，上海总体城市设计研究专题，2016）

6.2　总体影响上海城市历史空间的主导因素

6.2.1　自然环境的影响

水是上海城市文明之源。上海的缘起、兴起与城市文明的延续与河流水系息息相关。在水陆演进的过程中，冈身线奠定了上海的水陆基底；“黄浦夺淞”改变了三江入海的格局，从而奠定了上海作为航运中心、港口城市的基础条件；塘浦泾浜的江南圩田系统支撑了农耕经济的蓬勃发展；沿海堤所形成的军事卫所体系又构成了上海远郊城镇体系的雏形。

6.2.2　社会文化的影响

上海处于中西文化交汇的中心，其城市文化源于古代吴越和明清江南文化，发展过程中不断受海洋文化和移民文化的冲击，后来与大量西方文化产生碰撞。在中外文化的熔炼中，上海不断有新的文化样式出现，海派文化更是以敢于革新、开风气之先的特点著称于全国。

上海作为港埠城市、移民城市、商业城市，逐渐形成了其城市的文化个性。作为港埠城市的开放特性、作为移民城市的多元特色以及作为商业城市的契约精神，共同构成了上海海纳百川、多元并存、经济发达的都市文化特点。

2003 年，上海正式确定城市精神为“海纳百川、追求卓越”。2007 年，又新增“开明睿智、大气谦和”的表述，形成了“海纳百川、追求卓越、开明睿智、大气谦和”十六个字的城市精神，成为上海新时代发展背景下城市人文特质和城市形象的高度提炼。

6.2.3 城市建设的影响

1. 城区平面空间圈层化拓展

公元 1292 年上海设县，明朝为抵御倭寇，始筑城墙。由于上海港良好的区位及水运条件，逐渐成为中国南北运输的重要枢纽。清海禁开放后，四大海关之一的江海关就设在上海。上海港的吞吐规模、繁华程度和战略重要性，吸引了西方列强。1843 年上海正式开埠，划定租界。此后租界不断扩大，并最终形成了上海现代意义上的市中心区域。上海的外贸、金融、工业、邮电通讯、市政公用事业和交通运输都有了迅速发展。

1931 年，上海编制《大上海计划图》，对市中心的水陆交通、市政交通、文化体育设施等作了具体规划。其中，最主要的内容是避开旧城，开辟新市区，在江湾一带划出 460 公顷土地作为上海市新市中心区域。1937 年“八一三”事变后，计划停止实施（图 6.3）。

图 6.3　1931 年的《大上海计划图》、1946 年的《大上海区域计划总图初稿》和 1949 年的《上海市都市计划三稿初期草图》（从左至右）

（图片来源：《上海城市规划志》，1999）

新中国成立后，上海沿着放射性路网重点建设成片的工人新村和工业区。1978 年—1987 年的十年间，见缝插针的快速建设蚕食隔离绿地，同时在外围拓展包括居住、公建、工业功能的大块用地，基本形成蔓延至中环混杂的用地格局。1997 年上海开始建设大型居住区，形成西北、西南、北部、东部四条轴线的蔓延趋势。2000 年后上海以发展“一城九镇”为城市建设主要目标，城市建设重心向新城转移，并以世博会项目、迪士尼项目、虹桥枢纽项目带动片区发展。

2. 城区竖向空间片段化叠加

20 世纪 50 年代以前的低层石库门里弄是上海中心城的空间本底。20 世纪 50-80 年代，因工人新村、校园、工厂的建设，形成了多层公寓为代表的块状肌理。

20 世纪 90 年代起，上海城市的尺度逐渐被一栋栋拔地而起的高层建筑所突破，在成为中国最早的现代城市的同时，传统肌理和尺度下的空间层叠分布了高度不同、风格各异的现代建筑，如东方明珠、金茂大厦等。城市空间呈现“蜡烛”建筑插建的形态，缺乏肌理感、美学特征，以及城市印象。建筑高度已经成为影响上海城市形象的核心要素和问题。宏观层面，具有较大空间影响力的高层建筑分布呈现的是较为散乱、无序的空间特征。中观层面，传统里弄的城市基底与大量零散开发的新建高楼形成了鲜明对比。城市空间丰富多样的同时，空间秩序特征也在弱化。

6.2.4　总体特征

在自然环境、社会文化、城市建设三个方面的影响下，上海的城市空间总体特征反映出如下方面：

1. 依水而生的自然水土特质

上海城市的缘起、功能的完善均源自于水这一重要的自然元素。漫长的“冈身”演进、由海成陆过程奠定了城市农田水利与圩田格局；“黄浦夺淞”的水系变迁推进了港埠城市的兴盛；海防设施的建设进一步完善了滨海地区的城镇功能。

2. 中西荟萃的城市文化特质

上海在吴越文化、江南文化、移民文化、海洋文化的影响下，在港埠城市、移民城市、商业城市的城市角色演进中逐渐形成了“海纳百川、多元并存、经济发达”的海派文化特质。

3. 板块与圈层拓展的城区水平空间

上海城区的水平空间表现出明显的随城市建设时序而拓展的状态，直观地展现了自上海开埠、老城厢建设、租界筑建、华界发展、民国时大上海计划建设至上海解放后城市建设的各阶段空间板块的圈层拓展态势。

4. 片段化叠加的城区竖向空间

上海城区的竖向空间表现出随城市建筑高度提升而叠加的状态，直观地展现了

20 世纪 50 年代前的低层石库门里弄本底、20 世纪 80 年代前的多层公寓块状肌理、20 世纪 90 年代开始的高层建筑点状破碎化肌理三个时代空间片段的叠加。

5. 各时期拼贴的城市建筑风格

在西方现代文化与地域传统文化的冲击下，上海的现代建筑风格拼贴了各时期的多种风格，并融合形成中西结合的新的建筑风格，成为上海城市环境和谐而又矛盾的组成部分。

6.3 市域自然与人文共融的整体空间特征

6.3.1 形成过程

按照对市域空间格局影响程度的大小，推动市域空间格局演变的主要因素包括近代开埠、以港带路、水陆变迁、隶治海防和沧海桑田五个方面。这些具有历史意义的重要影响，从年代上看由近及远，从关联程度上看，由重及轻。虽然这些因素存在相互交织、重叠影响的情况，但基本涵盖了上海市域空间格局发展至今，所涉及的地理、水文、社会、经济、政治、文化的多种因素。这些因素所造成的不同的空间形态，反映了上海几千年以来的空间环境的形成过程，也构成了上海市域空间环境的本底。

1. 近代开埠

上海的旧租界区内优秀历史建筑荟萃，被称为“万国博览会”，然而随着时代变迁，很多优秀历史建筑淹没在成片的现代建筑中，或被改作他用，或被内部分割，亟待抢救性的保护。如果说这些风格迥异的历史建筑还较为容易发现的话，那些细碎狭窄的历史性道路、历史性河道看似稀疏平常，却更容易在新的城市开发建设中被裁弯取直或直接抹掉，尤其是在上海中心城区的高密度开发建设与旧城更新中。而当历史道路与河道所形成的街坊肌理消失殆尽的时候，镶嵌其中的优秀历史建筑，只能显得越发的突兀与不合时宜，最终与周边环境的相容性渐行渐远。因此，从对建筑个体的保护转为对整个历史风貌区的保护，是上海应对独特建设环境的一项积极举措。

这 12 片历史风貌保护区，主要分布于上海内环以内，以及江湾片区，充分反映了上海开埠后从外滩的英租界逐步扩展到美租界、法租界、公共租界，以及老城厢所在的华界，另外还包括了民国时大上海计划中“市中心”的片区风貌遗存。而上海内环是当时沪杭铁路与沪宁铁路及其连接线所在的空间位置，基本限定了当时城市扩展的边界，也大致为上海最初的行政管辖边界，因此称其代表“旧上海”的历史文化风貌并不为过，事实上，很多专家也正在研究将这一范围整体作为上海的“历史城区”，提出新的保护措施。由于上海近代特殊的历史地位，这个“历史城区”的价值在我国具有唯一性，是上海近代开埠到中华人民共和国成立初这一特定历史层积的集中反映，并有大量深入的研究成果，但是历史环境的铸就并非仅仅是某一历史层积的结果，上

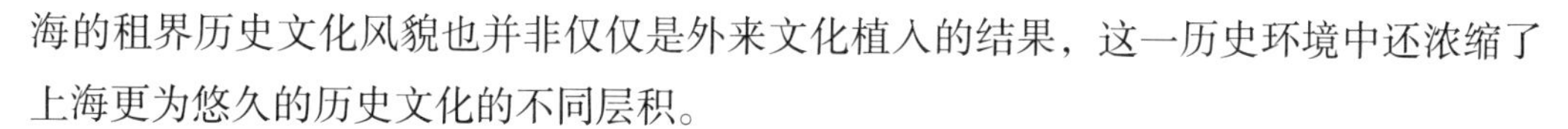

海的租界历史文化风貌也并非仅仅是外来文化植入的结果，这一历史环境中还浓缩了上海更为悠久的历史文化的不同层积。

2. 以港带路

以港兴城。向上追溯至上海开埠前的航运发展，可以发现，黄浦江及其支流所形成的江浙地区航运体系已经十分发达。黄浦江自淀山湖和钱塘江水系汇入，向东在老闵行折向北，流经上海县城东缘，经城外十六铺码头向北从吴淞口汇入长江尾段入海出洋，其支流众多，并与江南地区密布的河网形成极为便捷的货运与客运体系，例如吴淞江，因联系富庶的苏州地区，后在租界内又被称为苏州河，两岸集中了各类农副产品仓库；虹口港因联系宝山地区和周边渔村，在今虹口区嘉兴街道形成了以农产品与渔市相结合的集市，即现存的虹口老街；洋泾浜为流经老上海县城北缘的重要河道，后被填为马路，基本为今天延安路所在位置。除了便捷的联系物产丰富、人口密集的太湖流域和钱塘江平原地区，上海还具备航运枢纽的天然地理优势。中国东部的近海大陆架，自上海以南多为岛礁型岸线，很多海港具备优良的水深条件，行船以尖底船为主，而自上海以北多为滩涂型岸线，海港淤积泥沙较多，行船以平底船为主。因此很多南北往来的货运，需要在上海换船装卸，因此上海不仅是海河联运的枢纽，也是海上航运的南北中转枢纽。也正因此，上海成为西方世界打开中国国门的第一站。从这一历史层积来看，上海的“历史城区”与周边四通八达的历史河道、遍布于黄浦江上的各色码头，以及更大区域范围内的港口城市风貌遗存，具有密切的联系。

交通枢纽。如果再将上海“历史城区”放置于一个区域的大环境中看，20 世纪初形成的铁路，以及更早形成的公路、河网构成了一个复合的城镇网络，上海在其中起到中心城市的作用，从如今上海很多道路的名称可见一斑，例如沪太路（至太仓）、沪闵路（至闵行）、沪青路（至青浦）、沪嘉路（至嘉定）、沪南路（至南汇）等，这些历史性道路虽没有纳入现行的风貌保护体系，却支撑着上海“历史城区”与周边城镇的交通联系，也承载着一段不可或缺的历史记忆。沪太路作为上海开埠初期由国人自建的一条公路，是民族资本与乡绅文化的反映，该路由太仓浏河地区的乡绅出资建设，主要为了方便太仓与上海县两地往来的乡亲。沪杭铁路是继沪宁铁路由英国人投资建设后，苏浙两地民族资本家与外国殖民者争夺路权的产物，沪杭铁路通车在当时成为涨国人士气、展民族精神的一大盛事。军工路从黄浦江北岸护堤一直延伸到吴淞口，是民国时期上海市政府重要的工业、军事与港口发展的主轴，这一布局直至今日依然影响着杨浦及宝山一带。

租界地区所形成的路网与街坊肌理，最初受西方房地产市场的影响，单个地块为沿街面窄，纵深长的长方形，而路网伴随着一次次“越界筑路”向西拓展，格网从密变疏，并因租界国家的不同，呈现不同的路网格局与风貌特征，也因此造成了今天上海中心城区路网肌理错综复杂的基础，但总体上基本呈现方形，在西南向、西北向、东北向三个方向出现轴向放射肌理，这与西南方向的沪闵路及沪杭铁路主轴、西北方向沪宁铁路及沪嘉路主轴、四平路（民国时期称其美路）通往“旧上海市中心”和五角场地区的主轴具有重要关联。而沪太路、沪南路等道路的走向与上海“历史城区”的道路肌理基本垂直，并整体呈现略为倾斜的南北向走势。这一走势，与上海成陆的重要历史遗存——冈身线基本一致。

3. 水陆变迁

上海“历史城区”的形成不仅可以追溯到公路、铁路、航道所构筑的区域性网络，还可以进一步追溯到上海海陆成型以及早期工农业发展的更为久远的历史层积。

按照《太湖水利技术史》的记载，公元前 226 年左右，上海地区海平面较低，海水直达太仓、外冈、漕泾一带，形成一条自西北向东南的沙堤，将西部太湖洼地与大海隔开，后又形成数条平行沙带，因海浪作用被泥沙、贝壳等填高，形成天然堤坝，称为“冈身”。

上海的古冈身线形成于距今 6800–3200 年间，宽度仅 4–10 公里，自西北向东南方向延伸，后续成陆的东部地区也留存了多条类似的堤坝与人工护塘，与冈身线平行分布。这些堤坝是在当时漫滩与海潮泥泞中地势较高并相对稳固的半自然基础，因此很多早期建设的道路以此为路基，从而形成了上海最初的南北向略倾斜的肌理，沪太路、沪南路的走向都与之相关。

正是由于上海东部不断淤积泥沙，形成新陆，致使太湖地区泄水入海不畅，吴淞江经常泛滥、改道，对上海北部地区影响极大。保留至今的虬江，历史上曾名“旧江”，即吴淞江故道之一，辗转反复终流入黄浦江，由于河道过于迂回曲折，后命名为“虬江”，即使是今天的吴淞江（又称苏州河）也是蜿蜒曲折，因此形成了普陀区、旧闸北地区错综复杂的道路肌理。

明初户部尚书夏原吉疏浚吴淞江南北两岸支流，“掣淞入浏”又称“黄浦夺淞”，这一重大的水利疏浚工程，极大地改善了太湖下游地区的洪涝状况，为此后的农田灌溉和交通航运发展奠定了基础。在黄浦江作为泄水通道的同时，原吴淞江下游支流水系也发生了变化，历史上的上海浦、下海浦，逐渐演变为虹口港、杨树浦，也才有了后来公共租界东区，并成为中国近代工业文明的摇篮。

4. 沧海桑田

在这些宏大的水陆变迁背景下，上海的两大经济体系在空间位移的过程中留下了历史痕迹。成陆较早的浦西地区，根植于江南农耕文明的“浦、塘、泾、浜”农田灌溉体系，新的排水分区被逐级细化为一块块圩田，而这些圩田成为“历史城区”，以及我们今天所看到的大部分城镇肌理的基础格网。

以上海南市区为例，清末以千字文为编号顺序的圩田，其圩堤基本都成为今天上海中心城南部的城市道路。换而言之，这些城市道路虽未作为历史性道路明确需要保护，但其所形成的路网格局与城镇空间肌理，却比上海开埠的历史更为久远，所代表的是江南农耕文化中的圩田体系。而成陆较晚的浦东地区，曾经是广袤的滩涂，并从事关乎人民生计的制盐业。由于钱塘江入海口的海水盐分高于长江入海口以及苏北滨海地区，很多外地盐民迁入浦东地区，从事煮盐运盐的行业，根据当时“场、墩、团、灶”等不同级别的盐场设置，浦东地区很多乡镇依然保持这一地名称谓，如大场镇、大团镇、四团镇等（图 6.4）。

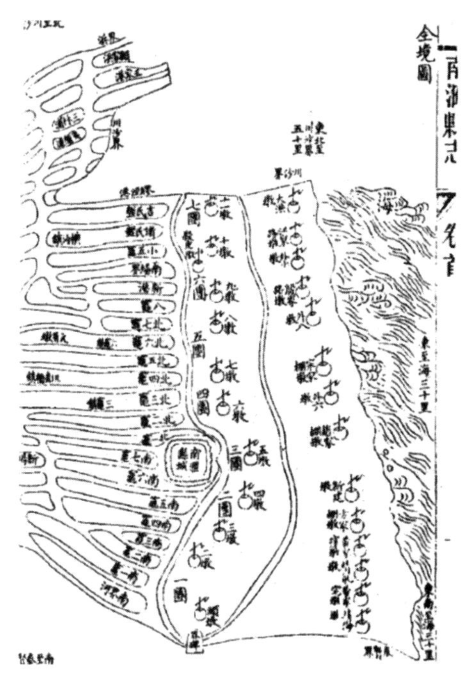

图 6.4　历史上南汇县境内的盐场

（图片来源：《南汇县志》）

在唐宋年间海陆分界线基本稳定于今浦东运河周边，伴随着新的护塘建设，在今天浦东里护塘的位置形成了“下沙捍海塘”。护塘平行于冈身线，并且堤河一体以便取土，是运盐的主航道，而往内陆运输的辅助运盐河道，多与之垂直，这一横平竖直的水网格局形成了浦东地区最初的城市肌理。同时，用海水煮盐，需要大量茅草，因此，除了晒与煮的场地需求，很多滩涂用于种植茅草。在陆地向东推进的过程中，新的护塘也如年轮一般层层东移，而被围入堤内的茅草塘，则被逐步改良为农田，与浦西的圩田体系融为一体，从而实现了沧海变桑田的过程。

5. 隶制海防

上海的隶属几经更迭，在不同时期留下了历史城镇的空间遗存。按照等级规制，不同的历史城镇有不同规模，但都基本按照中国传统的建城形制，具有方城、十字轴线、府衙、兵营、庙宇、集市等空间布局结构。明朝由于倭寇侵扰建立起滨海的军事防御体系，以金山卫为代表的一系列军事城池，与嘉青松地区的各级府城，共同形成了上海地区的城镇空间格局。虽然大部分历史建筑都没有被保留下来，城墙也已难见踪影，但历史城镇的道路骨架与街坊肌理大多被保留下来，有些城镇历史上的护城河还清晰可见。

6.3.2　自然生态与历史人文要素分析

上海市地处长江入海口、太湖流域东缘，其地理地貌呈现出多种类型的大地景观。上海境内河道（湖泊）面积 500 多平方公里，河道长度 2 万余公里，河面率为 9%–10%。因陆域由西向东形成，成为上海市域风貌景观重要本底。水网肌理形态集中体现了市域空间本底特征，是在地理地貌环境影响下，自然地形、人工围垦等因素作用下，空间形态呈现出由内陆向滨海交错变化的不同类型，是市域空间格局的类型基础。此外，耕地、林地、园地、草地约占市域面积的 30%，城、村、田相互交织，人文历史星罗棋布，自然景观和人文景观与其地理地貌有着密不可分的关系（图 6.5）。

本研究从空间形成的基底特征要素即水网肌理及其他自然生态要素分析、历史人文要素分析入手，认知市域的整体空间特征。

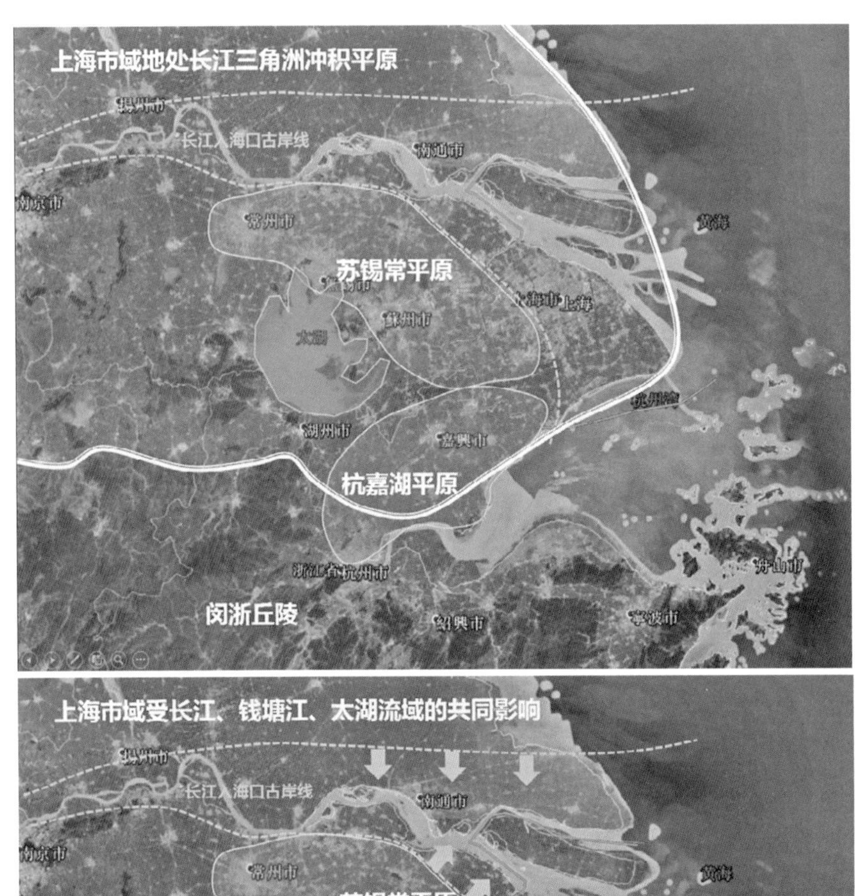

图 6.5　上海地理区位及条件示意图

（图片来源：作者自绘）

1. 水网肌理特征

● 水面率与岸线率的分布特征

对市域水系的水面率、岸线密度等特征进行聚类分析后发现，水面率最高的区域为淀山湖及周边，黄浦江、滴水湖所在网格水面率也较高；其次，浦东、青浦、嘉定，松江、金山、奉贤局部水面率亦较高。中心城及黄浦江沿线地区水面率较低。岸线密度最高的区域为浦东地区，其次为金山、青浦，嘉定中北部、崇明东部的少数地区岸线密度亦较高。中心城周边及松江区岸线密度较低。

● 水田景观区划特征

通过对水网形态、类型特征的观察及测算，市域水田景观的分布呈现出四种类型：第一类是水网分布稠密、湖状分布的淀泖洼地区域，承袭了传统湖沼平原的地貌特征，形态肌理独具特色；第二类是水网分布较密的市域西北、东南部地区，水系呈枝状交叠分布，为主要河网流经市域的上游地区；第三类是水系分布密集的市域东南部地区，水系呈梳状、梯状分布，岸线密集，水网较细，无大型河流穿过；第四类是水网密度较低的东北部岛屿及沿海区域，水系呈块状、网状分布，边缘临海（表 6.1）。

四种田园景观风貌典型案例及特征指标　　表 6.1

村庄选点	水网空间格局	水网肌理特征	景观风貌类型	水面率	岸线密度
青浦区东岑村		水系密集	湖泊湿地	27.3%	9.865
青浦区庆丰村		水系密集	湖泊湿地	8.4%	11.568
浦东新区新安村		水系密集	河网密布	10.0%	18.916
嘉定区刘村		水系密集	河网密布	14.4%	17.716

续表

村庄选点	水网空间格局	水网肌理特征	景观风貌类型	水面率	岸线密度
奉贤区耀光村		水系稀疏	湖塘散布	4.0%	7.646
浦东新区中久村		水系细碎	平直水渠	11.8%	16.772
崇明县堡西村		水系细碎	平直水渠	5.6%	20.737

● 市域空间形态类型

从水网肌理与田园形态关系出发，以上海市域地理地貌特征为基础，通过形态解读，对上海市域空间形态进行综合分析，可将其分为四种基本类型。

第一种，**湖泊湿地型空间形态**。主要集中于青浦淀山湖周边区域。景观类型以湖泊、湿地、荡、密布的水塘为主，水面较大，村落大多集中分布。规划延续湖泊湿地景观风貌，保持水塘湖泊的水面规模、岸线长度，保护岸线周边的植被、农田等景观要素，保护水网肌理，维护景观空间的整体性。

第二种，**湖塘散布型空间形态**。主要集中于青浦、嘉定南部等片区。景观类型以自然水渠、小水塘交错散布为主，水面稀疏，面积较大，村落围绕小水塘团状散布。规划延续湖塘散布景观风貌，保持水塘湖泊的水面规模、岸线长度，保护水网肌理和形态特征，维护景观空间的整体性。

第三种，**河网密布型空间形态**。主要集中于冈身线以东、松江、嘉定南部地区。该地区水系呈网状密布、村落沿着水系带状分布。规划延续河网密布景观风貌，保护河道水网的基本空间特征，保持水系和村落、农田、植被等景观要素的空间关系，保护河网的总体密度和分布特征，维护景观空间的整体性。

第四种，**平直水渠型空间形态**。主要集中于崇明、南汇、浦东新区、奉贤东部等地区。该地区水系呈平直线型交叉等距分布，水渠宽度较窄，村落沿平直水渠呈线性零散分布。规划延续平直水渠景观风貌，保护河道水网的基本空间特征，保持水系和村落、农田、植被等景观要素的空间关系，保护河网的总体密度和分布特征，维护景观空间的整体性。

2. 自然生态要素特征

从自然开放的空间本底来看，可将基本生态景观要素分为农田、湖泊、水系等。从特色环境要素来看，又可进一步对林地、湿地、重要生物栖息地等进行区分。从一般的分布情况来看，农田区主要集中分布在市域南部地区以及崇明岛；湖泊主要包括淀山湖周围湖泊群；骨干水系包括黄浦江、苏州河、大治河、川杨河、淀浦河等；林地区包括重要森林公园、郊区片林及重要沿路沿河生态公益林地；湿地区包括炮台湾湿地公园、崇明西沙湿地公园等以及崇明北湖、南汇东滩等重要湿地；重要生物栖息地包括嘉定浏岛、崇明明珠湖、西沙湿地、滨江森林公园、海湾森林公园。

根据《上海市基本生态网络规划》，以“突出生态优先的发展底线，推进基本生态网络和体系建设”作为基本导向，市域将形成“环形放射状”的生态网络空间体系。从基础性生态源地和生态战略保障空间来看，将生态保护区、生态廊道作为基本生态要素；从景观游憩设施来看，将郊野公园、绿道作为重要因素。具体包括长江口岛群、淀山湖水源地、杭州湾海湾休闲地带等生态保护区，以及生态廊道、郊野公园、绿道等。

结合基础自然条件及相关规划，分析上述要素后发现：自然生态要素丰富地区包括金泽镇、海湾镇、青村镇、东平镇、石湖荡镇、车墩镇、浦江镇、三星镇、书院镇、大团镇、朱家角镇以及现代农业区（东滩）；自然生态要素较多地区包括新成路街道、中山街道、盈浦街道、菊园街道、莘庄镇、江川路街道、颛桥镇、香花桥街道、友谊路街道、吴淞街道、石化街道、重固镇、徐泾镇；自然生态要素一般地区包括新虹街道、岳阳街道。

3. 历史人文要素特征

在自然水文演变、人文环境影响之下，市域风貌由海陆递进的初始状态，到三江入海的农耕文明缘起，随“黄浦夺淞”、依港兴城，到各级海防、府治体系的建立，伴随通商泊运、工业萌芽，再到中华人民共和国成立后和改革后城市人工环境的不断更新和拓展，留下大量的历史人文景观要素。其中，主要包括：历史文化风貌区、全国重点文物保护单位、上海文物保护单位、不可移动文物保护单位、优秀历史建筑和上海市名镇名村等。

历史文化风貌区：中心城以外共32片，囊括多个不同等级文保单位、重要历史节点等。

全国重点文物保护单位：共29处，中心城以外9处，包括嘉定孔庙、松江唐经幢、福泉山古文化遗址、崧泽遗址、张闻天故居、佘山天文台、广富林遗址、马桥遗址、松江方塔（兴圣教寺塔）。

上海文物保护单位：共289处，中心城以外65处，主要分布在松江、嘉定、青浦和金山沿海地区。

上海优秀历史建筑：共1042处，中心城以外52处。

上海不可移动文物保护单位：共4422处，中心城以外1819处。

风貌资源突出的历史城镇：根据《中国历史文化名镇名录》，国家历史文化名镇共

10处，包括枫泾镇、朱家角镇、嘉定镇、新场镇、南翔镇、高桥镇、练塘镇、张堰镇、金泽镇、川沙新镇。依据各镇职能特色、空间格局特色、历史建筑规模和数量、非物质文化遗产等选择标准，初步选定风貌特色镇共6处，包括娄塘镇、徐泾镇、庄行镇、六灶镇、大团镇、堡镇。

风貌资源突出的历史村落：根据《中国历史文化名村名录》《中国传统村落名录》，历史文化名村共2处，传统村落共5处，此外，传统村落备选名单共9处；依据村落职能特色、空间格局特色、历史建筑规模和数量、非物质文化遗产等选择标准，初步选定历史文化风貌区的特色村落约9处，总体上多沿河湖水系分布。

梳理并总结市域历史、人文等要素，分析上述要素后发现，历史人文要素丰富地区包括新成路街道、川沙新镇、新场镇、中山街道、罗店镇、朱家角镇、张堰镇以及南翔镇；历史人文要素较多地区包括练塘镇、金泽镇、盈浦街道、枫泾镇、徐行镇、青村镇、南桥镇、康桥镇、重固镇、永丰街道、城桥镇、柘林镇、泗泾镇、浦江镇、七宝镇、马桥镇、庄行镇以及佘山镇；历史人文要素一般地区包括新虹街道、南汇新城镇、高东镇、高桥镇、菊园街道、洞泾镇（图6.6）。

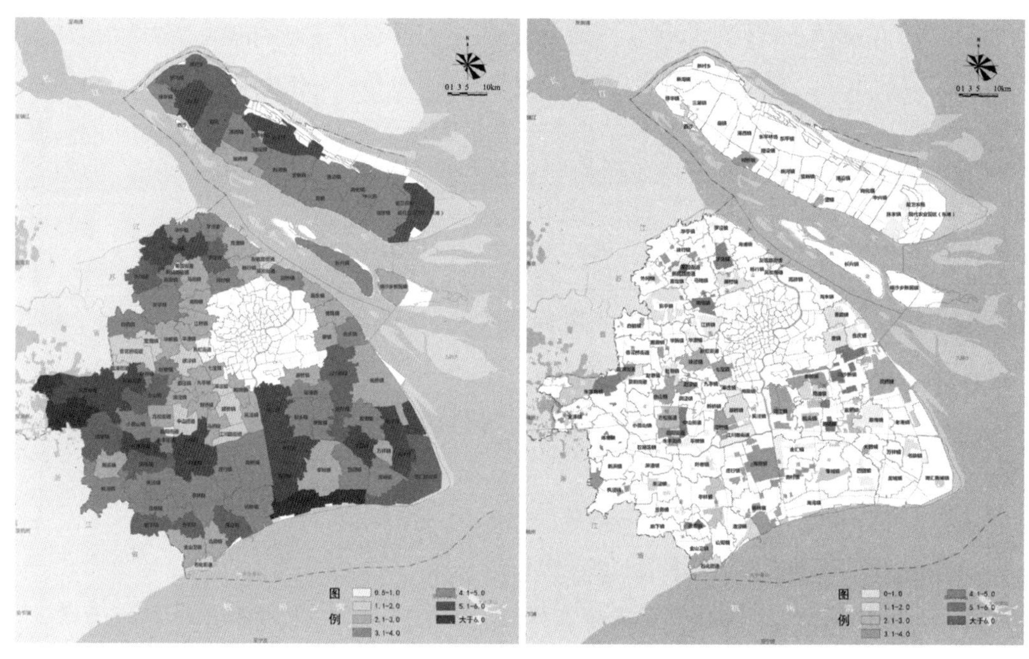

图6.6 上海市域自然环境要素（左图）与历史人文要素综合评价图（右图）

（图片来源：上海同济城市规划设计研究院，上海总体城市设计研究专题，2016）

4. 要素综合评估

在历史人文要素与自然生态要素评价的基础上，可将市域各镇、街道风貌特色分为四个主要类型，第一类为自然、人文特色兼容并蓄，第二类以人文特色为主，第三类以自然特色为主，第四类特色较弱。

根据分区结果，自然、人文特色兼容并蓄，且相对集中的区域包括三个部分：围绕朱家角、金泽、练塘所形成的以滨湖水乡风貌为主的片区，水网密集、湖泊众多，具有典型的江南水乡古镇特色；围绕南桥、庄行、柘林、青村所形成的古滨海平原风貌为主的片区，水网纵横，既具有一定江南水乡古镇特色，又包含历史著名海港城镇，滨湖风貌与滨海风貌兼备；围绕川沙、新场、康桥等形成的古、老滨海平原风貌为主的片区，水网密集，横纵分布，具有典型的海港城镇特色。

以自然特色为主的片区主要集中在市域南部以及东北部，包括冈身线以西，沿黄浦江上游的石湖荡、泖港、朱泾等片区；冈身线以东，沿大治河的航头、金汇、奉城、海湾等片区；以及崇明岛、长兴岛等。以人文特色为主的片区主要集中在市域西、北部，以嘉定城区以及松江城区为典型，分别可追溯至古嘉定、古松江文化。特色较弱的片区主要集中于中心城周边街道、镇区，生态优势及历史人文优势均不突出（图 6.7）。

图 6.7　上海市域历史人文、自然生态要素叠加分析

（图片来源：上海同济城市规划设计研究院，上海总体城市设计研究专题，2016）

6.3.3 总体特征

通过对市域水网形态类型的分析，以及对历史人文要素和自然生态要素的综合评价，得出市域空间总体特征如下：

1. 以水为脉集聚历史人文资源

水网肌理是市域整体环境风貌的基础以及核心景观要素。多种形式，且大量密集的水系脉络，形成了以鱼米种养为特色的农耕文明和防御贸易为特色的海洋文明的交融，形成水网、农田、村落、城镇的历史性城镇景观特征。

随着市域城镇化推进，郊野地区的传统村落向现代居住组团转变，传统乡村人文环境发生巨大改变。由于缺少系统化全要素的保护措施，不同类型水网肌理的水乡特色、滨海特色的田园景观正逐渐消失。

2. 品质风貌孕育核心景观格局

水网肌理、历史人文及自然生态要素较为丰富的地区在空间上体现出较高的关联性。具有良好品质风貌的地域包括如朱家角、金泽、练塘等湖泊湿地型区域所形成的兼具水乡城镇文化与滨湖自然风貌的片区，川沙、新场、南桥、庄行等水网密布型区域所形成的兼具海滨城镇文化与滨海自然风貌的片区，以及嘉定、徐行、罗店、马陆等部分水网密布型区域所形成的兼具水乡、海滨城镇文化与滨海自然风貌的片区。

在以水网肌理所主导的形态类型基础上，吸纳要素集聚所叠合的空间特质，形成各具特色、独具魅力的市域空间格局。

6.4 中心城新旧并存的整体空间特征

6.4.1 空间层积研究

1. 城市空间的形成过程

有关上海租界时期的发展历程及建设活动已有大量的研究成果，总体来看，1910年以前，上海的建设区主要集中在黄浦江、滨江一带，从外滩、老城厢一带逐渐扩展到人民广场、苏州河北侧等地区。1949 年以前，建设区主要集中在内环以内地区。20 世纪 50 年代后，建设活动开始突破内环，并在 20 世纪 60 年代时在内环周边建造了居住区和公共服务区，在外围建造工业区。20 世纪 70 年代，浦西部分开始突破至中环建设，并在内—中环间建造大型的居住区。20 世纪 90 年代后，建设活动主要集中于浦西的中—外环地区和浦东的大片地区（图 6.8 和图 6.9）。

2. 现状空间尺度的区划分析

根据建筑高度的网格化的数据测算、类型识别、聚合分析和组合区划，定性、定量进行空间类型和分布特征的分析研究，得出主要研究结论如下：

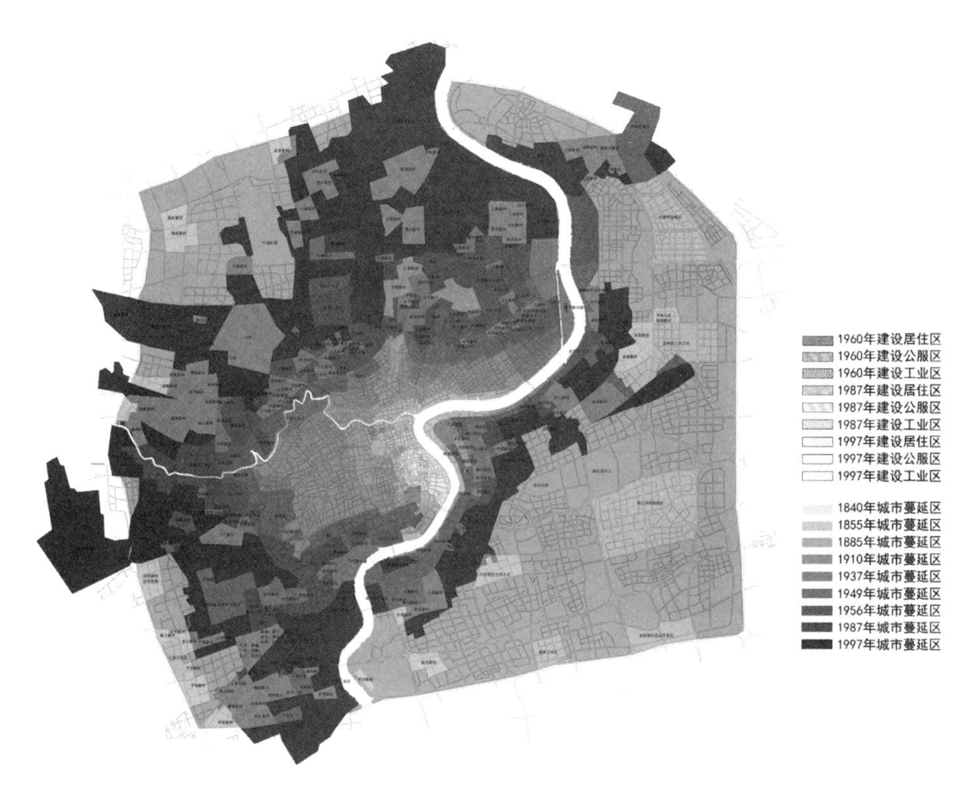

图 6.8　上海中心城区不同功能区及其形成年代

（图片来源：根据历史文献作者自绘）

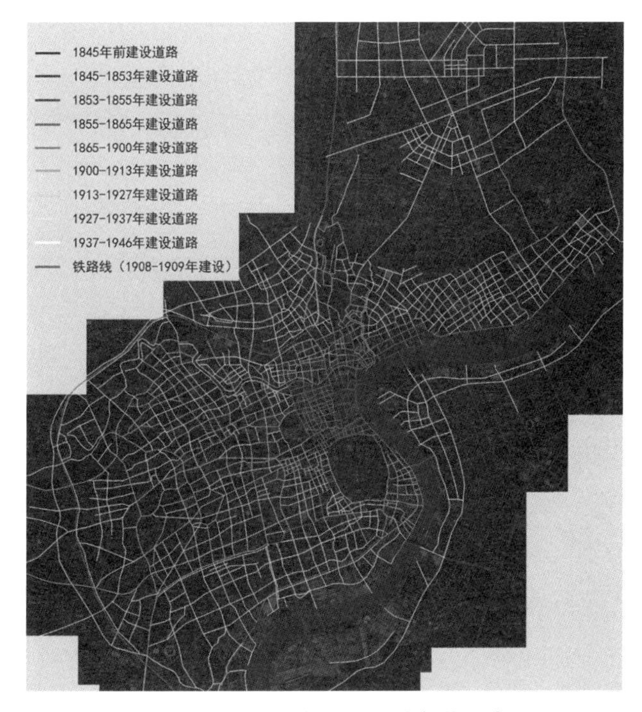

图 6.9　上海历史性道路形成年代示意图

（图片来源：根据历史文献作者自绘）

● 空间尺度基本特征

上海中心城呈现“马赛克”的空间尺度类型分布特征。浦西部分，内环以内地区保留了大量低层单元和多层单元，同时也是新建高层单元的集中区；就分布形态而言，多层单元呈块状分布；中高层单元和高层单元沿交通廊道向外延伸。浦东部分，世纪大道两侧和陆家嘴滨江地区为高层单元的集中地区；多层单元和中高层单元主要沿黄浦江呈带状展开；其他地区则以大量空地单元、低层单元为主。总体来看，浦西内环以内地区，低层、中高层以及高层空间呈相对集聚的分布模式；内环以外地区，低层、多层空间呈块状分布，中高层空间呈簇状分布，且相对集中于中环周边区域；浦东内环以内地区，多层、中高层以及高层空间呈相对集聚的分布模式；内环以外地区建设相对滞后，仍以低层空间为主，多层及中高层空间呈团簇状分布。

● 空间尺度的区划特征

通过空间尺度特征的聚合分析发现，中心城由 7 种不同的肌理区域组成（图 6.10）。

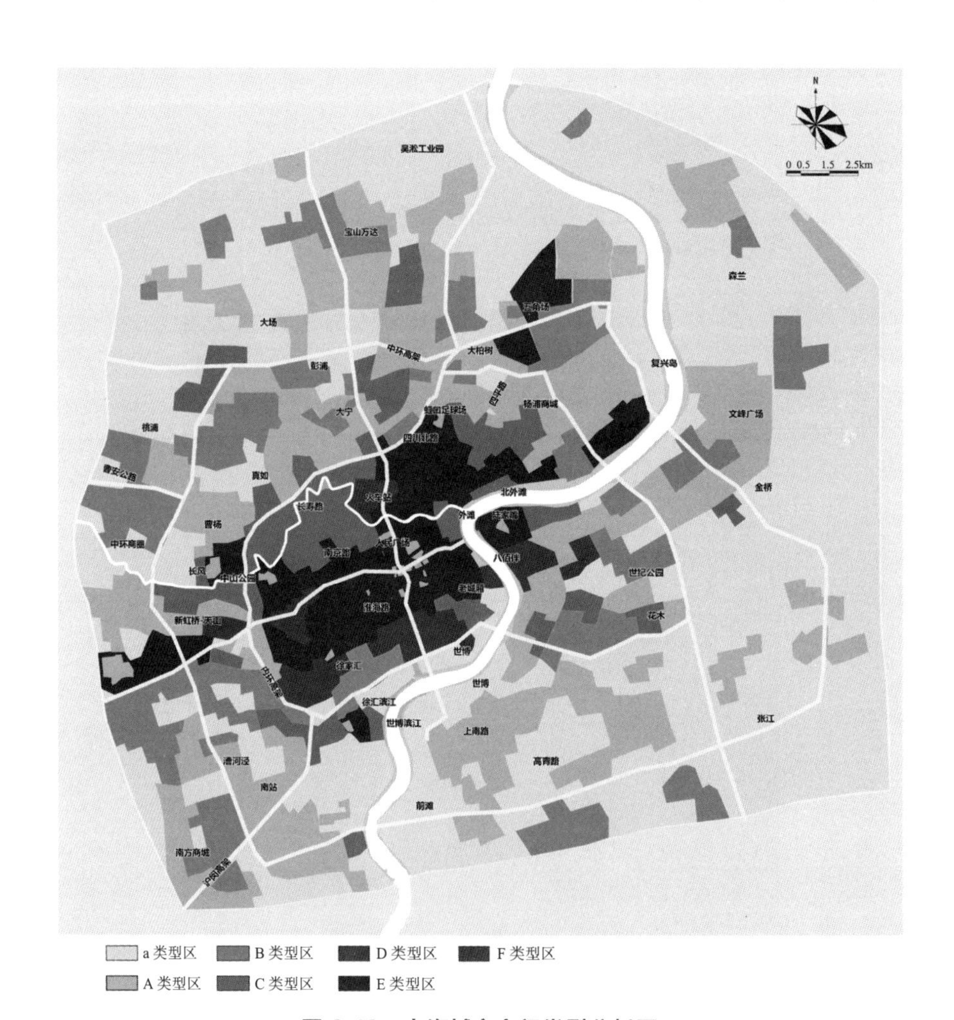

图 6.10 上海城市空间类型分析图

（图片来源：上海同济城市规划设计研究院，上海总体城市设计研究专题，2016）

第一种，a 类型。低层空间为主的外围区域，空间开敞性较高，主要分布于浦东外围地区、浦西北侧、西侧外围地区以及黄浦江外围沿岸地区。

第二种，A 类型。多层空间为主的区域，主要分布于城市外围，紧邻 B 型区域，以多层为主，空间层次感较弱。主要包括新泾新村、曹杨新村、共康、江湾镇、曲阳新村、控江新村、市光新村、国顺路、梅陇路、耀华、杨思、三林、国际博览中心、文峰广场、新江湾、高桥等地区。

第三种，B 类型。多、中高、高层空间混合区域，主要由内环向外呈团、带状延伸，高层相对分散。密度中等，层次分明，空间具有较好的团簇感。主要包括东安、三林东、南方商城、漕河泾、曹安公路、大宁、五角场、联洋、花木、宝山万达、曲阳路、宁国路—平凉路等地区。

第四种，C 类型。中高、高层空间混合区域，紧邻中心地区，分散分布于中心区及外围，局部地区由于层次形象较为单一，“高”建筑集聚分布，呈现无序蔓延特征。包括外滩、徐汇滨江、徐汇新城、瑞虹、北外滩、古北、漕溪路、新虹桥—天山、长风、中远两湾城、大宁、中环—沪嘉高速、高境、龙阳路、蓝村路、塘桥等地区。

第五种，D 类型。高层密集区域，分布于内环周边的中心地区，超高层呈点状分布、高层呈簇群分布。包括徐家汇、斜土路—鲁班路、八佰伴、世纪大道、十六铺、新虹桥、延安西路—江苏路、火车站地区，共 8 处。

第六种，E 类型。低层空间为主的历史区域，主要分布于中心地区，以低层为主，具有传统历史风貌，高层呈点状分布。包括中山公园、衡山路—复兴路、老城厢、世博、四川北路、提篮桥、平凉路、复兴岛地区，共 8 处。

第七种，F 类型。高层、超高层混合区域，与 E 类区域共同构成了市中心空间形态，建筑高度对比强烈，特色鲜明。包括人民广场、陆家嘴地区 2 处。

3. 历史空间边界叠合分析

对比不同时期建设演进和城市空间尺度变化情况，可以发现：

整体空间以内环为界，空间特征与时间序列相互关联：整体而言，内环以内空间开敞，低层、多层成片，与 20 世纪 50 年代以前建设相关联；内—中环（浦西）的低层呈斑块状分布，与 20 世纪 50—20 世纪 70 年代建设相关联；剩余大部分地区以低层和多层作为空间尺度的基底，中高、高层空间叠合分布，是 20 世纪 70 年代以后建设相对无序的结果。

20 世纪 50 年代以前城市建设区域与低层范围相关联：其中，20 世纪 50 年代以前的建设区，城市空间尺度类型仍以低层为主，现状在此基础上形成多个点状高层。从而，该时期城市建设与空间尺度呈明显相关。

20 世纪 50—20 世纪 70 年代城市建设区与多层范围相关联：20 世纪 50—20 世纪 70 年代的建设区主要沿内环及滨江地区展开，城市空间尺度类型仍保留该时期多层建筑，现状在此基础上形成多个高层、超高层集聚地区。从而，该时期城市建设与空间尺度仍呈较为明显相关。

20 世纪 70—20 世纪 90 年代城市建设区与空间尺度关联性不强： 20 世纪 70—20 世纪 90 年代的建设地区，城市空间尺度最为不清晰，多层、低层分布较为混杂，中高层范围分布无序蔓延，高层范围点状分散。总体而言，该时期城市建设与空间尺度关联性较为不明显。

4. 历史空间环境的特征及问题

整体城市空间呈现"马赛克"混合特征： 上海城市空间展现出"新旧并存"的城市景观风貌。重要的历史性空间区域和轴线基本完整，但深入识别可见单元层面肌理呈现碎片化趋势，其中，部分空间单元呈现出较为显著的尺度突破，空间缺乏延续性。

内环线是城市空间尺度变化的明显界限： 内环内外的空间尺度差异十分显著。大量历史性的低层、多层建筑位于内环以内，同样，大部分超高层建筑集聚于内环以内，于人民广场周边、陆家嘴以及延安路高架沿线等城市核心地区分布，空间具有强烈对比性。

中环线周边城市空间尺度变化趋缓： 中环以外的空间尺度呈现片状变化的特征，相较内环周边空间尺度变化缓和；其中，浦东地区空间建设尚有余地，仍保有大片低层建筑分布、建设相对空白的区域，空间可塑性较强。

6.4.2 历史性空间关键要素分析

城市的历史性、网络性、公共性、标识性的空间要素是形成人们对城市认知的四类空间体系。本研究以四大空间关键要素入手，分析城市空间特征，建构上海中心城的特色要素体系及规划对策。

历史性空间要素强调历史层积的文化内涵，是承载和延续城市人文意向的关键场所，包容现代城市需求，具有时空连续性。主要包括历史文化风貌区、风貌保护街坊、历史建筑（群）集聚区、风貌保护道路等内容。这些要素共同构成了上海城市空间的基础。

上海的历史文化环境整体保存较好，约占 20 世纪 50 年代历史城区的 40%，是上海城市地域文化的本底，特征与边界基本清晰。内部为 20 世纪 50 年代前的里弄住宅街区本底，被边缘地带高层围合，形成了低层（面）与超高层（点）、新与旧的组合关系。

1. 历史文化要素高密度区域

单体类历史文化要素： 截止 2015 年底，根据上海市规划和国土资源管理局所提供的数据，经认定挂牌的单体类历史文化资源要素主要包括 3 个层面，分别为全国重点文物保护单位 29 处、上海市文物保护单位 289 处、上海市优秀历史建筑 1042 处。其中，中心城内对应各层面分别有 20 处、224 处、990 处。

根据上述重要单体类要素在中心城分布情况，最终识别并划定单体类历史文化要素高密度地区 9 个，包括山阴路片区、四川北路片区、外滩片区、南京东路片区、南京西路片区、北京西路片区、复兴路—愚园路片区、徐家汇片区。

历史文化风貌区：根据 2003 年《上海市中心城历史文化风貌范围划示》，上海中心城共有历史风貌保护区 12 处，分别为：江湾历史风貌保护区、山阴路历史风貌保护区、提篮桥历史风貌保护区、外滩历史风貌保护区、人民广场历史风貌保护区、老城厢历史风貌保护区、南京西路历史风貌保护区、衡山路—复兴路历史风貌保护区、愚园路历史风貌保护区、新华路历史风貌保护区、龙华历史风貌保护区、虹桥路历史风貌保护区。

风貌保护街坊：2015 年，上海市规划和国土资源管理局对历史文化风貌区进行了扩区[①]，全市域范围新增风貌街坊 118 处，其中位于中心城共 113 处。风貌街坊共分为 7 类：1）里弄住宅风貌街坊 63 处；2）工业遗存风貌街坊 29 处；3）工人新村 3 处；4）大专院校 4 处；5）历史公园风貌街坊 4 处；6）传统村落街坊 3 处；7）混合型风貌街坊 2 处。

2. 历史道路

历史主干路网（1937 年）：根据《ATLAS DE SHANGHAI》和《1937 大上海新地图》，可以识别上海 1937 年以前重要的历史道路，包括北京路、南京路、西藏路、黄陂路、福建路、衡山路、江宁路、四川路、延安路、人民路、中华路、中山路、浦东路、肇嘉浜路、斜土路、广元路、漕溪路、吴中路、虹桥路、天山路、长宁路、曹杨路、番禺路、康定路、余姚路、海防路、长寿路、宜昌路、新闸路、交通路、常熟路、沪太路、九龙路、同心路、东大名路、东长治路、长阳路、宁国路、四平路、山阴路、溧阳路、宝安路、杨树浦路、军工路、翔殷路、淞沪路、邯郸路、黄兴路、新建路、东江湾路。

历史公交线路：根据 1932 年《上海新地图》，识别电车线路和无轨电车线路，主要集中在西藏路—天目路—中山东路—金陵路围合的区域。外围线路西向主要沿淮海路、北京路—愚园路、新闸路、江宁路；南向主要沿中山路、人民路、西藏路；北向主要沿长阳路、杨树浦路。

风貌保护道路：根据上海市规划和国土资源管理局提供的 2007 年数据，《关于本市风貌保护道路（街巷）规划管理若干意见的通知》中确立 107 条风貌保护道路，其中一级风貌保护道路 64 条。2015 年随着上海历史文化风貌区范围扩大，又增补了 23 条风貌保护道路，共计 130 条。

3. 历史地标

从中心城 20 个全国文保单位、224 处上海市文物保护单位以及 990 个上海市优秀历史建筑中进行筛选。29 个全国文保单位中，根据其公共活动性和地标体量大小，删除了墓地、故居、会址类型，保留其余的在中心城内的地标共 5 个，分别是外滩建筑群、

① 全市域范围新增了 118 处风貌街坊，上海市规划和国土资源管理局，2015 年。

徐家汇天主教堂、豫园、杨树浦水厂（现上海国际时尚中心）、国际饭店。

224个上海市文保单位和990个优秀历史建筑中，通过百度搜索关注度进行排序，并参考其地标体量大小，共保留地标19个，包括江湾体育场、徐家汇天主教堂、豫园、汇丰银行大楼（现外滩上海浦东发展银行）、国际饭店、上海人民保安队总指挥部旧址（现外滩上海海关大楼）、工部局宰牲场、哈同大楼、杨树浦水厂、第一食品、第一百货、上海美术馆、大世界游乐场、马勒别墅、国泰电影院、外白渡桥、龙美术馆、余德耀美术馆、江南造船厂。

最终得到不重复的重要历史地标19个，空间上主要聚集于外滩、人民广场、衡复历史风貌保护区。

6.4.3 公共性空间关键要素分析

公共性空间要素强调公共空间的人性内涵，让空间回归于人，注重市民日常生活与体验，集中展现城市活力，具有活力连续性，主要包括市民公共活动集聚区、重要开放空间等内容。

1. 人流活动高密度区

城市空间的吸引力决定了人流集聚的程度，反映了该地区在城市功能、景观、交通方面所具有的优势。城市特色地区和人流活动密切相关。人流密集地区是城市空间和城市形象需要重点关注和加强的地区。

基于手机数据对上海中心城的公共中心进行识别，并通过自然间断法对人流密度进行分区。最后识别并划定人流活动高密度区如下：

主要活力区：共21片，包括人民广场片区、陆家嘴片区、八佰伴片区、豫园片区、七浦路片区、四川北路公园片区、虹口足球场片区、五角场片区、宝山万达片区、百联中环片区、尚嘉中心片区、中山公园片区、静安寺片区、长寿路片区、上海火车站片区、恒隆广场片区、环贸片区、田子坊片区、新天地片区、徐家汇片区、南方商城片区。

次要活力区：共22片，除了与主要活力区连片的扩展区域以外，还包括：宝山日月光片区、大宁片区、杨浦商城片区、文峰广场片区、宝山巴黎春天片区、曹杨片区、西藏南路片区、宜山路站片区、昌里路片区。

2. 重要开放空间

现状中心城大于2公顷的大型公园及广场共有36处，分别是共青森林公园、黄兴公园、杨浦公园、和平公园、鲁迅公园、闸北公园、大宁灵石公园、苏州河梦清园、真如公园、四川北路公园、外滩、人民公园、淮海公园、延中绿地、太平桥公园、复兴公园、襄阳公园、静安公园、上海文化广场、中山公园、长风公园、上海动物园、龙华烈士陵园、上海植物园、徐家汇公园、徐汇滨江、世博公园、后滩公园、世纪公园、滨江公园、陆家嘴中心绿地、碧云体育公园、金桥公园、高东生态园、张衡公园、大华北公园。

梳理近代上海历史公园脉络，按照成型于 1958 年前的标准进行筛选，得到 7 个历史重要公园，分别是鲁迅公园、人民公园、淮海公园、襄阳公园、静安公园、复兴公园和外滩公园。

最后，保留百度搜索量较高的“大型公园及广场”和全部历史公园，得到 25 个主要开放空间，分别是：外滩、延中绿地、中山公园、上海动物园、徐汇滨江绿地、上海文化广场、陆家嘴中心绿地、人民公园、世纪公园、四川北路公园、鲁迅公园、长风公园、复兴公园、和平公园、闸北公园、世博公园、黄兴公园、杨浦公园、上海植物园、真如公园、共青森林公园、淮海公园、滨江公园、襄阳公园、静安公园。

6.4.4　网络性空间关键要素分析

网络性空间要素强调网络流通的基底内涵，通过基础设施媒介将空间信息进行传递，成为所有人感知城市、体验城市的载体，具有空间连续性，主要包括在城市演变过程中起重要作用的道路和街道空间、河道空间等内容。

路网密度体现了上海城市演变的脉络。20 世纪 70 年代前“网络型高密度”的城市路网肌理是上海城市空间形态、道路景观、公共空间系统的特色本底。

1. 结构性道路

高架道路和地面快速交通道路是联系城市片区之间的重要路径，也是作为特色景观展示的结构性通道。现状基本形成的“放射型 + 环形”的空间骨干路网是上海城市演变的脉络（图 6.11）。

结构性道路（高架通道）分别是：内、中、外环、南北高架、延安路高架、逸仙路高架、沪闵路高架、罗山路高架、G2 京沪高速和 S5 沪嘉高速。

结构性道路（地面通道）分别是：沪太路、军工路、五洲大道、淞沪路、黄兴路、四平路、杨树浦路、杨高中路、世纪大道、济阳路、淮海路、南京路、虹桥路、曹安公路、东方路、张杨路、高科路、武宁路、志丹路、广中路、曲阳路、大连路、浦东路、海宁路、长宁路、漕宝路、龙吴路。

2. 重要水路和骨干河网

根据《上海市骨干河道布局规划》，中心城骨干河道 39 条，分别为黄浦江、苏州河、蕰藻浜、西走马塘、东走马塘、小吉浦、虬江、西虬江、真如港、周家浜、蒲汇塘、龙华港、张家塘港、淀浦河、高浦港、高桥港、赵家沟、张家浜、白莲泾、川杨河、桃浦河、新泾港、西弥浦、东高泾、西泗塘、南泗塘、彭越浦河、俞泾港、沙泾港、虹口港、杨树浦港、复兴岛运河、梅陇港、外环运河、三八河、马家浜、曹家沟、杨思港、咸塘浜（图 6.12）。

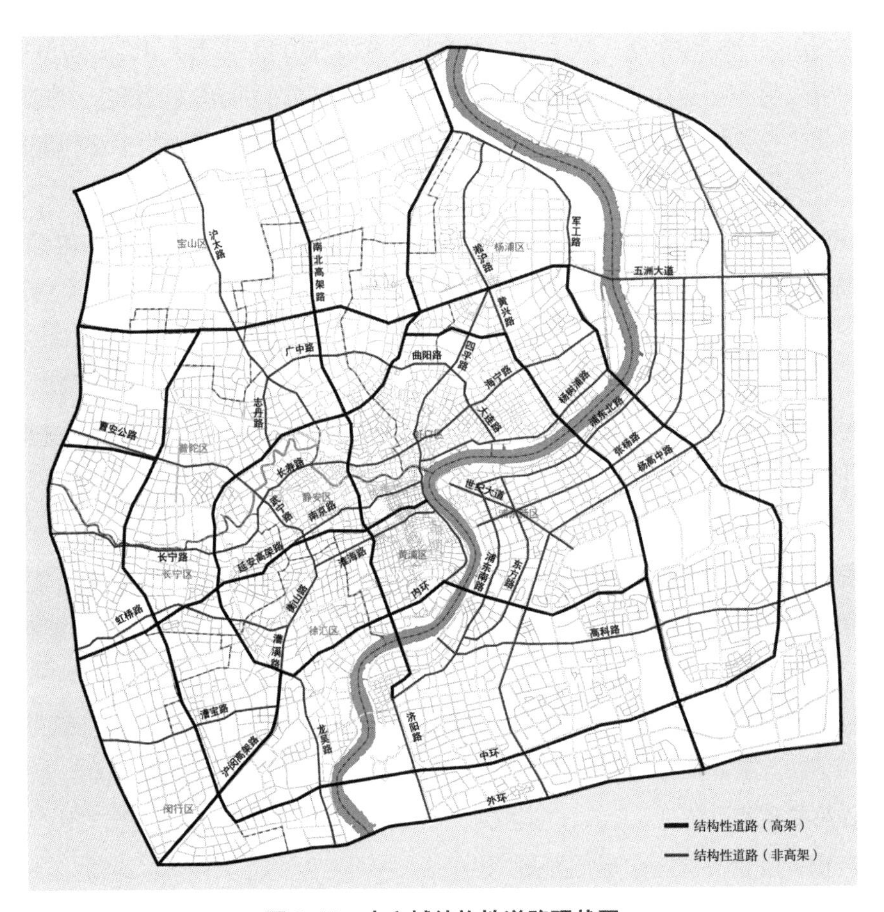

图 6.11　中心城结构性道路现状图

（图片来源：上海同济城市规划设计研究院，上海总体城市设计研究专题，2016）

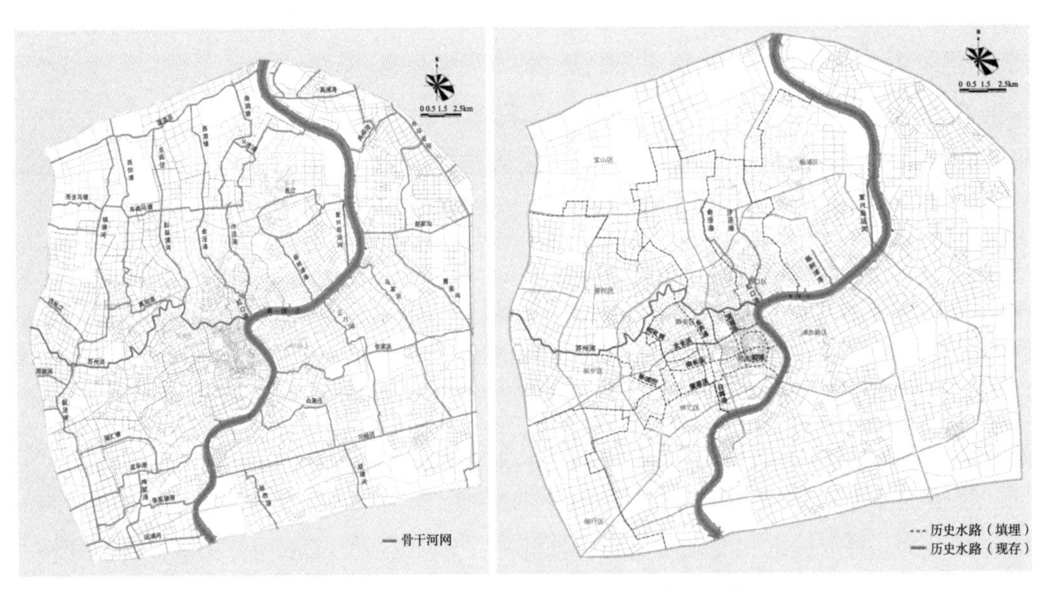

图 6.12　中心城骨干河网及重要历史水路现状图

（图片来源：上海同济城市规划设计研究院，上海总体城市设计研究专题，2016）

目前，黄浦江、苏州河、虹口港空间资源尚未得到充分利用。绝大部分支河网络未得到整体考虑。

梳理近代上海河流发展脉络，从20世纪50年代以前城市空间扩展范围所覆盖的河网中，可得数条重要的历史水路，其中，现存水系主要包括黄浦江、苏州河、西泗塘—俞泾浦—虹口港、杨树浦港、复兴岛运河；现状已填埋水系主要包括李纵泾、西芦浦、东芦浦、泥城浜、日晖港、北长浜、南长浜、肇嘉浜，以及旧城护城河。

6.4.5 标识性空间关键要素分析

标识性空间要素强调形态识别的意向内涵，包含对地区高度、规模、形式构成等特征的认知，集中展现地区符号，具有空间异质性。主要包括林荫道、标志性建筑（群）、地区地段中心等内容。

城市标识性建筑的高度"梯级"既是认知城市空间和区位等级关系的逻辑，同时也是资本与政治权力在空间上的体现，更深层的意义在于这种空间秩序是城市公共价值观的外在显现。

城市公共中心标识性建筑高度的"梯级"关系，应该与公共中心的等级层次相吻合。中心城已经基本形成了一定梯度等级下的公共中心与标识性高层建筑的呼应关系。

1. 标识性建筑（群）

标识性建筑（群），包括各级公共中心、历史中心、各专业中心、交通枢纽等所在区域的标志性建筑（群）所构成的空间。以高度、规模和形态的显著性为标准，梳理城市地标建筑（群），包括超高地标建筑、超大地标建筑和显著性地标建筑三个方面。

超高地标选取建筑高度超过200米的超高地标建筑，约20处，主要聚集于陆家嘴、南京西路、人民广场地区。超大地标选取占地面积超过15000平方米的大体量公共地标建筑，共22座，在中环内较为均质散布。显著地标选取造型奇特且与重要开放空间相邻，极具空间辨识度的显著地标，共41个，多聚集于人民广场、陆家嘴、外滩、徐家汇和高架沿线。

通过对所有标志性建筑从超高、超大、显著三个维度进行赋值和叠加评价，选取重复次数较多、赋值较高的城市地标。同时对其进行公共性检验，结合公众空间意象地图并去除纯商业性地标后得到主要城市地标，共27处，包括江湾体育场、虹口足球场、东方明珠、上海科技馆、奔驰文化中心、东方艺术中心、源深体育中心、国际博览中心、江南造船厂、中华艺术宫、世博展览馆、世博中心、上海火车站、外白渡桥、外滩建筑群、上海市政府、城市规划展示馆、上海大剧院、上海博物馆、豫园、徐家汇天主教堂、龙美术馆、余德耀美术馆、上海体育馆、上海南站、上海展览中心、东方体育中心。空间分布上，主要城市地标集中在陆家嘴、人民广场及内环高架周边。

2. 标识性设施和景观

标识性桥梁：梳理河流景观的设施要素，包括大桥 4 座，分别是杨浦大桥、南浦大桥、卢浦大桥和徐浦大桥；另外还包括各类小桥 61 座，其中，人车混行桥 48 座、纯步行桥 13 座。

林荫道：2015 年，上海市绿化和市容管理局通过评定，明确了全市 134 条林荫道路。其中，中心城 100 条，主要集中在衡复保护区及曹阳地区。

6.4.6 总体特征

根据四类关键要素的叠合分布，得到复合点、线、面的要素图。由此可见，中心城的空间关键要素分布和特征性空间体系有如下特征和问题：

1. 内环是上海城市历史空间的重要边界

内环线是上海城市历史空间一条重要边界，多种空间要素集聚叠加，构成了特别丰富的城市特征空间和公共活动网络。

内环以内，浦西部分已经形成一定规模相对完整的复合化特色地区，如外滩地区、人民广场地区、老城厢地区、静安寺地区、衡复风貌地区。其中，陆家嘴、外滩、人民广场、静安寺等形成景观核心。浦东部分，仅有陆家嘴单一地区、世纪大道单一主线沿线要素相对集聚，特色鲜明。

内环以外，放射性骨干道路成为空间特征主导，其他要素极少，且分布零散，特色模糊，浦东部分几乎空白。

2. 历史性要素是城市历史空间形成的本源

历史环境地区主要集中于内环以内的浦西地区，静安寺、南京西路、徐家汇、四川北路和河南中路一带，集聚成面，是形成空间识别和人流集聚的主因。

内环以外，历史环境地区分散成块，相对独立，联系性弱，复合性低，是塑造城市空间特征的战略性资源。若干重要历史地区缺乏可识别性，如曹家渡，老西门，小东门，老北站等。

此外，还有大量未纳入历史保护的现状历史地块，如旧工业厂区等，也是未来可用以转换的潜在资源。

3. 网络性要素是城市历史空间形成的主导

河流和道路是集聚多种要素的空间主因。

黄浦江、南北高架、延安路高架沿线形成主要集聚带，外滩、四川北路沿线形成次要集聚带。轴带上聚集了多种要素，是人流活动密集地区。其中浦西的核心部分，地面道路与各要素紧密融合，呈现网络化特征。内环线高架内外两侧差异明显，中、外环高架沿线缺乏要素集聚。

4. 公共性要素分布严重不均衡

人流活动主要集中在内环以内，内环以外沿结构性道路零星存在，五角场、铁路南站等形成了为数不多的几处特色空间。现状公园绿地空间严重缺乏，内环以内与其他要素融合程度高，内环以外缺少要素联系。现状滨水空间缺乏有效利用，河流与绿地、河流与标志性建筑及景观之间的联系程度不足，市中心地区由于历史原因河流基本填埋成路，除了黄浦江、苏州河外，其他地区的整体水系特征难以显现。

5. 标识性要素与城市空间组织缺乏关联

目前，重大的标识性要素集聚于城市主要轴带。外滩—小陆家嘴形成城市中心认知，其次是人民广场、静安寺、衡复风貌街区。徐家汇形成了西南地标门户，其余方向门户形象不强，高架沿线地标可感知度不高。内环以外，普遍缺少地标性城市景观，地区、地段的识别性较弱。

6.5　上海城市空间的目标建构与规划管控

6.5.1　发展目标与策略

1. 城市形象愿景与目标

面向 2035 年的发展，上海的城市性质为“卓越的全球城市，国际经济、金融、贸易、航运、科技创新中心与文化大都市。”在此目标的指引下，上海总体城市形象愿景是要塑造具有“国际都会感和文化地域性”的城市总体形象与风貌。既要体现上海依水而生、因水而兴、襟江带海、冈身递进的自然景观特征；又要体现上海独特的江南传统文化与世界多元文化的空间交融、历史文化与当代功能的空间层积；还要反映上海海纳百川、兼收并蓄、先锋时尚的文化多元性，在城市空间景观和城市社会生活上整体显示“上海特征”。具体目标如下：

保护“江海湖河山岛田”要素融合的自然山水格局。保护河口冲积平原的地理特征；加强长江、东海岸线整治，保护滨江沿海的生态滩涂湿地；加强苏锡常、杭嘉湖平原的水网链接，保护自然形成的湖荡湿地；加强崇明岛屿地区的生态保育；加强杭州湾北岸的生态修复；加强佘山诸峰周边开阔舒朗的自然视廊控制；发挥各级自然保护地区和国家公园的生态与景观双重价值，如佘山、东平、海湾、共青森林公园、九段沙湿地、长江中华鲟、金山三岛自然保护区、崇明岛国家地质公园、吴淞炮台湾湿地森林公园等重要片区。结合杭州湾、南汇嘴、吴淞口等地区环境建设，打造襟海临江的门户景观。

形成多元统一的“江南水乡”田园景观风貌。保护乡村地区农业景观；保护不同地区湖荡河流形成特征；延续并强化融于自然环境且各具特色的郊区传统聚落镇村风貌，塑造美丽乡村。上海西部地区以淀山湖为核心，充分保护湖荡湿地散布的田园景观特征，形成水乡风貌特色。东部、南部地区充分保护圩田、滩涂、河流交织的田园景观，形成滨海风貌特色。北部地区以崇明三岛为标志，充分保护长江入海口淤积漫滩与河渠纵横的田园景观特征，形成江海交汇的岛屿风貌特色。谨慎保持相应地区水网形态和肌理，保持水面的总体规模，并确保一定范围内的岸线长度原则上只增不减，营造自然有机的生态驳岸。

塑造兼具国际都会感和文化地域性的城市建设风貌。强化主城区、新城、新市镇多层级的城市集中建设地区高度与密度管控，形成“高密度、超大城市”大疏大密的都会风貌。中心城集中展现多元文化和谐包容的现代化国际大都市形象，强化对新城、新市镇以及重要城镇地区进行城市设计指引。塑造城市“一江一河，一核多心，路河成网，水绿交融”的都市景观框架，系统构建城市空间的历史性、公共性、网络性、标识性要素的有机融合。加强城市设计，塑造和培育城市景观风貌。通过地标设计、界面控制，加强城市景观风貌的有序性，通过分区引导增加城市景观风貌的丰富性。

2. 空间发展战略与路径

空间发展战略。第一，彰显文化身份，即地方性的特征。对于上海而言，是江南地区的传统文化和近现代西方文化在全球化过程中的交融特征，呈现出一种杂糅后的多样性。这种文化身份，使得上海拥有区别于中国其他传统模式下发育的城市文化，具有东方特点的现代都会文明。第二，形成鲜明的城市形象，即文化的多样性在城市空间景观和城市社会生活上的体现。城市历史空间和当代功能空间层积，形成了历史性与当代性的对比、城区与郊区的对比、标识性与一般性的对比，从而整体显现出鲜明的上海特征。第三，体现公共利益优先，即作为公共价值相关领域的全面空间管控、价值捍卫和品质提升。公共利益，不仅包括公共空间本身，如公共绿地、公共广场和公共建筑等，也包含影响公共空间和公共形象的私人领域的建筑、功能和风貌等多种要素。第四，提升城市品质，即城市物质形态、生活环境的整体提升。城市品质体现了城市各要素和资源的卓越与开放，进而提升城市经济、社会以及文化等活力。

城市空间的多样性是城市有机生长过程的自然呈现，良好的空间秩序，取决于城市空间不同尺度和形态的多样性。这种和谐，形成了历史脉络之间从相同到相似，从变化到变形，从渐变到突变的有序组织，从而构成了良好的城市空间秩序的本底。由于形成的年代、功能以及自然环境的不同，会形成不同的街区形态，包括路网格局和空间尺度，以此形成不同的地段识别性。城市总体形象就是由这些地段的秩序、品质和风貌所共同构成的。因此，需要通过**“有序化、结构化、类型化、人文化”**的城市空间塑造，使城市空间发展的目标与战略得以实现。具体包括：

梳理城市空间本底的秩序性。加强中心城街区空间秩序的梳理，尤其是针对高层建筑以及建筑群的散乱布局问题，加强对传统里弄、多层住宅所形成的城市本底和大量分散开发的新建高楼之间的空间修补；加强郊野地区的自然风貌和田园景观体系的梳理，强化以河流、湖泊、湿地等构成的水网肌理的本底梳理，保护自然景观格局的完整性和连续性。

强化城市空间结构的整体性。强化中心城空间格局，突出“一江一河”自然地理特征、历史人文特征、公共性空间、标识性空间等所形成的空间结构特征；完善郊野地区乡镇风貌。在自然本底上构建由生态环境、历史遗存、镇村建设、产业发展等要素一体化形成的城、镇、村的景观特色；强调新建区域延续性，完善河流、街巷等脉络的衔接连通和标志性建筑、景观体系构建（图 6.13）。

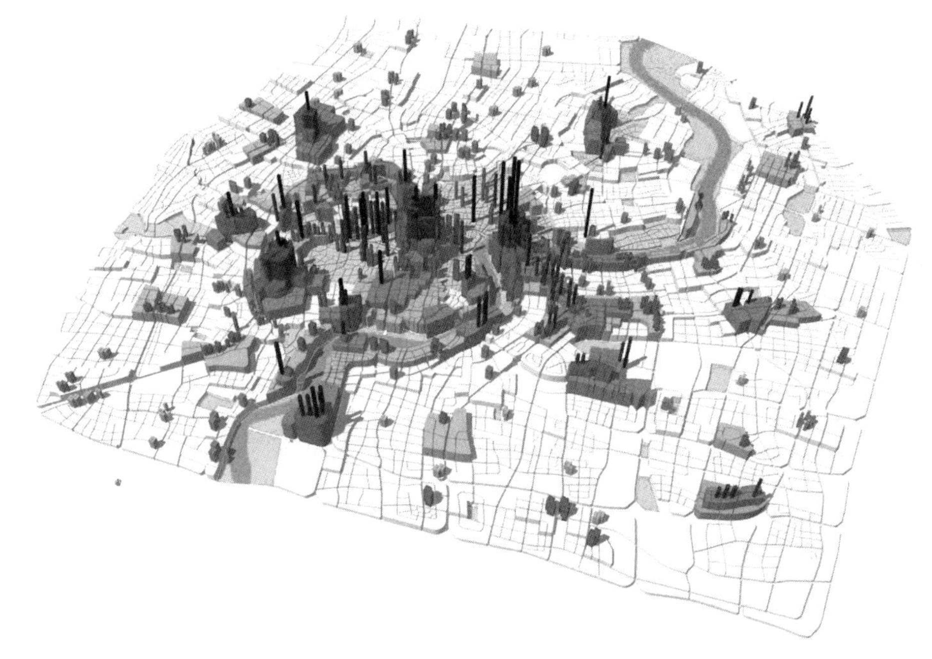

图 6.13　中心城空间环境的目标建构模型

（图片来源：上海同济城市规划设计研究院，上海总体城市设计研究专题，2016）

强化城市地区地段的识别性。凸显地段的历史文化环境特征，强化各片的自身空间秩序，整体保护历史文化环境的空间尺度、街坊肌理、道路网络，挖掘其文化内涵，加强历史性地区中心的空间聚合性和空间标识性，延续城市人文意象和文脉节点；强化地段的滨水空间环境特征，强化近水空间、离水空间、密水空间、疏水空间等不同地段的差异化特征，强化空间形态的多样性、界面的连续性和视觉的丰富性；强化城市轴线节点的引导性，丰富公共活动空间多层级体系和网络，建立公共活力区（点）之间的路径联系，建立公共活力区（点）与历史性地区中心、滨水空间和大型开放空间的路径联系；强化导向性的空间景观系统与地标营造，强化空间景观结构与城市演变脉络，包括水系地貌、高架和结构性道路等空间轴线和重要门户、枢纽节点的标识性。

6.5.2 中心城空间秩序的建构与管控

1. 建构秩序目标与引导策略

保护城市历史空间的结构逻辑，以“一江一河”为主空间骨架，延展地区、地段的历史空间轴线，凸显各级中心的景观标识性序列，以水带绿完善公共活动空间网络的关联性。具体策略包括：

策略 1： 重点保护内环以内及历史文化风貌区传统空间尺度类型和特征，融入城市中心区相对开敞的空间体系，强化此类空间的景观性，约束高层建筑在历史环境地区的布局。

策略 2： 极化城市中心的空间尺度特征，塑造中心城层面视觉核心，对全市空间形成统领作用。

策略 3： 梳理黄浦江和苏州河沿岸的空间尺度关系，突出河道开敞性与沿岸起伏变化的空间特征。

策略 4： 强化地区中心的空间尺度特征，与城市中心层面空间相互衬托，提高建筑高度的组合层次，形成多个错位分布的簇群。

策略 5： 梳理重要道路、河流两侧的空间尺度关系，可结合自然景观分段控制，突出道路与河流作为城市基底脉络的特征。

2. 划定管控分区

根据中心城空间尺度的区划特征以及空间环境的目标建构，划定管控分区，共包括 4 大类 7 小类（图 6.14）。

历史地区。空间尺度运用策略 1 进行管控，遵循既有保护规划对该片区进行管控。重点保护内环以内及历史文化风貌区传统空间尺度类型和特征，融入城市中心区相对开敞的空间体系，强化此类空间的景观性，约束高层建筑在历史环境地区的布局。

特别地区。空间尺度运用策略 2、策略 3 进行提升，须单独编制城市设计对该片区进行管控，树立全市层面的独特性。其中，城市中心区，需极化城市中心的空间尺度特征，塑造中心城层面视觉核心，对全市空间形成统领作用；一江一河地区，需梳理黄浦江和苏州河沿岸的空间尺度关系，突出河道开敞性与沿岸起伏变化的空间特征。

标识地区。空间尺度运用策略 4、策略 5 进行提升，针对标识高度及比例进行管控。强化地区中心的空间尺度特征，与城市中心层面空间相互衬托，提高建筑高度的组合层次，形成多个错位分布的簇群。梳理重要道路、河流两侧的空间尺度关系，可结合自然景观分段控制，突出道路与河流作为城市基底脉络的特征。

一般地区。指上述地区之外的其他地区。空间尺度上强化秩序梳理，针对建筑基准高度及比例进行管控。

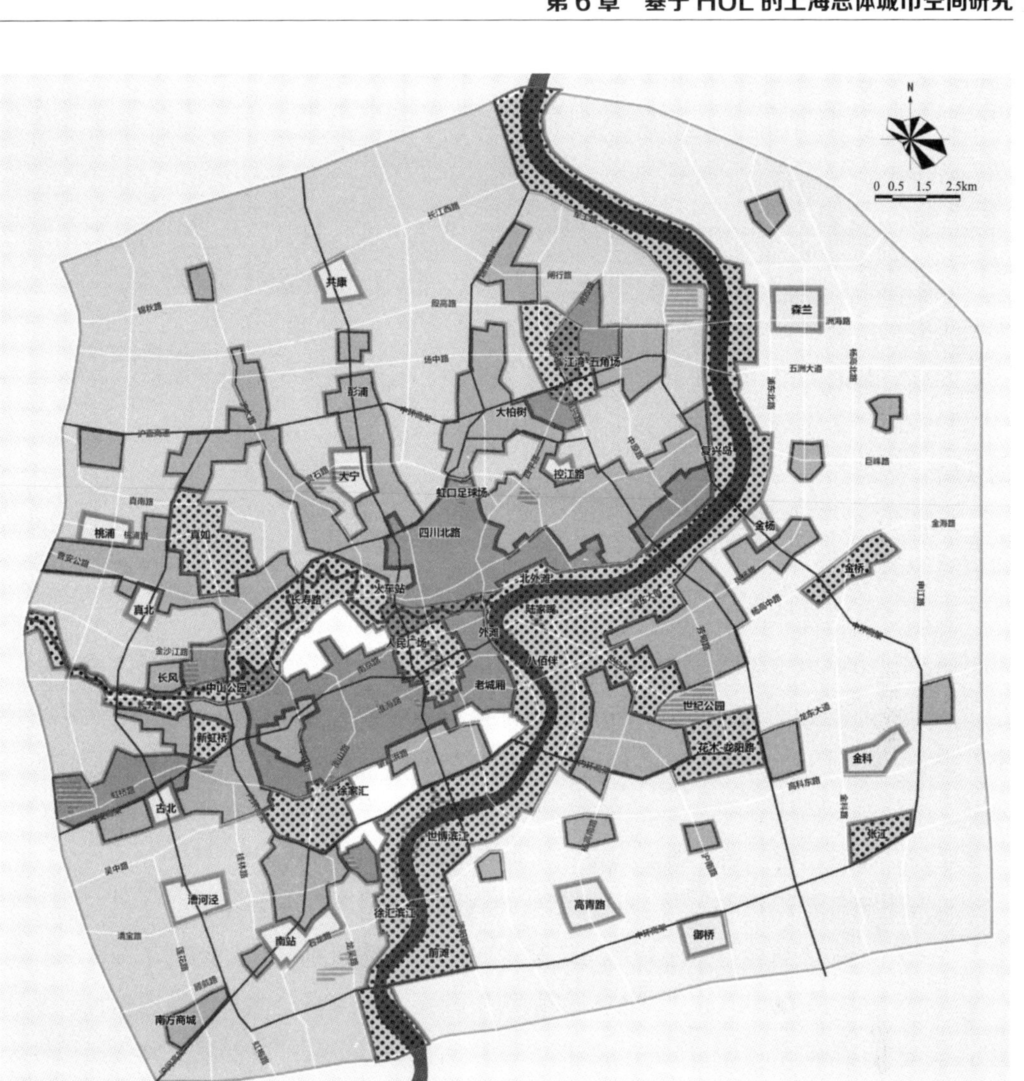

图 6.14　中心城空间尺度类型分区规划图

（图片来源：上海同济城市规划设计研究院，上海总体城市设计研究专题，2016）

3. 确定管控要素

在划定管控分区的基础上，通过基准高度和标识高度两个管控指标，对各个管控分区进行要素管控。

基准高度：是体现规划管控区整体性建筑高度的指标，一般为占主体的建筑高度的区间范围。通过控制规划管控区内的建筑高度处于基准高度范围内的比例，控制该类型片区整体性的尺度特征。由于上海很多一般性地区的建筑高度已经比较高，并且缺乏有序的标识引领，因此为了塑造上海未来的城市空间秩序，对规划设定的标识性地区，往往需要进一步提高基准高度，以凸显与周围一般性地区的差别，并对已经形成突兀效果的一般性地区形成一种制衡关系。

标识高度：是体现规划管控区标识性建筑高度的指标，一般为少数标志性建筑的控制高度上限。通过控制相应类型片区的标识高度，并同时控制使用该标识高度的建筑物的比例，从而控制该类型片区标识性尺度特征。这一控制要素主要是针对上海很多一般性地区，以避免一般性地区的建筑物标识性过强，所造成的整体空间秩序的混乱，尤其是避免一般性地区的高层建筑群影响到标识地区可识别性的情况。

因此，基准高度和标识高度，是引导上海中心城空间秩序的重要指标，也是目前较易融入已有法定规划程序，并能够实施全覆盖的单一性控制要素。这两个管控要素的实施运用目前仍在研究探索中。

6.5.3 中心城空间要素的规划与管控

1. 历史性要素体系规划

保护和彰显历史环境集中地区的整体性风貌：综合考虑上海城市建成区的历史演变以及城市历史空间形态特征，在中心城划定上海的历史城区范围，总面积 47 平方公里。整合各类历史文化要素，严格保护各类历史文化遗产及其周边环境，保护和延续整体空间格局、历史风貌和空间尺度。以历史文化要素高密度区域识别为基础，对相互关联并具有一定特征中心地区划定“历史环境集中地区”。

提升历史环境地区和城市公共空间的关联性：保护现有历史性道路及相关街巷系统，加强历史街区与城市滨水地区、广场、绿地公园等重要公共空间的步行联系，将历史要素融入城市的日常生活环境；加强历史性要素向城市公共界面的展示性、易达性；加强历史性要素与周边公共环境的风貌协调，整体提升空间品质；加强历史性要素作为地区地段中心标志性建筑和景观的地位。

划定文化保护红线范围，强化历史要素活化机制：将具有文物保护要求、文化传承特征，有较高历史人文价值、较高自然人文价值的区域划定为城市文化保护红线范围，对其改造建设的强度、高度、密度等方面指标进行严格控制；探索城市容积率转移机制，保障历史环境地区共享城市发展权益，实现保护投入资金的合理获得和循环运营；探索公共参与有机更新机制，促进历史环境地区政府、社区、个人、企业的多位一体的保护和更新机制（图 6.15）。

2. 网络性要素体系规划

彰显滨水城市的环境特征：优化滨水沿线的用地功能，大幅增加滨水空间的公共性，大力提升滨水空间的连贯性；提升滨水空间的可达性，建立与地区、地段中心及其他重要空间要素之间的联系；提升滨水空间公共环境品质，提升滨水空间的公共界面的景观品质，展现滨水空间独特风貌；以“一江一河”（黄浦江、苏州河）为主要水路景观廊道，疏通其他骨干水网沿线步道，形成水路次要廊道，强化城市整体水系空间特征。

图 6.15　中心城历史性要素体系规划图

（图片来源：上海同济城市规划设计研究院，上海总体城市设计，2016）

强化骨干道路轴线对城市格局的统领作用：构建以高架沿线和地面结构性道路为两个层次的空间轴线骨架体系，完整展现城市整体空间意象；促进城市的重要的标志性建筑和景观向轴线集聚，强化轴线作为门户、节点的标识地位；加强对城市轴线两侧的空间形态和环境品质的建设引导，注意快速交通条件下对于视线通廊、建筑尺度的有序性安排；通过建筑高退比、景观界面、天际轮廓线等控制，形成良好景观秩序，展现城市的区段特征（图 6.16）。

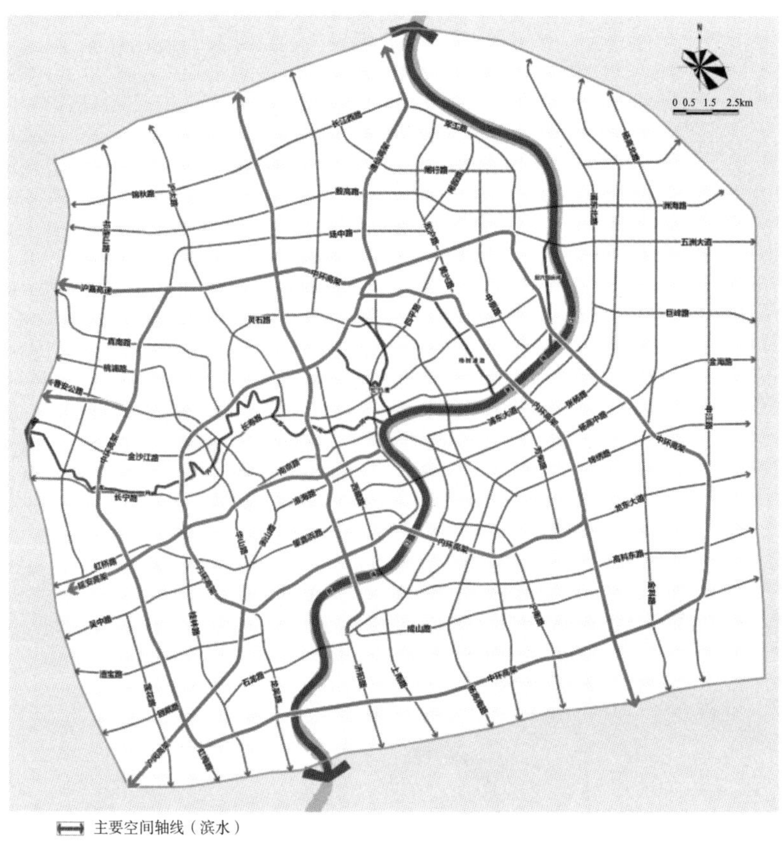

图 6.16　中心城网络性要素体系规划图

（图片来源：上海同济城市规划设计研究院，上海总体城市设计，2016）

3. 公共性要素体系规划

构建整体连续的公共活力网络：以人流活动高密度集聚区域识别为基础，划出重要活力地区，活力地区由规划的城市重点功能区、重要开敞空间、城市交通集散枢纽和若干地区地段中心等组成；结合结构性道路、骨干河道，加强活力地区之间的网络化路径联系。促进其与历史环境地区、滨水空间等其他公共空间之间的空间整合，加强标识引导，确保路网肌理的优化调整；强化公共活动空间的网络性和界面的连续性。

构筑水绿复合的自然生态网络：彰显滨水空间的公共性，建构城市轴线景观的标识性；整合城市滨水空间和公园绿地，形成复合型生态网络，强化水绿一体的空间环境设计；增加滨水的公园绿地、增加与滨水地区连通的公园绿地，促进滨水空间和绿道复合设置；强化公园绿地的步行可达性，补充口袋公园和街头开放空间，提高城市公共空间的渗透性和生态性（图 6.17）。

图 6.17 中心城公共性要素体系规划图

（图片来源：上海同济城市规划设计研究院，上海总体城市设计，2016）

4. 标识性要素体系规划

强化重点地区的整体性和可识别性：保护和发挥景观资源集聚、人流活动密集的活力区及城市中心地区的核心景观价值，结合城市主、次要空间轴线、城市门户和建设重点发展区，形成城市重要标识性地区；加强整体空间环境品质的塑造，通过城市设计，优化高度、色彩、体量和风格等环境空间塑造，形成富有特色和识别性的地区景观。

强化重要区位的城市空间标识性塑造：加强城市地区、地段中心空间标识性塑造。地区、地段中心包括公共活动中心、历史中心、各类专业中心、专业中心和多线交汇的交通枢纽等空间；加强城市重要轴线的门户节点的塑造。高架道路与主要空间轴线之间、高架周边重要的交通出入位置、交通衔接位置，形成门户节点，建立建筑和景观设施的标识点；加强城市重要视觉景观节点的塑造，于滨水凸岸区、河流交汇处、视线廊道焦点、人流聚集区等有利于丰富城市视觉效果、增加视觉印象的地区，塑造建筑和景观设施的标识点；强化标志性建筑和景观设施的风貌管控，控制其周边建筑的体量、高度和风格，管控和引导整体环境设计；强化高层标识建筑的地段标识性和设计控制（图 6.18）。

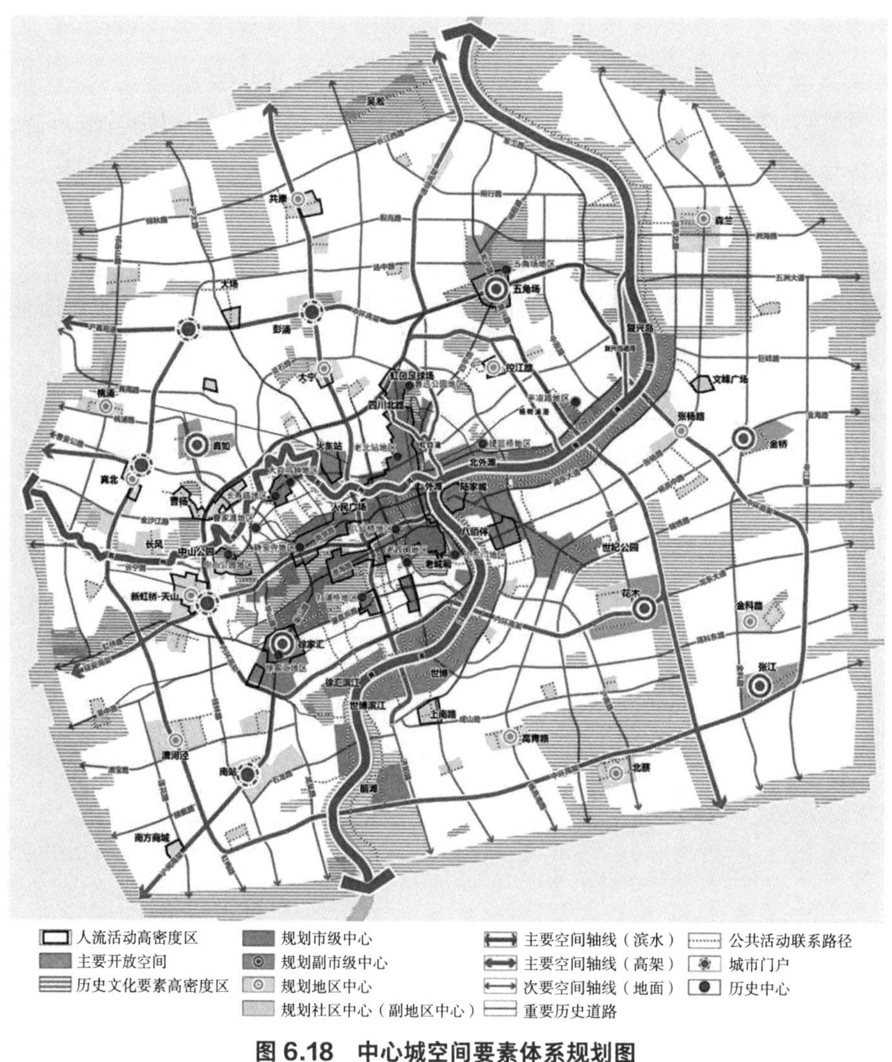

图 6.18　中心城空间要素体系规划图

（图片来源：上海同济城市规划设计研究院，上海总体城市设计，2016）

5. 根据要素类型进行指标管控

标识塑造，凸显各级中心：按照全球中心（CAZ 核心）、城市主中心、城市副中心、地区中心等秩序分级，控制其标识高度呈逐级递减的态势，符合相应空间视觉层次。

控制街坊规模，提高路网密度：对历史地区、城市主中心、城市副中心、地区中心、专业中心的路网密度进行逐级控制，使其公共中心级别越高，路网密度越高；通过控制高层建筑的连续度与局部的分布密度，优化街区的空间布局。

强化空间景观构架，优化街道界面：通过贴线率、高宽比的控制，分别针对主要空间轴线（高架）、次要空间轴线（地面）、公共活动联系路径、骨干河网滨水路径、重要历史道路提出管控要求；通过公共活动路径沿线的街道界面贴线率、车行道时速、人行道宽度、绿化率指标，以及整个线路的通达性和连续度，控制公共活动联系路径的空间品质。

完善街头绿地，丰富公共活动网络：通过控制内环内—内中环间—中环外不同圈层地区的街头绿地分布密度，形成城市微型公园系统；通过各种奖励措施，鼓励形成丰富的公共活动连接空间，鼓励灵活设置多种交往空间，鼓励增加街头小品、雕塑及艺术创作。

6.5.4　市域景观风貌的引导与管控

1. 自然生态要素管控

引导对策：保护自然生态要素突出地区，加强自然生态要素体系的网络化、连续性。自然生态要素集中体现了上海自然演进的空间特色，是市域自然环境空间关键要素的组成；突出展现了以青浦、崇明等为代表的自然特色区域，需在此基础上加强对自然环境的底限保护和特色提升。具体包括从自然开放的空间本底要素到特色环境要素，从底限保障的基本生态要素到景观游憩要素等内容。例如，保护嘉宝、嘉青、青松、黄浦江、金奉、金汇港、浦奉、大治河、崇明等重要市域生态走廊；廊道建设赋予生态保育、农林生产、休闲游憩和空间引导等多种功能，保护并修复野生动物栖息地和迁徙走廊，维护区域生物多样性；加强林带绿道网络建设，构建以区域绿道、城市绿道、社区绿道为主体的市域绿道体系。

管控要素：自然生态要素主要包括林地、水系、生态湿地、湖泊、重要动物栖息地、郊野公园、绿道等重要的生态景观资源；生态廊道指具有生态服务功能，将分散的生态空间联系起来的带状空间，是植被、水体、湿地、农田等自然生态要素在市域空间的集中体现（图 6.19）。

管控要求：保护重要市域生态廊道，维护区域生物多样性；加强特色要素体系建设，构建以郊野公园、绿道等所组成的游憩网络。具体而言，对于农田需严格控制基本农田的连片规模，保护现有农田的肌理和景观风貌；林地需保护现有林地和森林资源，保持并强化林木景观；湿地要保护现有湿地资源，保持并强化湿地景观；湖泊要保护现有湖泊资源，保持并强化湖塘景观；水系要保护城市重要的骨干河道作为主要的自然景观廊道，保证廊道的连续性，提高水系的连通性；郊野公园要保持与加强郊野公园的建设，并与河道、农田、林地、湿地等景观资源相结合；生物栖息地要严格保护动物栖息地，保护地方生物多样性景观。

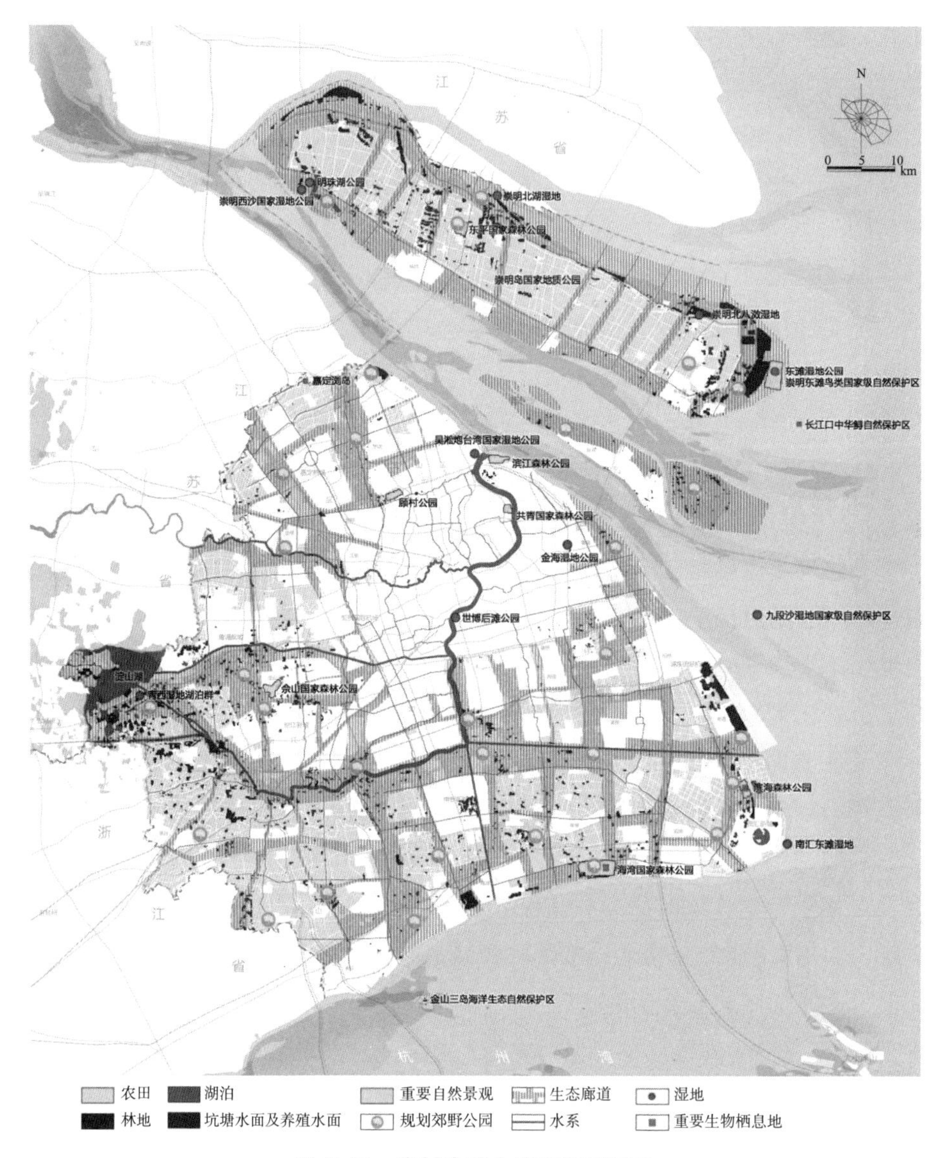

图 6.19　市域自然生态要素管控图

（图片来源：上海同济城市规划设计研究院，上海总体城市设计，2016）

2. 历史人文要素管控

引导对策：保护历史人文要素突出地区，加强历史人文要素体系的特色化、整体性。历史人文要素集中体现了历史演进的空间特色，是市域人工环境空间关键要素的组成；突出展现了以松江、嘉定、川沙等为代表的人文特色区域，需在此基础上加强对人文环境的保护和提升。具体包括对各级文保单位、优秀历史建筑、不可移动文物保护单位、历史文化风貌区、国家历史文化名镇 / 风貌特色镇、国家历史文化名村 / 风貌特色村等法定内容的保护。重视市域其他非法定历史人文要素的挖掘，增加风貌保护街坊、传统村落等保护类型，加强整体历史风貌要素的保护；加强非物质文化遗产以及历史记忆、社会生活等非物质要素的保护。

管控要素：主要包括历史文化村镇、历史文化风貌区、各级文保单位、历史建筑，以及其他形式的历史文化风貌和景观要素（图 6.20）。

管控要求：具体包括对于历史人文要素突出地区的整体强化；对于具有特色历史人文风貌的镇、村的培育和提升；以及对于非物质文化遗产、历史记忆等要素的挖掘提升。

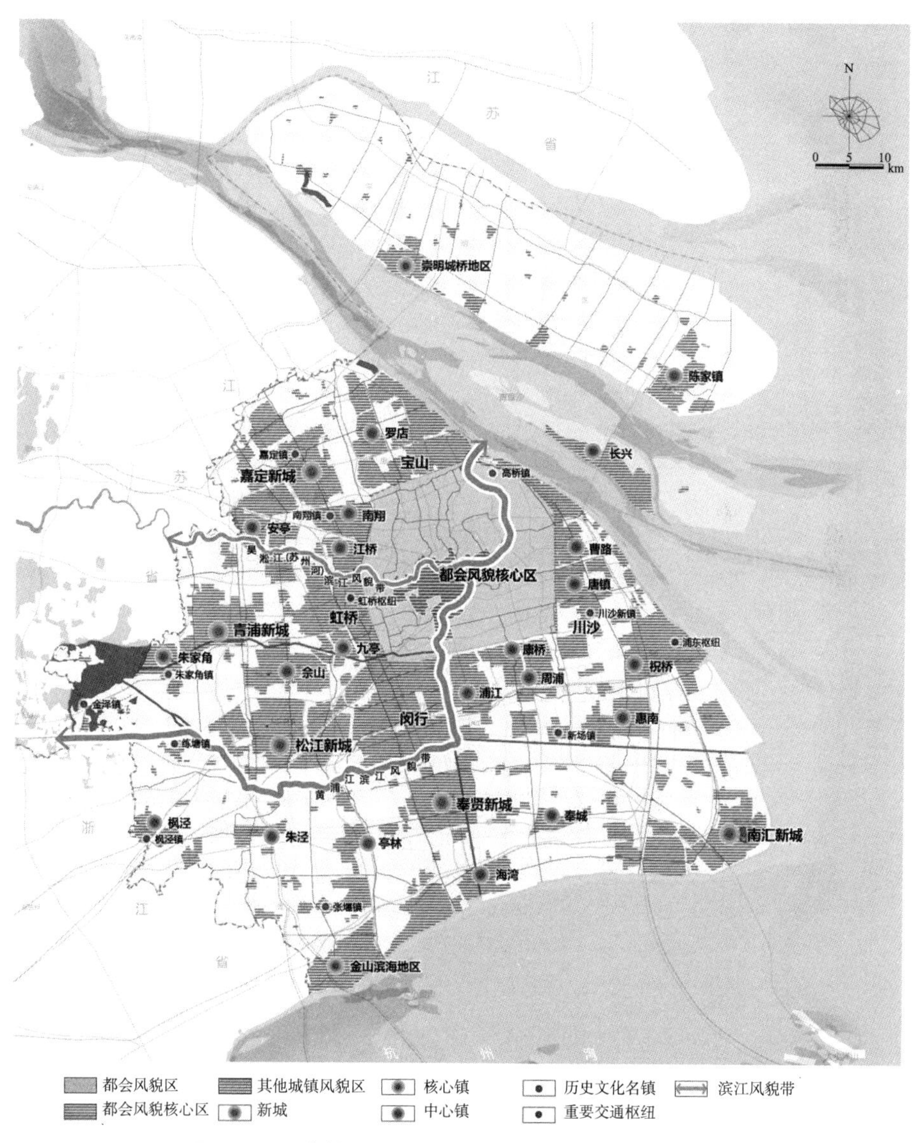

图 6.20　市域历史人文要素及各类城镇风貌管控图

（图片来源：上海同济城市规划设计研究院，上海总体城市设计，2016）

3. 新城与新市镇空间尺度和风貌管控

引导对策： 新城、新市镇的建设要充分尊重肌理形态的地域性特征，融入自然生态要素和历史人文要素。通过下一层次的总体城市设计，引导建成区形成有秩序、有层次、可识别的空间格局。

管控要素： 新城包括嘉定、青浦、松江、南桥、南汇；新市镇包括重点、特定功能型和一般市镇三种类型。除此之外，宝山、虹桥、闵行、川沙四个主城片区也一并纳入风貌管控（图 6.21）。

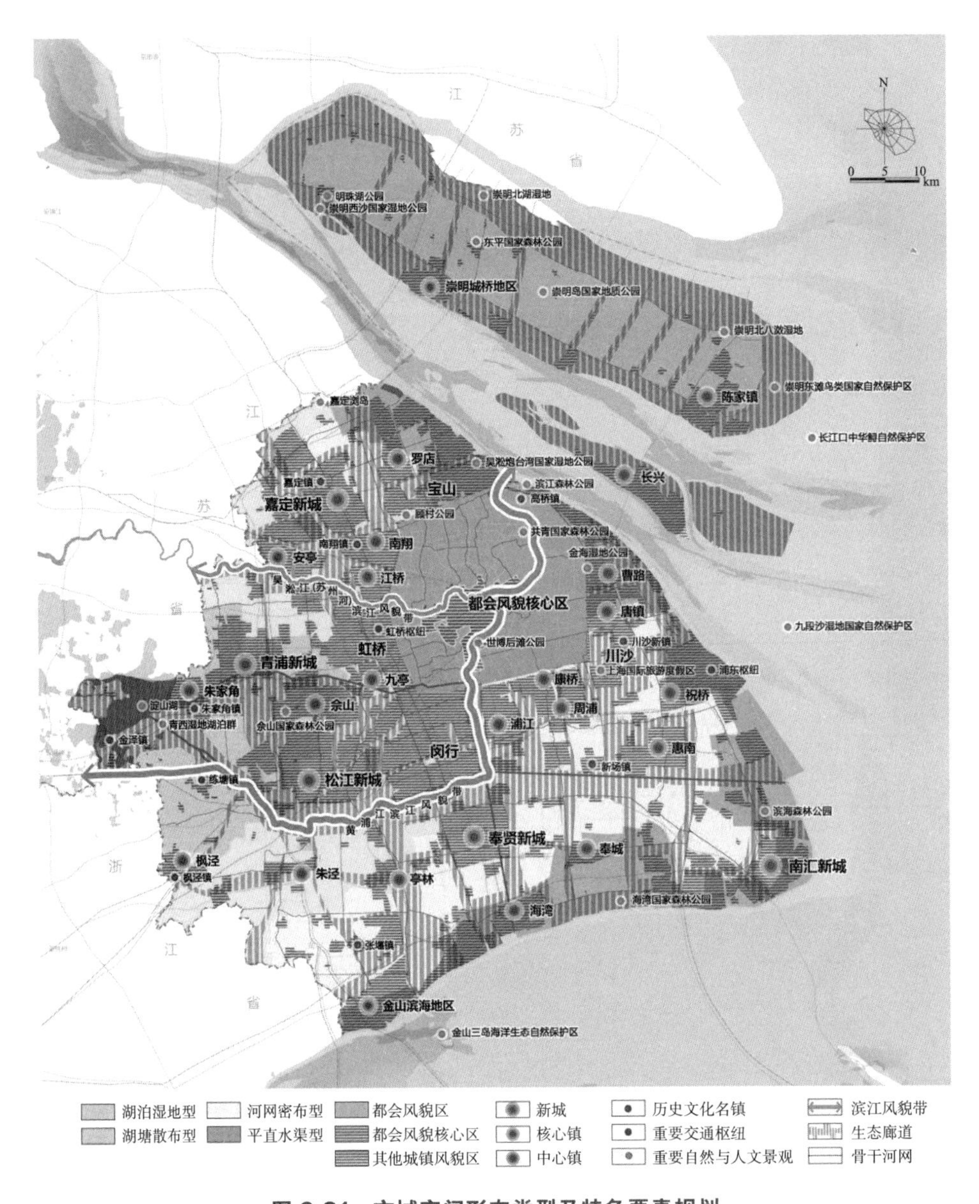

图 6.21　市域空间形态类型及特色要素规划

（图片来源：上海同济城市规划设计研究院，上海总体城市设计，2016）

管控要求：新城、新市镇的住宅建筑风貌应体现整体性；在城镇中心、重要枢纽地区等重点片区设定高层建筑引导区，通过增加高层建筑或标志性建筑，形成空间标识性；结合各新城、新市镇的自然风貌特色、历史人文资源、建成区的风貌特征，打造各具特色的城镇空间；新城不宜建设超过 100 米的高层建筑群；新市镇以营造整体性的空间尺度和城镇风貌为主，不宜建设超过 50 米的高层建筑群。

第7章
结　论

在全球范围内，地区发展与遗产保护之间的矛盾始终存在；而与此同时，城市特色愈发趋同，根植于地方的文化标识缺乏有效的传承。究其根源，城市发展、遗产保护与城市特色分属于不同的城市议题，在目标、理念与方法上存在差异。

本书借鉴联合国教科文组织提出的历史性城镇景观的理念及方法，研究城市历史空间的构成体系与层积关系，对城市发展的推动作用以及作为发展资源如何实现保护、利用、传承与再生，从而对保护融入发展的“城市保护”方法进行了拓展。通过研究，我们认识到：

历史性城镇景观是遗产保护界经过多年理论探讨与实践反思后提出的新理念，旨在将遗产保护纳入城市发展的背景，其中强调新旧融合的环境整体性，随时间动态演变的历史层积性，以及接受变化并管理变化的发展性思路。因此，遗产保护的对象，不仅是个体化的“遗产”，更是城市历史空间的“整体软硬环境”；遗产保护的目的，不仅是单纯的“保护”，而是为了明天更好的“发展”。

城市历史空间是城市遗产的核心，本书梳理了城市历史空间的概念意义，并提出了整体环境和构成要素两方面的内容，其系统构成包括了纵向的层次体系和横向的要素体系，通过时间维度的延续作用、空间维度的关联作用、整体环境的融合作用，使要素之间产生结构性关系，从而构成了城市历史空间的整体环境。

城市历史空间中的“遗产”属性和“城市”属性，使城市历史空间成为一种社会文化资源，在社会内在机制的作用下，推动城市发展与地区复兴。城市历史空间的价值既有社会文化资源的价值，又有作为发展容器的价值，而评价其价值的核心是结构逻辑的完整表达，因此整体保护城市历史空间的核心是维持秩序、控制衰败。

城市历史空间不仅是“城市遗产”，而且是“发展资源”，存在保护、利用、传承、再生的综合发展目标。通过建立一个针对城市历史空间的城市设计框架，可以将保护与发展的议题融合在一起，并作为动态管理城市历史空间中遗产保护、地区复兴以及开发建设和特色塑造的综合性技术平台。

本书致力于三个方面的创新探索：第一，通过系统梳理历史性城镇景观的背景、概念、方法、实践、思想理念和借鉴意义，重新认识历史性城镇景观，从而进一步发展历史性城镇景观的理论体系；第二，将城市历史空间作为整合城市发展和遗产保护目标的实体对象，并通过层积性研究，提出其构成体系以及构成其整体环境的结构性要素和内在主导作用，从而进一步发展"城市遗产"的理论内涵；第三，使遗产保护、城市发展、城市特色三个原本不同的议题，在"发展"的目标上、在"城市历史空间"的对象上、在作为"资源"的价值观上取得一致，通过建立城市设计框架，将三者融入发展的大背景中，从而进一步发展"城市保护"的具体技术方法。

历史性城镇景观（HUL）不仅在城市发展与保护的融合上有重要的借鉴意义，而且在城市景观理论、建成遗产保护等方面也有极大的研究价值。也正因此，HUL吸引了各国的专家学者进行广泛的研究，并在实践领域积极探索地方经验，从而寻求地区发展与文化遗产保护两者共赢的可操作性路径，以更好的技术方法来应对越来越严峻的冲突和挑战。

在城市发展的进程中，历史遗存总是处于一种或快或慢的消亡过程中，或是自然的衰败，抑或者是人为的破坏，然而其中具有价值的遗产对人类未来的前行之路具有不可替代的指引意义。我们不能因为眼前的发展诉求而忽略了为更长远发展而积蓄的一种本初的力量。因此，我们并不满足于在历史遗存中找出具有价值的遗产，而且需要研究城市遗产如何在未来的发展中更好地发挥作用。让这种本初的力量，焕发出新的生机！

参考文献

一、中文文献类

[1] B·M·费尔顿，N·利契费尔德．陈志华译．保护历史性城镇的国际宪章（草案）[J]. 城市规划，1987（3）：28-29.

[2] 贝淡宁 Daniel A. Bell，艾维纳 Avner De-Shalit. 吴万伟译．城市的精神 [M]. 重庆：重庆出版社，2012.

[3] 蔡禾主编．城市社会学：理论与视野 [M]. 广州：中山大学出版社，2003.

[4] 常青．瞻前顾后与古为新：同济建筑与城市遗产保护学科领域述略 [J]. 时代建筑，2012（5）：42-47.

[5] 常青．思考与探索——旧城改造中的历史空间存续方式 [J]. 建筑师，2014（4）：27-34.

[6] 陈丹燕．永不拓宽的街道 [M]. 上海：东方出版中心，2008.

[7] 陈丹燕．外滩影像与传奇 [M]. 北京：作家出版社，2008.

[8] 陈丹燕．公家花园的迷宫 [M]. 上海：上海文艺出版社，2014.

[9] 陈晋．社区变迁与社区比较研究：记忆、场所、认同．上海同济城市规划研究院科研课题，2015.

[10] 陈泳．城市空间：形态、类型与意义 [M]. 南京：东南大学出版社，2006.

[11] 陈志华．意大利古建筑散记 [M]. 合肥：安徽教育出版社，2003.

[12] 丹增．文化产业发展论 [M]. 北京：人民出版社，2005.

[13] 董卫．把握历史空间与环境再利用机遇 [N]. 中国建设报，2014-12-29（3）.

[14] 段进．城市空间特色的认知规律与调研分析 [J]. 现代城市研究，2002（1）：59-62.

[15] 方李莉．从“遗产到资源”的理论阐释——以费孝通“人文资源”思想研究为起点 [J]. 江西社会科学，2010（10）：186-198.

[16] 方李莉编著．费孝通晚年思想录 [M]. 长沙：岳麓出版社，2005.

[17] 费孝通．江村经济——中国农民的生活 [M]. 北京：商务印书馆，2012.

[18] 费孝通．反思·对话·文化自觉 [J]. 北京大学学报（哲学社会科学版），1997（3）：15-22.

[19] 费孝通，方李莉．关于西部人文资源研究的对话 [J]. 民族艺术，2001（3）：8-19.

[20] 冯健，刘玉．中国城市规划公共政策展望 [J]. 城市规划，2008（4）：33-40.

[21] 费朗切斯科·班德林，吴瑞梵著．裴洁婷译．周俭校译．城市时代的遗产管理——历史性城镇景观及其方法 [M]. 上海：同济大学出版社，2017.

[22] 高景柱．价值多元论、社会整合与重叠共识——兼论格雷对罗尔斯的批评 [J]. 中南大学学报（社会科学版），2008，14（1）：48-52.

[23] 顾玄渊 . 从文化遗产属性思考城市文化遗产保护的时机与方式——以上涌镇杏仁街更新保护为例 [J]. 城市建筑，2012（8）：77-79.

[24] 顾玄渊 . 历史层积研究对城市空间特色塑造的意义——基于历史性城镇景观（HUL）概念及方法的思考 [J]. 城市建筑，2016（16）：41-44.

[25] 龚晨曦 . 粘聚和连续性：城市历史景观有形元素及相关议题 [D]. 北京：清华大学建筑学院，2011.

[26] 何流 . 城市规划的公共政策属性解析 [J]. 城市规划学刊，2007（6）：36-41.

[27] 侯正华 . 城市特色危机与城市建筑风貌的自组织机制——一个基于市场化建设体制的研究 [D]. 北京：清华大学，2003.

[28] 黄明玉 . 文化遗产的价值评估及记录建档 [D]. 上海：复旦大学文物与博物馆学系，2009.

[29] 蒋勋 . 日常生活中到处都是美——生活美学的起点 [J]. 书摘，2007（2）：90-93.

[30] 季松 . 消费社会时空观视角下的城市空间发展特征 [J]. 城市规划，2011，35（7）：35-42.

[31] 简·雅各布斯 . 金衡山译 . 美国大城市的死与生 [M]. 南京：译林出版社，2006.

[32] 金广君，刘代云，邱志勇 . 论城市触媒的内涵与作用——深圳市宝安新中心区城市设计方案解析 [J]. 城市建筑，2004（1）：79-83.

[33] 景峰 . 联合国教科文组织《关于保护城市历史景观的建议》（稿）及其意义 [J]. 中国园林，2008（3）：77-81.

[34] 凯文·林奇 . 城市意象 [M]. 北京：华夏出版社，2001.

[35] 栗德祥，侯正华 . 共创有特色的城市 [J]. 建筑学报，2000（9）：27-31.

[36] 李浈，雷冬霞 . 历史建筑价值认识的发展及其保护的经济学因素 [J]. 同济大学学报（社会科学版），2009，20（5）：44-51.

[37] 刘亚秋 . 从集体记忆到个体记忆对社会记忆研究的一个反思 [J]. 社会，2010（5）：217-242.

[38] 刘祎绯 . 认知与保护城市历史景观的“锚固—层积”理论初探 [D]. 北京：清华大学建筑学院，2014.

[39] 陆立德，郑本法 . 社会文化是重要的旅游资源 [J]. 社会科学，1985（6）：39-44.

[40] 栾峰，王怀，安悦 . 上海市属创意产业园区的发展历程与总体空间分布特征 [J]. 城市规划学刊，2013（2）：70-78.

[41] 罗杰·特兰西克 . 朱子瑜等译 . 寻找失落空间——城市设计的理论 [M]. 北京：中国建筑工业出版社，2008.

[42] 马荣军，周俭 . 日常性城市遗产的保护与活力提升——巴黎老商业街管理的启示 [J]. 城市建筑，2013（5）：31-34.

[43] 马荣军 . 日常性城市遗产概念辨析 [J]. 华中建筑，2015（1）：27-31.

[44] 钮心毅，丁亮，宋小冬 . 基于手机数据识别上海中心城的城市空间结构 [J]. 城市规划学刊，2014（6）：61-67.

[45] 诺伯舒兹 Christian Norberg-Schulz. 施植明译 . 场所精神：迈向建筑现象学 [M]. 武汉：华中

科技大学出版社，2010.

[46] 帕特里克·盖迪斯．李浩等译．进化中的城市——城市规划与城市研究导论 [M]. 北京：中国建筑工业出版社，2012.

[47] 阮仪三，王景慧，王林．历史文化名城保护理论与规划 [M]. 上海：同济大学出版社，1999.

[48] 阮仪三，张艳华，应臻．再论市场经济背景下的城市遗产保护 [J]. 城市规划，2003，27（12）：48-51.

[49] 阮仪三．护城纪实 [M]. 北京：中国建筑工业出版社，2003.

[50] Ron Van Oers，韩锋，王溪译．城市历史景观的概念及其与文化景观的联系．中国园林，2012（5）：16-18.

[51] Ron Van Oers. 历史性城镇景观（HUL）方法在中国的应用——路线图的制定 [R]. 2012 年历史性城镇景观国际学术研讨会会议报告．上海：WHITRAP，2012：134-140.

[52] Ron Van Oers，周俭．2011 年联合国教科文组织《关于历史性城镇景观的建议书》在亚太地区的实施 [J]. WHITRAP Newsletter（亚太中心内部刊物），2013（7）：9-12.

[53] 尚思棣．上海地理浅话 [M]. 上海：上海人民出版社，1974.

[54] 邵甬，阮仪三．市场经济背景下的城市遗产保护——以上海市卢湾区思南路花园住宅区为例 [J]. 城市规划汇刊，2003（2）：39-43.

[55] 邵甬．法国建筑·城市·景观遗产保护与价值重现 [M]. 上海：同济大学出版社，2010.

[56] 邵甬，Juliana F. 历史性城镇景观方法纳入《操作指南》的过程和意义 [J]. 世界遗产，2015（9）：58-59.

[57] 邵甬，人居型世界遗产保护规划探索——以平遥古城为例 [J]. 城市规划学刊，2016（5）：94-102.

[58] 邵甬．从“历史风貌保护”到“城市遗产保护”——论上海历史文化名城保护 [J]. 上海城市规划，2016（10）：1-8.

[59] 单霁翔．城市文化发展与文化遗产保护 [M]. 天津：天津大学出版社，2006.

[60] 上海市人民政府．上海市人民政府批转市规划局关于本市风貌保护道路（街巷）规划管理若干意见的通知．沪府发〔2007〕30 号．

[61] 上海同济城市规划设计研究院．上海市城市总体规划（2015-2040）战略议题研究工作之十二——上海城市历史文化保护与城乡特色风貌体系研究，2014.

[62] 上海同济城市规划设计研究院．上海市城市总体规划（2015-2040）总体城市设计研究专题，2016.

[63] 上海图书馆．老上海地图 [M]. 上海：上海画报出版社，2001.

[64] 上海城市规划委员会．上海城市规划志 [M]. 上海：上海社会科学院出版社，1999.

[65] 史晨暄．世界文化遗产“突出的普遍价值”评价标准的演变 [D]. 北京：清华大学建筑学院，2008.

[66] 苏秉公．魔都水乡 [M]. 上海：文汇出版社．2015.

[67] 陶伟，汤静雯，田银生 . 西方历史城镇景观保护与管理：康泽恩流派的理论与实践 [J]. 国际城市规划，2010，25（5）：108-114.

[68] 同济大学建筑与城市规划学院 . 虹口港地区控制性详细规划基地现状调研报告 [R]，2014.

[69] 王红军 . 美国建筑遗产保护历程研究 [M]. 南京：东南大学出版社 . 2009.

[70] 王军 . 城记 [M]. 上海：生活·读书·新知三联书店，2003.

[71] 王澍 . 夏约学院首堂理论课视频，2012.
http://v.youku.com/v_show/id_XNDUxOTAyMjk2.html?x

[72] 王毓 . 外来文化影响与日本文化的演变机制 [J]. 淮海工学院学报（社会科学版），2011，9（12）：52-54.

[73] 吴良镛 . 历史文化名城的规划结构、旧城更新与城市设计 [J]. 城市规划，1983（6）：2-12.

[74] 吴良镛 . 北京旧城居住区的整治途径——城市细胞的有机更新与“新四合院”的探索 [J]. 建筑学报，1989（7）：11-18.

[75] 吴良镛 . 发达地区城市化进程中建筑环境的保护与发展 [M]. 北京：中国建筑工业出版社，1999.

[76] 徐嵩龄 . 第三国策：论中国文化与自然遗产保护 [M]. 北京：科学出版社，2005.

[77] 杨菁丛 . 历史性城市景观保护规划与控制引导 [D]. 上海：同济大学建筑与城市规划学院，2008.

[78] 阳建强 . 现代城市更新运动趋向 [J]. 城市规划，1995（4）：27-29.

[79] 阳建强，吴明伟 . 现代城市更新 [M]. 南京：东南大学出版社，1999.

[80] 叶耀先 . 城市更新的理念与方法 [J]. 建筑学报，1986（10）：5-11.

[81] 应臻 . 城市历史文化遗产的经济学分析 [D]. 上海：同济大学建筑与城市规划学院，2008.

[82] 于祥 . 一路一平江 [M]. 苏州：古吴轩出版社，2006.

[83] 于英，徐苏宁 . 基于循环文化观的旧城空间保护与再利用 [C]. 2007 中国城市规划年会论文集，2007：2119-2122.

[84] 约翰·罗斯金著，刘荣跃主编 . 张璘译 . 建筑的七盏明灯 [M]. 济南：山东画报出版社，2006.

[85] 赵馥洁 . 中国传统哲学价值论 [M]. 北京：人民出版社，2009.

[86] 张松 . 城市文化遗产保护国际宪章与国内法规选编 [M]. 上海：同济大学出版社，2007.

[87] 张松，王骏 . 我们的遗产，我们的未来 [M]. 上海：同济大学出版社，2008.

[88] 张松 . 历史城市保护学导论——文化遗产和历史环境保护的一种整体性方法 [M]. 上海：同济大学出版社，2008.

[89] 张松 . 历史环境与文化生态的关系研究 [J]. 城市建筑，2009（6）：94-96.

[90] 张松，镇雪锋 . 历史性城市景观——一条通向城市保护的新路径 [J]. 同济大学学报（社会科学版），2011，22（3）：29-34.

[91] 张松 . 历史城区的整体性保护——在“历史性城市景观”国际建议下的再思考 [J]. 北京规划建设，2012（6）：27-30.

[92] 张松 . 促进文化表现多样性的城市保护 [J]. 现代城市研究，2013（4）：16-19.

[93] 张晨杰 . 上海里弄建筑遗产价值及保护更新研究 [D]. 上海：同济大学建筑与城市规划学院，2014.

[94] 张雪伟 . 日常生活空间研究——上海城市日常生活空间的形成 [D]. 上海：同济大学建筑与城市规划学院，2007.

[95] 张勇强 . 城市空间发展自组织研究——深圳为例 [D]. 南京：东南大学，2003.

[96] 张勇强 . 城市空间发展自组织与城市规划 [M]. 南京：东南大学出版社，2006.

[97] 郑肇经 . 太湖水利技术史 [M]. 北京：农业出版社，1987.

[98] 周俭，张恺 . 在城市上建造城市 [M]. 北京：中国建筑工业出版社，2002.

[99] 周俭 . 城市多样性的规划策略 [D]. 上海：同济大学建筑与城市规划学院，2003.

[100] 周俭，张松，王骏 . 保护中求发展，发展中守特色——世界遗产城市丽江发展概念规划要略 [J]. 城市规划汇刊 . 2003（2）：32-38.

[101] 周俭 . "活态" 文化遗产保护 [J]. 小城镇建设，2012（10）：44-46.

[102] 周俭 . 城市遗产及其保护体系研究——关于上海历史文化名城保护规划若干问题的思辨 [J]. 上海城市规划，2016（3）：73-80.

[103] 周俭，吴瑞梵编 . 历史性城镇景观方法的运用——从实践者的视角 [M]. 上海：同济大学出版社，2018.

[104] 褚绍唐 . 上海历史地理 [M]. 上海：华东师范大学出版社，1996.

[105] 朱晓明 . 当代英国建筑遗产保护 [M]. 上海：同济大学出版社 . 2007.

其他

[106] 《历史文化名城保护规划标准》GB/T 50357–2018

[107] 《历史文化街区保护管理办法》（征求意见稿），2010

[108] 《历史文化名城名镇名村保护条例》（国务院令第 524 号），2008

[109] 《中国文物古迹保护准则》（2015 年版）

[110] 1937 年《大上海新地图》

[111] 1932 年上海新地图 . 上海日本堂书店 . 昭和七年二月二十五日（1932 年）

[112] 浙江在线 . 西湖景区免费开放十年，不但没亏钱反而 "赚" 更多了 . 2012-05-04 http://zjnews.zjol.com.cn/05zjnews/system/2012/05/04/018463350.shtml

[113] 1935 年《沪南区图》（翻拍照片）

[114] 1934 年《上海市道路系统图之沪南区》

[115] 清源文化遗产 . 港台地区及日本的建筑遗产利用制度 . 浙江省城市治理研究中心 . 2015 http://cszl.urbanchina.org/demo25001/index.php/news/news-01/news-01c/926-2015-05-29-03-54-15

[116] 深圳市人民政府办公厅印发关于加强和改进城市更新实施工作的暂行措施的通知（深府办〔2014〕8 号）

[117] 上海人民政府关于进一步加强本市历史文化风貌区和优秀历史建筑保护的通知（沪府发〔2004〕31号）

[118] 张家港市地方志编纂委员会.沙洲县志.南京：江苏人民出版社，1992.

[119] 杨舍堡城志.道光十二年（公元1832年）

二、外文文献类

[1] Bruno Gabrielli. Urban Planning Challenged by Historic Urban Landscape. World Heritage Papers No.27: Managing Historic Cities. Paris: UNESCO WHC, 2010: 19-26.

[2] Christina Henriot, Zheng Zu’an. Atlas de Shanghai[M]. Paris: CNRS Editions, 1999 (法文).

[3] City of Ballarat. Mapping Ballarat’s Historic Urban Landscape Stage 1 Final Report. 2013.

[4] City of Ballarat. 3D Mapping System – Scoping Study for City of Ballarat, 2014.

[5] City of Ballarat. Today Tomorrow Together: The Ballarat Strategy Our Vision for 2040, 2014.

[6] Council of Europe. The Declaration of Amsterdam (Amsterdam Declaration), 1975. http://www.icomos.org/en/charters-and-other-doctrinal-texts/179-articles-en-francais/ressources/charters-and-standards/169-the-declaration-of-amsterdam

[7] Council of Europe. European Charter of the Architectural Heritage, 1975. http://www.icomos.org/en/charters-and-other-doctrinal-texts/179-articles-en-francais/ressources/charters-and-standards/170-european-charter-of-the-architectural-heritage

[8] Engelhardt, R. A. Valuing Cultural Diversity, in: Bandarin, F. and Van Oers, R. Reconnecting the City. The Historic Urban Landscape Approach and the Future of Urban Heritage. Chichester: Wiley & Sons, 2014: 247.

[9] Francesco Bandarin, Ron Van Oers. The Historic Urban Landscape: Managing Heritage in an Urban Century. Oxford: Wiley-Blackwell, 2012.

[10] General Assembly of the United Nations. Culture and Development Note by the Secretary-General (A/66/187), 2011. http://www.un.org/en/ga/search/view_doc.asp?symbol= A/RES/66/187

[11] Hal Moggridge. Visual Analysis: Tools for Conservation of Urban Views During Development. World Heritage Papers No.27: Managing Historic Cities. Paris: UNESCO WHC, 2010: 65-72.

[12] Han F. The Chinese View of Nature: Tourism in China’s Scenic and Historic Interest Areas[D]. Brisbane: Queensland University of Technology, 2006.

[13] Ian Cook, Ken Taylor. A Contemporary Guide to Cultural Mapping An ASEAN-Australia Perspective. ASEAN-COCI, 2012.

[14] ICOMOS. The Athens Charter for the Restoration of Historic Monuments (Athens Charter), 1931.

http://www.icomos.org/en/charters-and-other-doctrinal-texts/179-articles-en-francais/ressources/charters-and-standards/167-the-athens-charter-for-the-restoration-of-historic-monuments

[15] ICOMOS. International Charter for the Conservation and Restoration of Monuments and Sites (Venice Charter), 1964. http://www.icomos.org/charters/venice_e.pdf

[16] ICOMOS. Charter of the Conservation of Historic Town and Urban Areas (Washington Charter), 1987. http://www.icomos.org/charters/towns_e.pdf

[17] ICOMOS Brazilian Committee. First Brazilian Seminar about the Preservation and Revitalization of Historic Centers. Itaipava, 1987.
http://www.icomos.org/en/charters-and-other-doctrinal-texts/179-articles-en-francais/ressources/charters-and-standards/194-first-brazilian-seminar-about-the-preservation-and-revitalization-of-historic-centers-itaipava

[18] ICOMOS. The Nara Document on Authenticity (Nara Document), 1994.
http://www.icomos.org/charters/nara-e.pdf

[19] ICOMOS Australia. The Australia ICOMOS Charter for Places of Cultural Significance (Burra Charter), 1999.
http://australia.icomos.org/wp-content/uploads/BURRA_CHARTER.pdf

[20] ICOMOS. The World Heritage List: Filling the Gaps- an Action Plan for the Future, 2004.
http://whc.unesco.org/document/02409

[21] ICOMOS. Xi'An Declaration on the Conservation of the Setting of Heritage Structures, Sites and Areas (Xi'An Declaration), 2005.
http://www.icomos.org/xian2005/xian-declaration.pdf

[22] ICOMOS. The Quebec Declaration on the Preservation of the Spirit of Place, 2008.
http://www.icomos.org/quebec2008/quebec_declaration/pdf/GA16_Quebec_Declaration_Final_EN.pdf

[23] Jeremy Whitehand. Urban Morphology and Historic Urban Landscapes. World Heritage Papers No.27: Managing Historic Cities. Paris: UNESCO WHC, 2010: 34-43.

[24] Jukka Jokilehto. Reflection on historic urban landscapes as a tool for conservation. World Heritage Papers No.27: Managing Historic Cities. Paris: UNESCO WHC, 2010: 53-63.

[25] Shanghai & Neighborhood, GSGC 2386 (上海近郊地图) . London: GSGS War office., 1908.

[26] Siravo, F. eds F. Bandarin and R. van Oers. Planning and Managing Historic Urban Landscapes-in Reconnecting the City. Ltd Oxford, UK: John Wiley & Sons, 2014: 116.

[27] Stefano Bianca. Historic Cities in the 21st Century: Core Values for a Globalizing World. World Heritage Papers No.27: Managing Historic Cities. Paris: UNESCO WHC, 2010: 27-33.

[28] The city of Vienna. The Historic Center of Vienna: Nomination for inscription on the World Heritage List. Vienna, 2000.

http://whc.unesco.org/uploads/nominations/1033.pdf

[29] UN-HABITA. Annual Report 2012. Nairobi, 2013.
http://unhabitat.org/un-habitat-annual-report-2012/

[30] UN-HABITA. The New Urban Agenda (Habitat Ⅲ). Quito, 2016.
http://habitat3.org/the-new-urban-agenda

[31] UNESCO. Recommendation concerning the Safeguarding of Beauty and Character of Landscapes and Sites, 1962.
http://portal.unesco.org/en/ev.php-URL_ID=13067&URL_DO=DO_TOPIC&URL_SECTION=201.html

[32] UNESCO. Convention for the Protection of the World Cultural and Natural Heritage. Resolutions Recommendations of the Records of the General Conference 17th Session. Paris, 1972, Vol.1: 135-159.
http://unesdoc.unesco.org/images/0011/001140/114044e.pdf#page=145

[33] UNESCO. Recommendation concerning the Safeguarding and Contemporary Role of Historic Areas (Nairobi Recommendation), Nairobi, 1976.
http://portal.unesco.org/en/ev.php-URL_ID=13133&URL_DO=DO_TOPIC&URL_SECTION=201.html

[34] UNESCO WHC. Operational Guidelines for the Implementation of the World Heritage Convention. Paris, 1994. http://whc.unesco.org/archive/opgide94.pdf

[35] UNESCO. UNESCO Universal Declaration on Cultural Diversity. Resolutions of the Records of the General Conference 31th Session. Paris, 2001, Vol.1: 61-63.
英文版 http://unesdoc.unesco.org/images/0012/001246/124687e.pdf#page=67
中文版 http://unesdoc.unesco.org/images/0012/001246/124687c.pdf#page=84

[36] UNESCO WHC. Decision : 27 COM 7B.57, UNESCO, 2003.
http://whc.unesco.org/en/decisions/640/

[37] UNESCO WHC. Decision : 28 COM 15B.83, UNESCO, 2004.
http://whc.unesco.org/en/decisions/255

[38] UNESCO WHC. Operational Guidelines for the Implementation of the World Heritage Convention. Paris, 2005: 14. http://whc.unesco.org/archive/opgide05-en.pdf

[39] UNESCO WHC. Vienna Memorandum on World Heritage and Contemporary Architecture: Managing the Historic Urban Landscape (Vienna Memorandum). Paris, 2005.
http://whc.unesco.org/archive/2005/whc05-15ga-inf7e.doc

[40] UNESCO WHC. Convention Concerning the Protection of the World Cultural and Natural Heritage (WHC-05/29.COM/22). Durban, 2005: 6.
http://whc.unesco.org/archive/2005/whc05-29com-22e.pdf

http://whc.unesco.org/en/decisions/314

[41] UNESCO. Recommendation on the Historic Urban Landscape. Resolutions of the Records of the General Conference 36th Session. Paris (HUL Recommendation), 2011, Vol.1: 50-55.
英文版网址 : http://unesdoc.unesco.org/images/0021/002150/215084e.pdf#page=52
中文版网址 : http://unesdoc.unesco.org/images/0021/002150/215084c.pdf#page=73

[42] UNESCO WHC. 实施《世界遗产公约》操作指南 . 巴黎 , 2015.
http://whc.unesco.org/en/guidelines

[43] UNESCO. Culture Urban Future: Global Report on Culture for Sustainable Urban Development. Paris, 2016. http://www.unesco.org/open-access/terms-use-ccbysa-en

[44] WHITRAP. The HUL Guidebook: Managing Heritage in Dynamic and Constantly Changing Urban Environments (WHITRAP 内部刊物), 2016.

后　记

2013 年 11 月，我有幸参加了由联合国教科文组织亚太地区世界遗产培训与研究中心（WHITRAP）举办的历史性城镇景观（HUL）在国内的首届培训，从而开始了对 HUL 的学习和研究。这个由现实问题引发争论，继而被世界遗产中心提出的新理念，至今在不同的学术领域和不同的地方语境中，仍有诸多不同的见解。正是这种概念上的包容性，使 HUL 更便于应对世界各地的不同场景，引发更广泛的思想观念的变革。但缺乏明晰的概念界定和译文术语,也造成了 HUL 在我国应用的巨大障碍。因此，从 2012 年开始，UNESCO 一直寻求与各国地方政府、社区、研究机构进行合作，包括组织 HUL 的培训、研究 HUL 在当地的应用策略和地方实践探索等，很多具体工作就在同济大学文远楼内的 WHITRAP 逐步展开。

当前，很多处于快速发展阶段的地区，存在历史空间的再认识问题。哪些算历史空间？历史空间对今天是否有意义？是否应该保留？保留下来后怎么持续发展？在这个高楼频起的时代，类似的问题经常出现，又迫切需要解答。越是发展迅速的高密度城市，所遭遇的保护与发展的冲突越是激烈，这也是国际社会提出 HUL 的初衷，在保护与发展之间寻求一种平衡的路径。在我国，不仅人口密集的大城市亟须这样的思考，很多中小城市、集镇也在经历着城镇化的考验，而这些地方的历史空间更加脆弱，也更容易被忽视。

在城市规划领域，借鉴 HUL 的理念对城市历史空间进行反思，是本文研究的主要切入点，但这并未涵盖 HUL 的全部。希望本书的内容，能够引发读者对 HUL 的更多思考，以及对城市历史空间的再认识。

本书以我的博士论文为基础，梳理了历史性城镇景观（HUL）的产生背景和国内外诸多学者的研究成果，并试图应用 HUL 的理念重新界定城市历史空间，将历史空间的保护与城市发展结合在一起。

感谢我的导师同济大学周俭教授，为我指明了研究方向，并对整体研究的思路和框架进行了方向性的修正；感谢我的副导师，由 UNESCO 派驻上海的 HUL 课题负责人，已故的 Ron Van Oers 先生，为我的文献研究提供了莫大的帮助；感谢上海同济城市规划设计研究院的俞静女士，正是她的支持与鼓励，使我对 HUL 的相关研究得以进行！

非常感谢澳大利亚国立大学 ANU 的 Ken Taylor 教授、章柔然博士、邱子育博士、朱玉杰博士，同济大学的张松教授、邵甬教授、张尚武教授、王骏教授、杨辰教授、孙明教授、寇怀云博士、李燕宁博士、李昕博士，以及复旦大学的于海教授、杜晓帆教授，上海交通大学的王林教授，哈尔滨工业大学的宋聚生教授、赵志庆教授、上海同济城市规划设计研究院的王颖教授对我的研究所提出的建设性意见！

感谢共同参与《张家港城市空间特色研究》的项目组成员：周俭、张仁仁、张琳、俞文彬、董征、石慧泽、徐刊达、陈圆、胡嘉敏、周峰等。

感谢共同参与《上海虹口港地区研究》的项目组成员：周俭、李燕宁、寇怀云、俞文彬、丁甲宇、张荔、杨璇、石慧泽、郭谌达等。

感谢共同参与《上海市新一轮总体规划总体城市设计专题》的项目组成员：周俭、张尚武、俞静、陆天赞、陈雨露、陈浩、陈超一、廖志强、叶京星、何林飞等。

正是您们共同的思想火花促成了本书的研究成果！

顾玄渊

2019 年 9 月于上海

图 1.1　2006 年上海北外滩地区拆迁现场

（图片来源：作者自拍）

图 1.3　上海虹口区提篮桥街道社区调研

（图片来源：作者自拍）

图 2.4　维也纳市政厅 98 米主塔楼

（图片来源：作者自拍）

图 1.2　2005 年的上海南浔路

（图片来源：作者自拍）

图 2.6　奥地利分别于 1965 年（上图）、1983 年（左下图）、1985 年发行的邮票（右下图）

（图片来源：http://blog.sina.com.cn/s/blog_6ce4c4130100nq98.html，检索日期 20180927）

图 2.7　2002 年拟建的 Wien-Mitte 项目方案（左图）和 2005 年调整后的方案（右图）

（图片来源：https://www.engageliverpool.com/wp/wp-content/uploads/2017/10/Minja-Yang-slides-01.11.17.pdf，检索日期 20180927）

图 2.8　2001 年维也纳城镇景观（左图）和 2010 年 11 月发行的维也纳历史中心邮票（右图）

（图片来源：http://www.chinanavigation.org/historic-center-of-vienna，检索日期 20180927

http://www.colorofstamp.com/2012/02/historic-old-town-centre-of-vienna.html，检索日期 20180927）

图 2.9　2016 年从维也纳环城大道上看 Wien-Mitte 项目

（图片来源：作者自拍）

图 2.10　莱德尼采 - 瓦尔季采文化景观

（图片来源：作者自拍）

图 2.12　巴拉瑞特土著祈福仪式

（图片来源：作者自拍）

图 2.13　巴拉瑞特城市地标

（图片来源：作者自拍）

图 2.14　巴拉瑞特淘金纪念碑

（图片来源：作者自拍）

图 2.15　维多利亚风格建筑

（图片来源：作者自拍）

图 2.16　虹口港地区历史性景观

（图片来源：作者自拍）

图 2.17　2016 年虹口港地区瑞康里住宅环境

（图片来源：作者自拍）

图 2.18　虹口港地区半岛湾文创园

（图片来源：作者自拍）

图 3.1　维也纳街头折线型的城市空间

（图片来源：作者自拍）

图 3.2　呼伦贝尔草原上的玛尼堆

（图片来源：作者自拍）

图 3.4　中山市历史文化名城保护规划范围

（图片来源：中山市规划局官网 http://www.zsghj.gov.cn/uploads/soft/160114/2016011402.pdf，检索日期 20180927）

图 3.5　中山市孙文西历史文化街区和从善坊历史文化街区

（图片来源：作者自拍）

图 3.7　上海吉如里影像图

（图片来源：https://map.baidu.com/，检索日期 20170304）

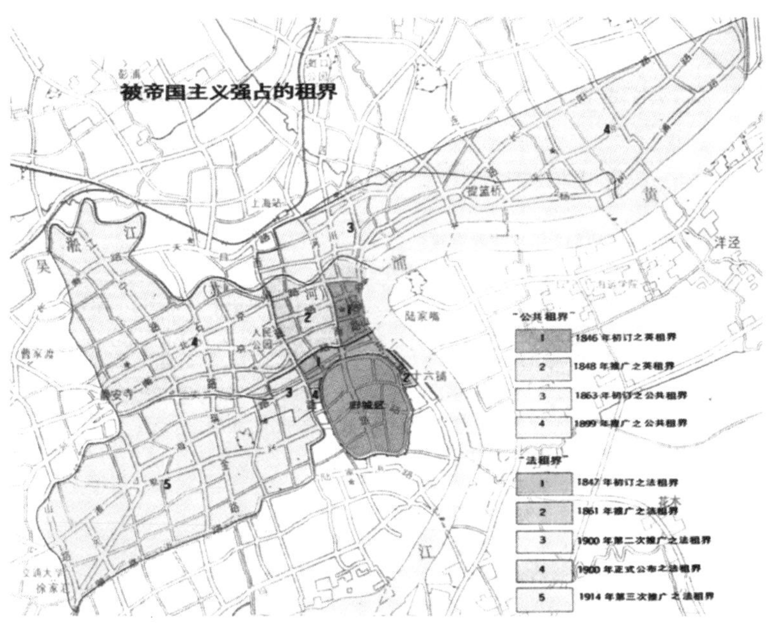

图 3.8　上海租界及其形成时期

（图片来源：《上海城市规划志》，1999）

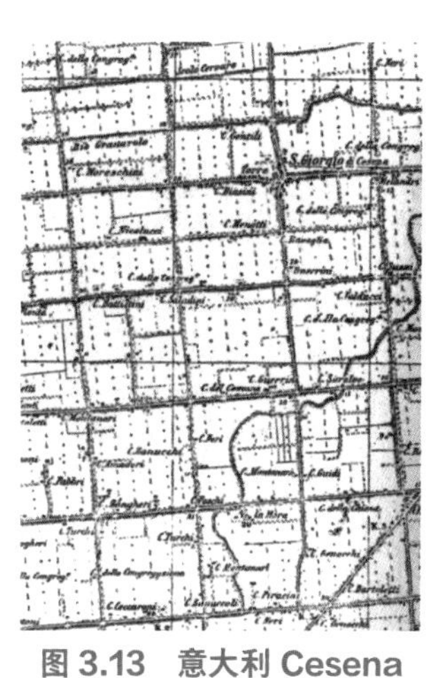

图 3.13　意大利 Cesena 的 19 世纪晚期军事地图（依然清晰可见百户制下的格网 Centuri-sation）

（图片来源：https://zh.wikipedia.org/wiki/File: Centurisation.jpg，检索日期 20180927）

图 3.14　捷克 Namesti Premysla Otakara Ⅱ 广场的涡轮形布局对景与界面

（图片来源：作者自拍）

图 3.15　捷克 Namesti Premysla Otakara Ⅱ 广场作为视觉焦点的雕塑喷泉

（图片来源：作者自拍）

图 3.16 意大利维罗纳（Verona）广场的自发集会

（图片来源：作者自拍）

图 3.17 2006 年北外滩地区拆迁现场带有 Logo 的红砖

（图片来源：作者自拍）

图 3.18 1908 年的上海及周边地区路网

（图片来源：http://www.oldmapsonline.org/map/britishlibrary/4998126，检索日期 20180927）

图 3.19　照片拍摄景观（左图）与肉眼实际聚焦后的景观对比（右图）

（图片来源：作者自拍）

图 3.20　从黄浦江西岸分别看浦东（左图）和浦西的景观（右图）

（图片来源：作者自拍）

图 3.21　从黄浦江东岸分别看浦东（左图）和浦西的景观（右图）

（图片来源：作者自拍）

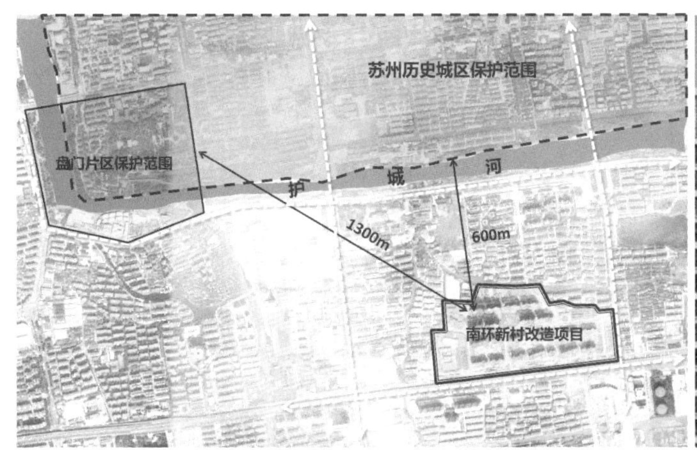

图 3.22　苏州南环新村改造项目对历史景观的影响示意图

（图片来源：作者自拍）

图 3.24　兼具三要素特征的温州双塔历史性景观

（图片来源：作者自拍）

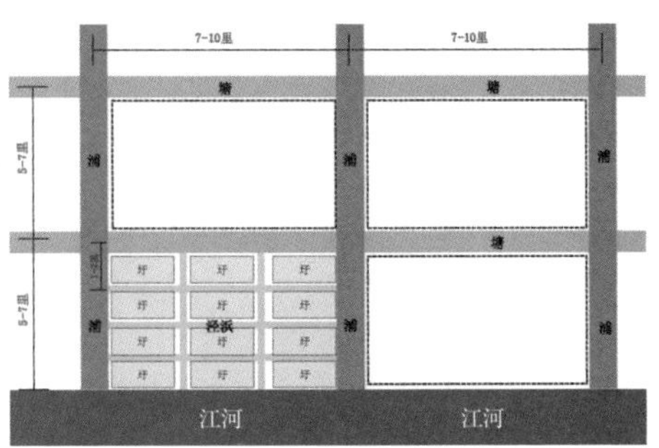

图 3.27　圩田制下的塘浦泾浜示意图

（图片来源：作者自绘）

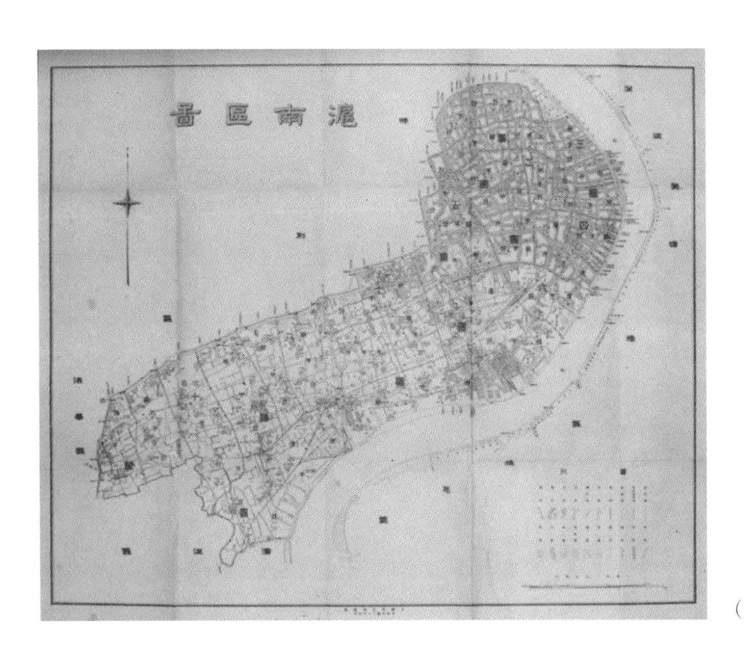

图 3.29　1931 年的沪南区图

（图片来源：《上海城市规划志》，1999）

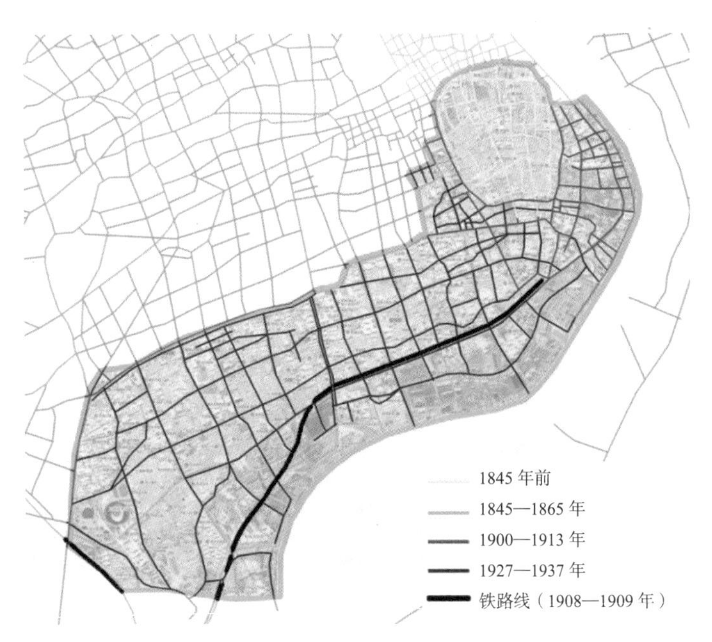

图 3.31　上海沪南区道路形成年代分析

（图片来源：作者自绘）

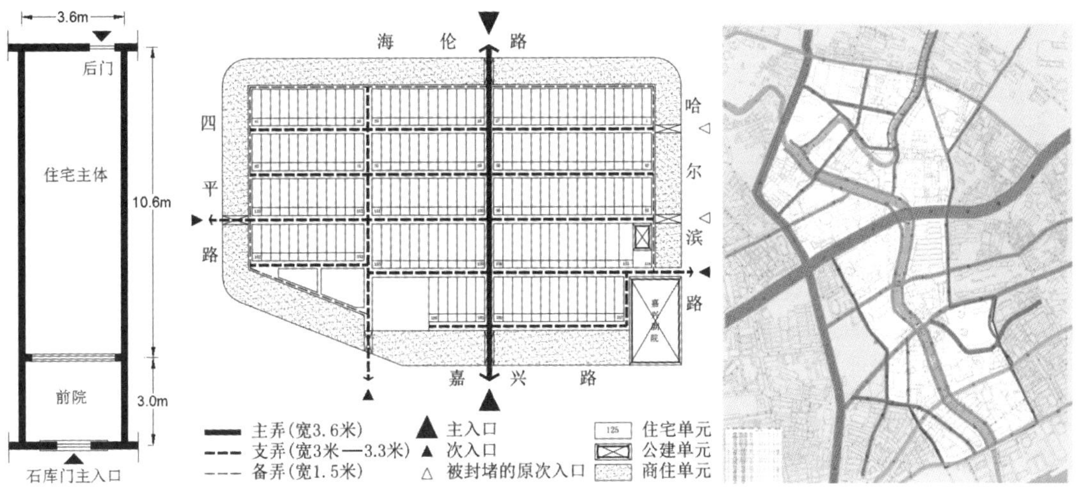

图 3.32　里弄住宅、瑞康里、虹口港地区三种不同的肌理及结构

（图片来源：作者自绘）

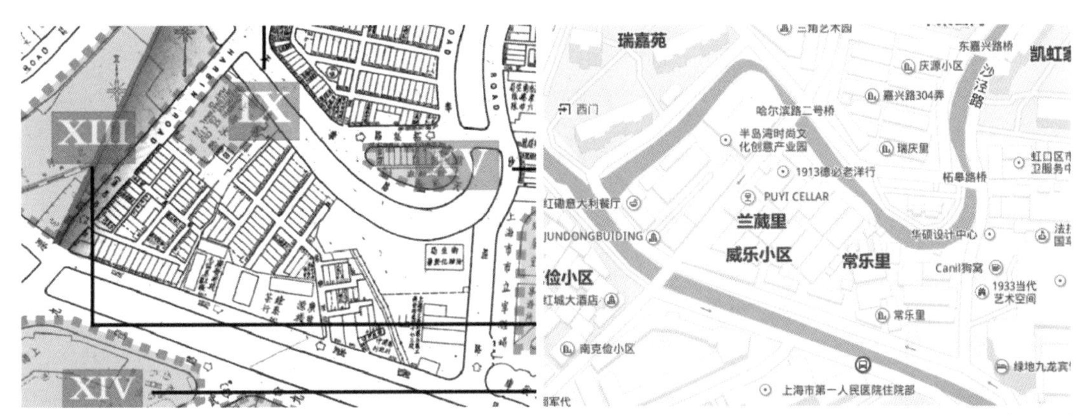

图 3.33　1940 年出版的上海《行号路图录》显示的地块边界（左图）与目前该地块的建筑肌理（右图）

（图片来源：https://map.baidu.com/，检索日期 20170304）

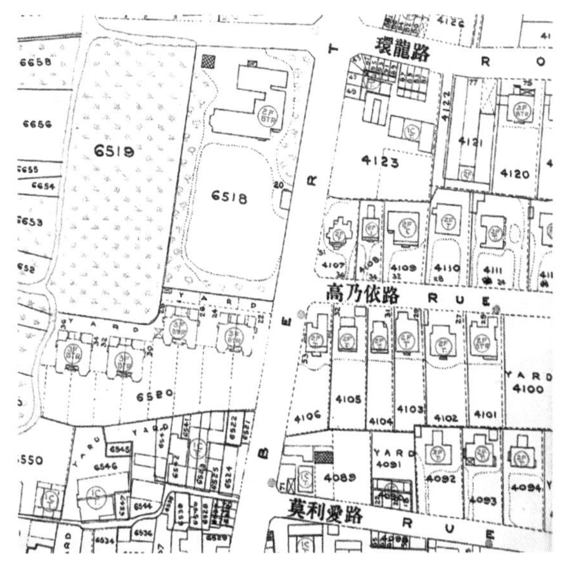

图 3.34　1920 年出版《法租界及其延伸》

（图片来源：《上海老地图》，2003）

图 4.1　巴黎蓬皮杜艺术中心广场上的雕塑作品
（图片来源：作者自拍）

图 4.2　伦敦根据图纸重建的历史城门（左图）和公共告示（右图）
（图片来源：作者自拍）

图 4.3　上海部分里弄的生活环境
（图片来源：作者自拍）

图 4.4　用红灯笼点缀的西塘滨水空间
（图片来源：作者自拍）

图 4.5　宏村的中心水池依然保持清晨时分的使用习俗
（图片来源：作者自拍）

图 4.6　多伦多街头建筑表现出的多样性
（图片来源：作者自拍）

图 4.9　意大利圣吉米尼亚诺历史建筑上保留的族徽
（图片来源：作者自拍）

图 4.7　大昭寺前日复一日的朝拜
（图片来源：作者自拍）

图 4.10　佛罗伦萨用玻璃地面展示遗迹的服装店
（图片来源：作者自拍）

图 5.1　上海里弄住户的自发改造
（图片来源：作者自拍）

图 5.2　1947 年上海嘉兴路地区地图

（图片来源：苏秉公，2015）

图 5.12　杏仁街的传统风貌

（图片来源：作者自拍）

图 5.13　通过介入性保护保留下来的“上壅驿”牌坊

（图片来源：作者自拍）

图 5.14　杏仁街的局部自发改造

（图片来源：作者自拍）

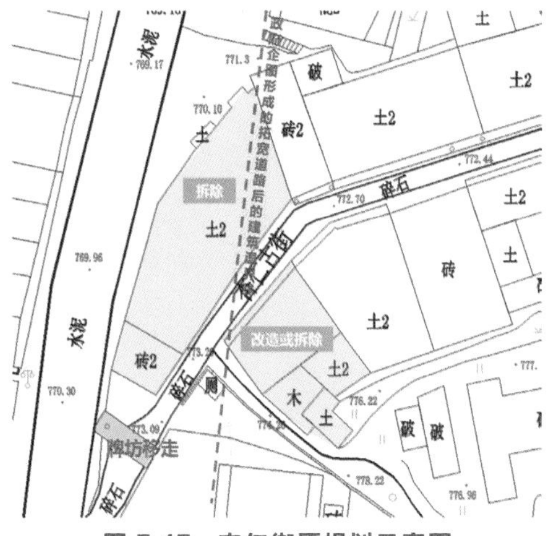

图 5.15　杏仁街原规划示意图

（图片来源：作者自绘）

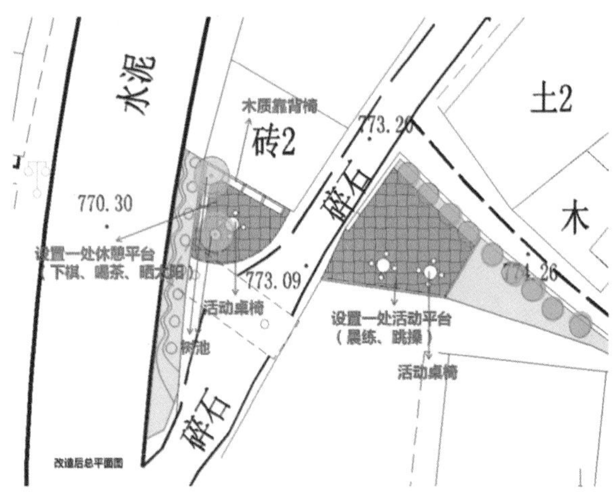

图 5.16　介入性保护建议示意图

（图片来源：作者自绘）

图 5.17　巴黎蓬皮杜艺术中心

（图片来源：作者自拍）

图 5.19　西塘古镇街头叫卖的馄饨摊

（图片来源：作者自拍）

图 5.18　中山历史城区因无人使用而荒废的住宅

（图片来源：作者自拍）

图 5.20　苏州河道清洁的日常维护

（图片来源：作者自拍）

图 5.21　苏州石湖渔家村传承城市特色

（图片来源：作者自拍）

历史空间特色挖掘

寻找历史遗存和城市记忆

地形地貌		经济发展	城建历程
山 沙洲 田	河 岛 港	农耕经济 港口经济 马路经济 工业发展	城的兴起 镇的兴起 道路建设 开发与改造

宏观尺度的城市空间特色

调查问卷 ↓

现状空间特色评价

功能区体验	集中建设区——核心区、中心区、集镇、大型工业区、码头仓储区 开放空间区——大型公园、风景区、农田区、林区、滨水区
	寻找特色区域和重要节点
路径体验	交通性道路——通达性、尺度感、道路景观 生活性道路——尺度感、场所氛围、道路景观
	寻找体验路径
视觉体验	景观站点——可达性、场所感、尺度、视野范围 景观点——标识性、与周围环境的关系、背景
	寻找景观标志物和重要节点

空间特色要素提炼

空间特色要素组合关系

未来空间特色塑造

图 5.23　城市历史空间特色研究框架

（图片来源：作者自绘）

沙洲圩田区
（古名：梁丰）
长 江 古 堤
金港
东渡
杨舍
堡城
暨阳湖
（古名：暨阳）
漕河水运区

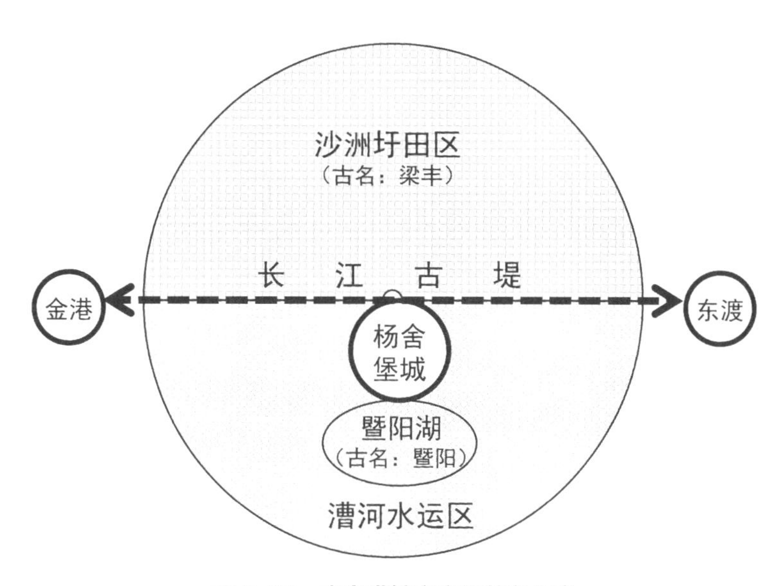

图 5.24　张家港城市空间特色示意

（图片来源：作者自绘）

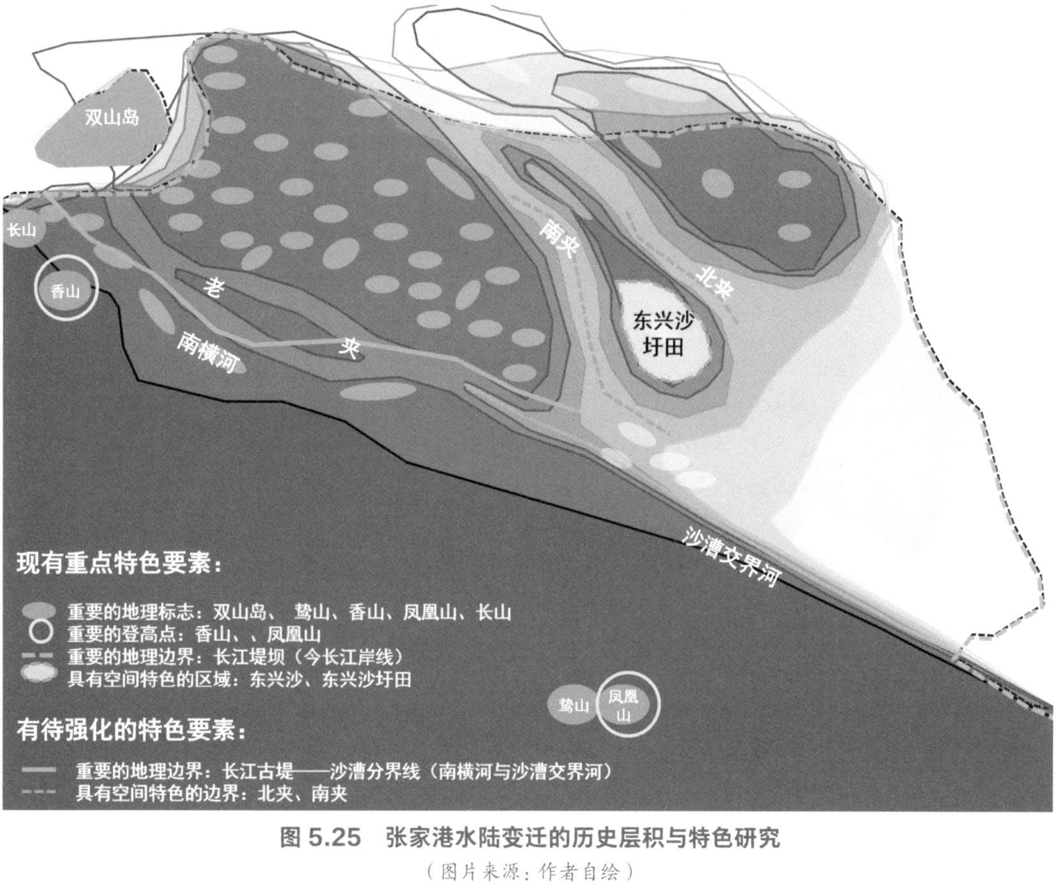

双山岛
长山
香山
老
夹
南横河
南夹
北夹
东兴沙
圩田
沙漕交界河
鹜山
凤凰
山
现有重点特色要素：
重要的地理标志：双山岛、 鹜山、香山、凤凰山、长山
重要的登高点：香山、、凤凰山
重要的地理边界：长江堤坝（今长江岸线）
具有空间特色的区域：东兴沙、东兴沙圩田
有待强化的特色要素：
重要的地理边界：长江古堤——沙漕分界线（南横河与沙漕交界河）
具有空间特色的边界：北夹、南夹

图 5.25　张家港水陆变迁的历史层积与特色研究

（图片来源：作者自绘）

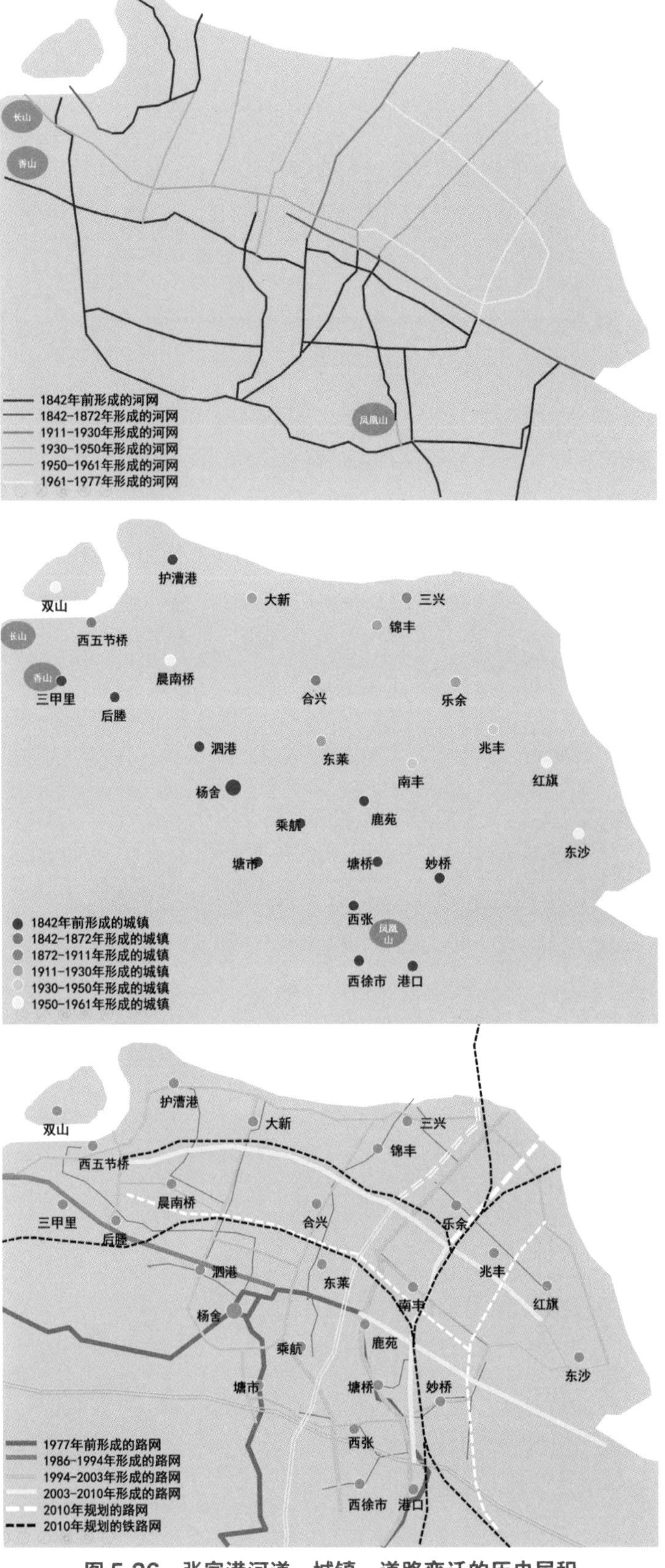

图 5.26　张家港河道、城镇、道路变迁的历史层积

（图片来源：作者自绘）

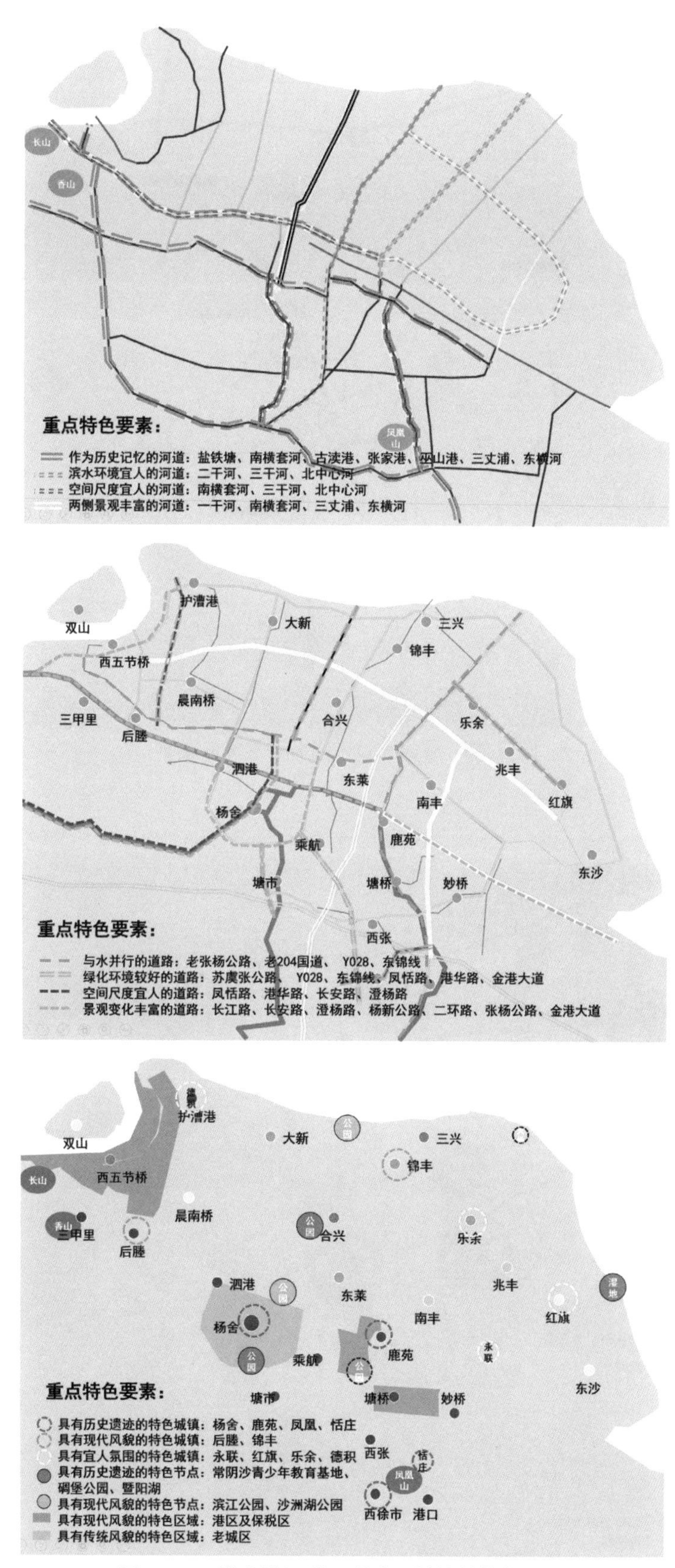

图 5.27 张家港河道、道路、城镇的特色评价

（图片来源：作者自绘）

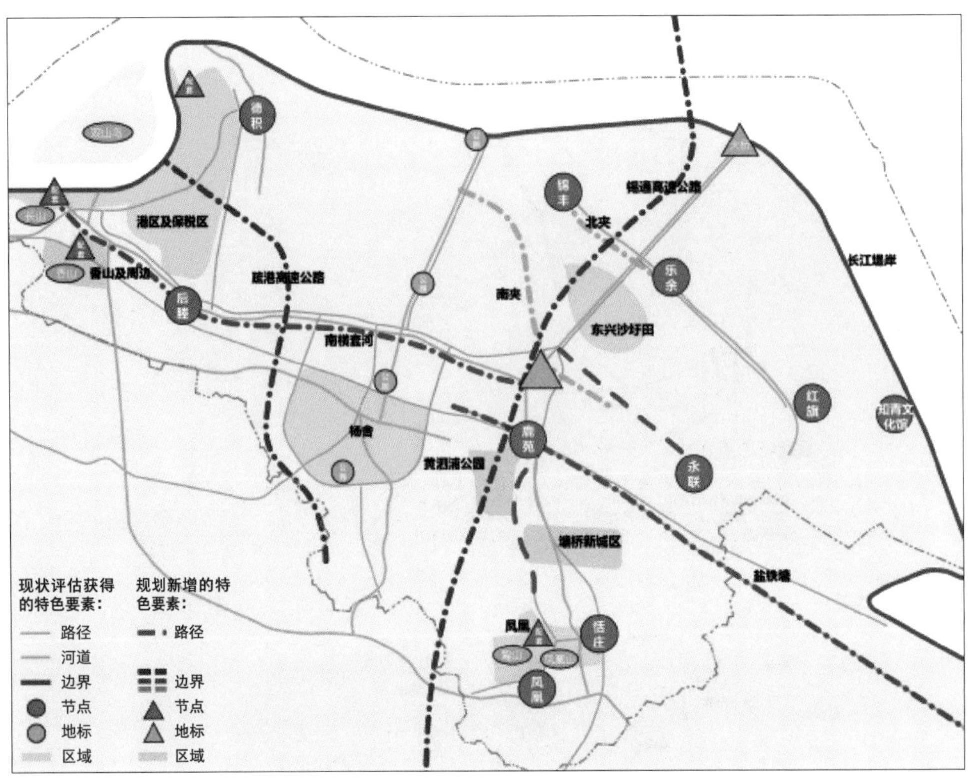

图 5.28　张家港城市空间要素特色提炼

（图片来源：作者自绘）

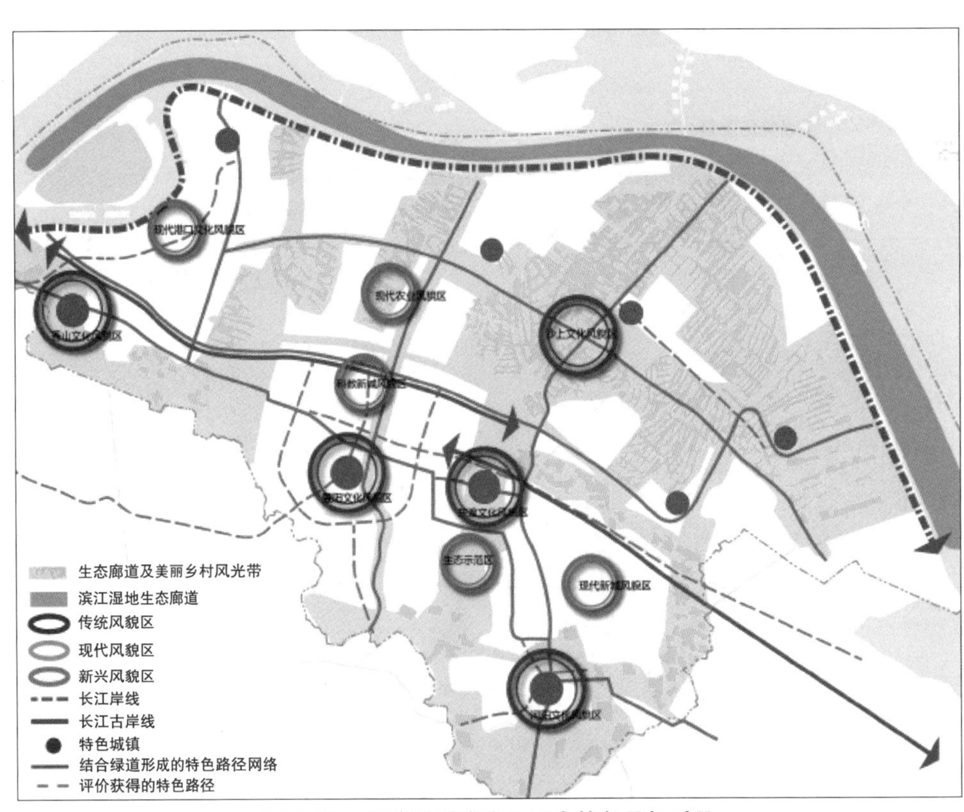

图 5.29　张家港城市空间要素特色骨架引导

（图片来源：作者自绘）

图 5.30　上海大众百度热力分析及其中的选取的黄河路路段

（图片来源：作者自拍）

图 5.31　阿姆斯特丹的香奈儿旗舰店

（图片来源：https://www.gooood.cn/crystal-houses-amsterdam-by-mvrdv.htm，检索日期 20180927）

图 5.32　芝加哥的城市雕塑 the Bean 与之形成的公共活力场所

（图片来源：作者自拍）

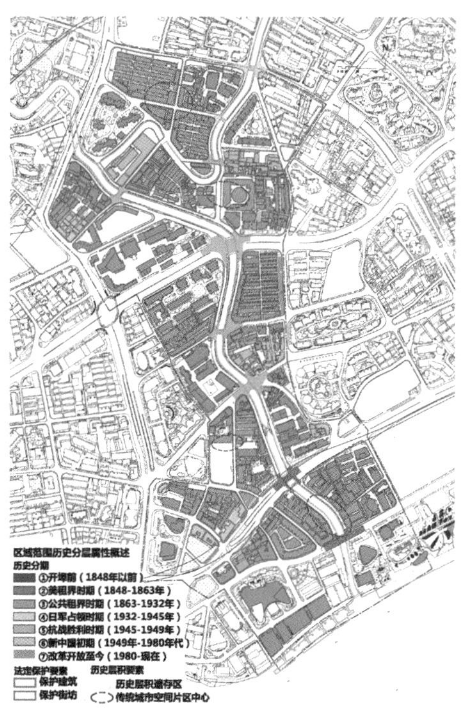

图 5.35　虹口港历史层积属性分布

（图片来源：上海同济城市规划设计研究院，虹口区地区文化复兴研究报告，2017）

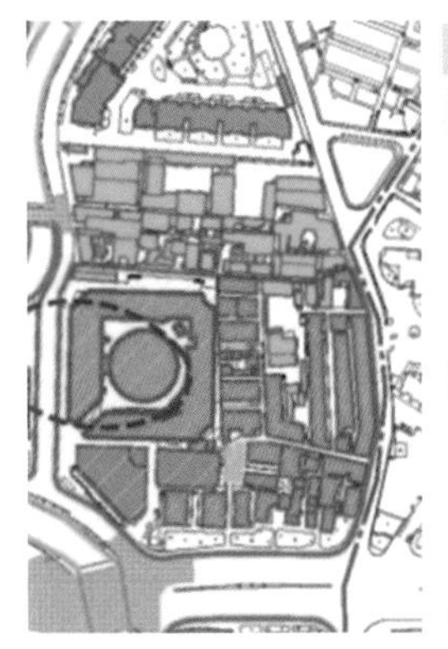

主要指标						
		用地面积（公顷）	建筑面积（万平方米）			容积率
			保留	新建	总计	
街区 E		2.07	0.44	6.60	7.04	3.41
其中	街坊 1-7	2.07	0.44	6.60	7.04	3.41

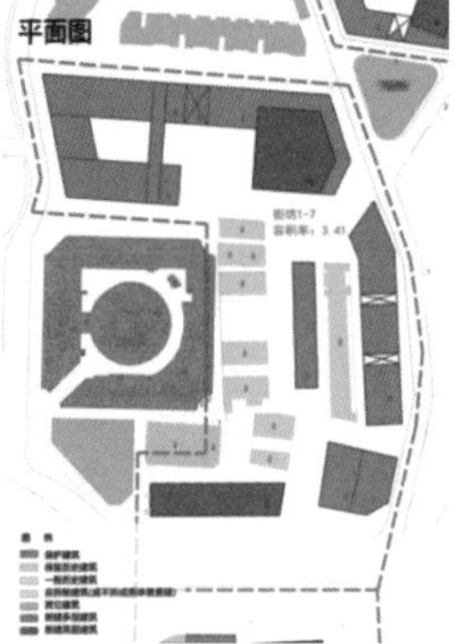

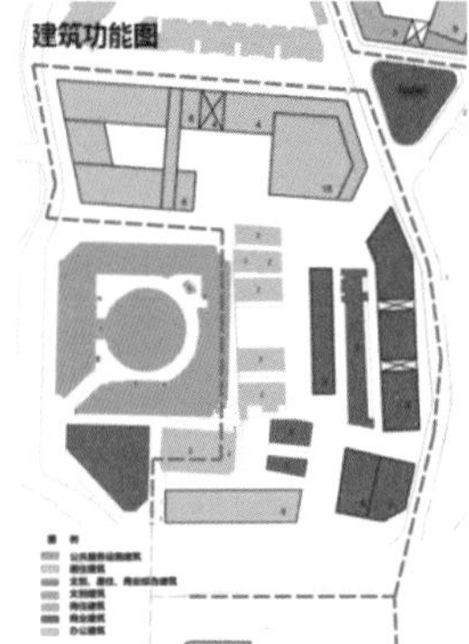

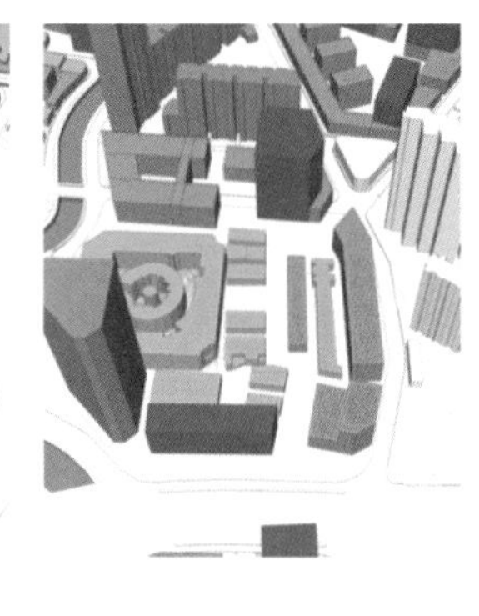

图 5.36　虹口港 1933 老场坊北侧地块的现状及改造方案示意图

（图片来源：作者自绘）

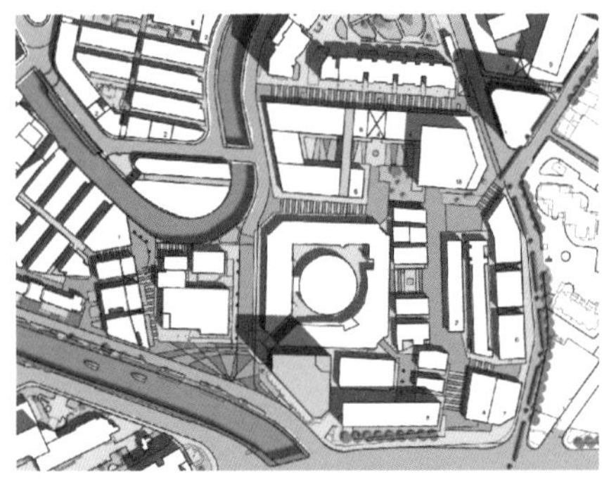

图 5.37　虹口港 1933 老场坊周边改造总平面图

（图片来源：作者自绘）

图 5.38　虹口港地区新旧并存的整体空间意向图

（图片来源：作者自拍）

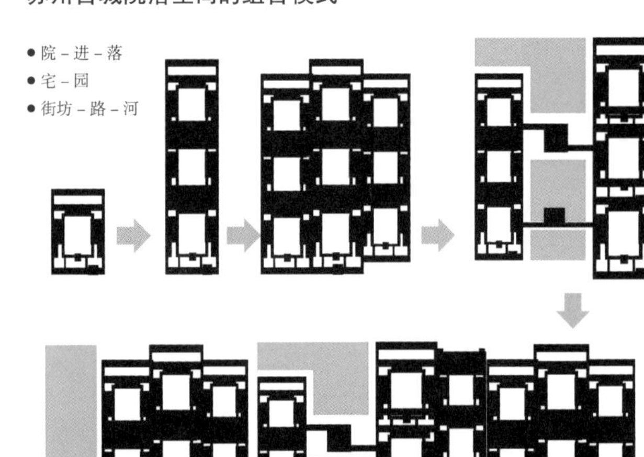

图 5.39　苏州古城院落空间的演变模式

（图片来源：作者自绘）

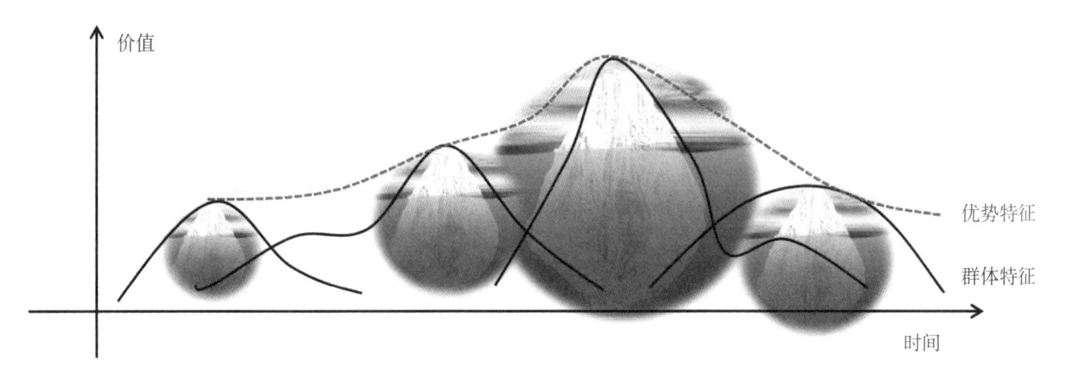

图 5.40　要素与群体间的关系示意图

（图片来源：作者自绘）

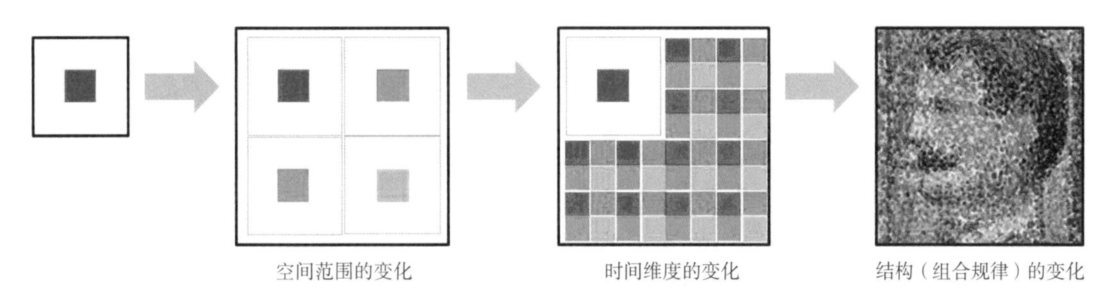

图 5.41　要素与环境演变中结构的支配作用示意图

（图片来源：作者自绘）

图 6.1　2005 年的上海南浔路街景

（图片来源：作者自拍）

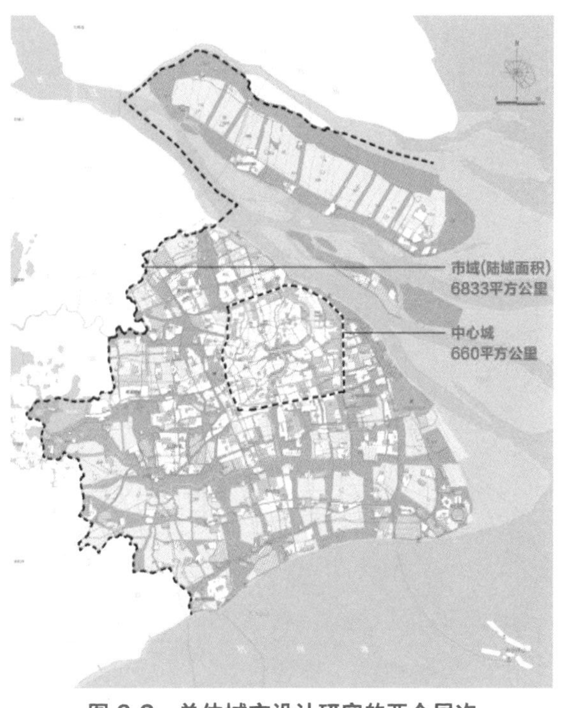

图 6.2　总体城市设计研究的两个层次

（图片来源：上海同济城市规划设计研究院，上海总体城市设计研究专题，2016）

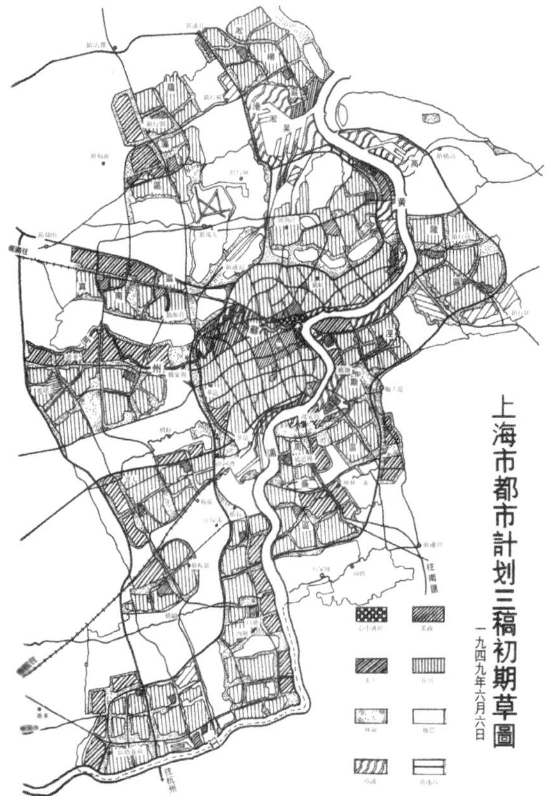

图 6.3　1931 年的《大上海计划图》（左上图）、1946 年的《大上海区域计划总图初稿》（右上图）和 1949 年的《上海市都市计划三稿初期草图》（左下图）

（图片来源：《上海城市规划志》，1999）

图 6.5　上海地理区位及条件示意图

（图片来源：作者自绘）

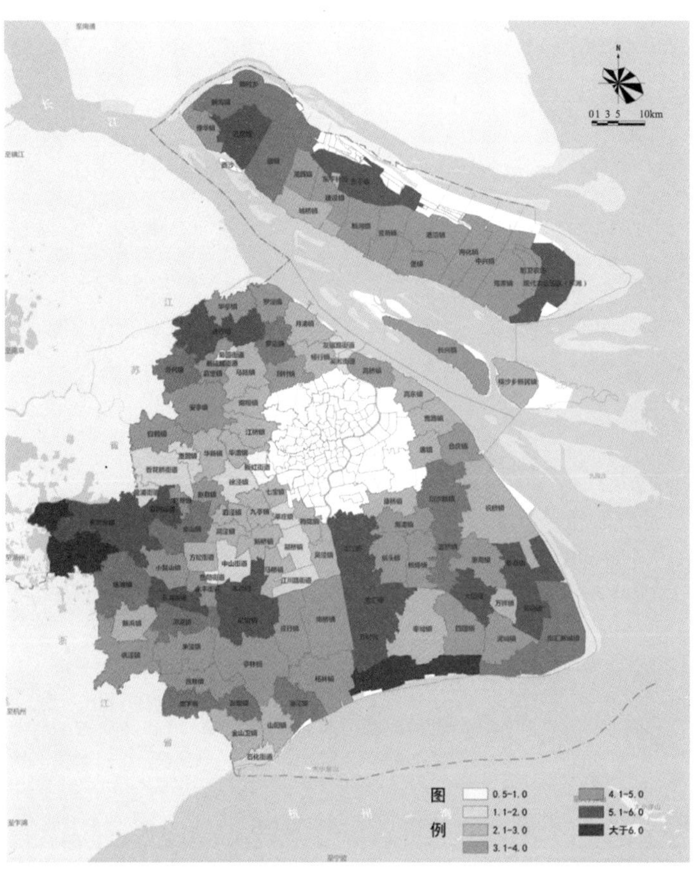

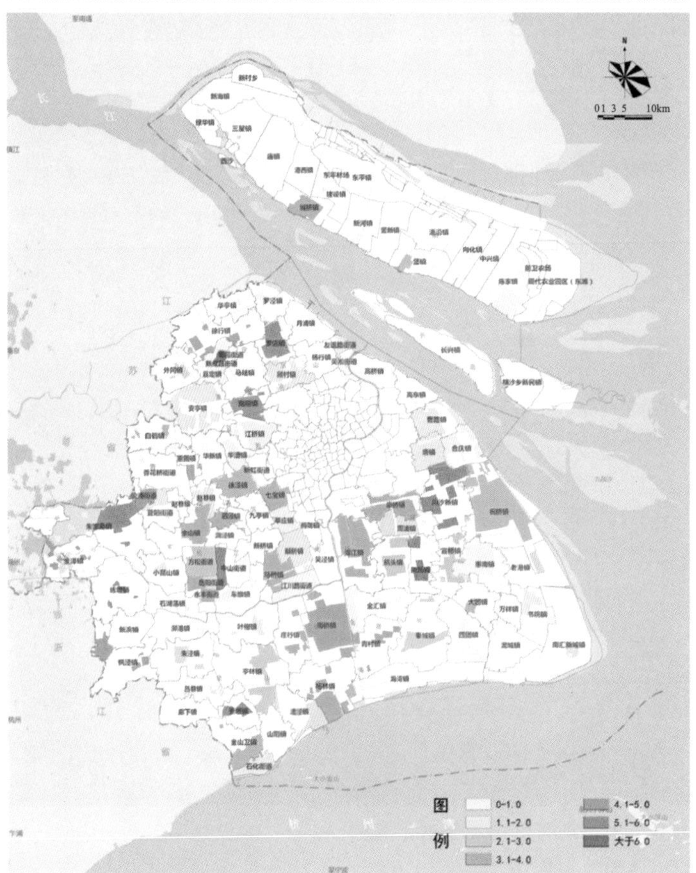

图 6.6　上海市域自然环境要素（上图）与历史人文要素综合评价图（下图）

（图片来源：上海同济城市规划设计研究院，上海总体城市设计研究专题，2016）

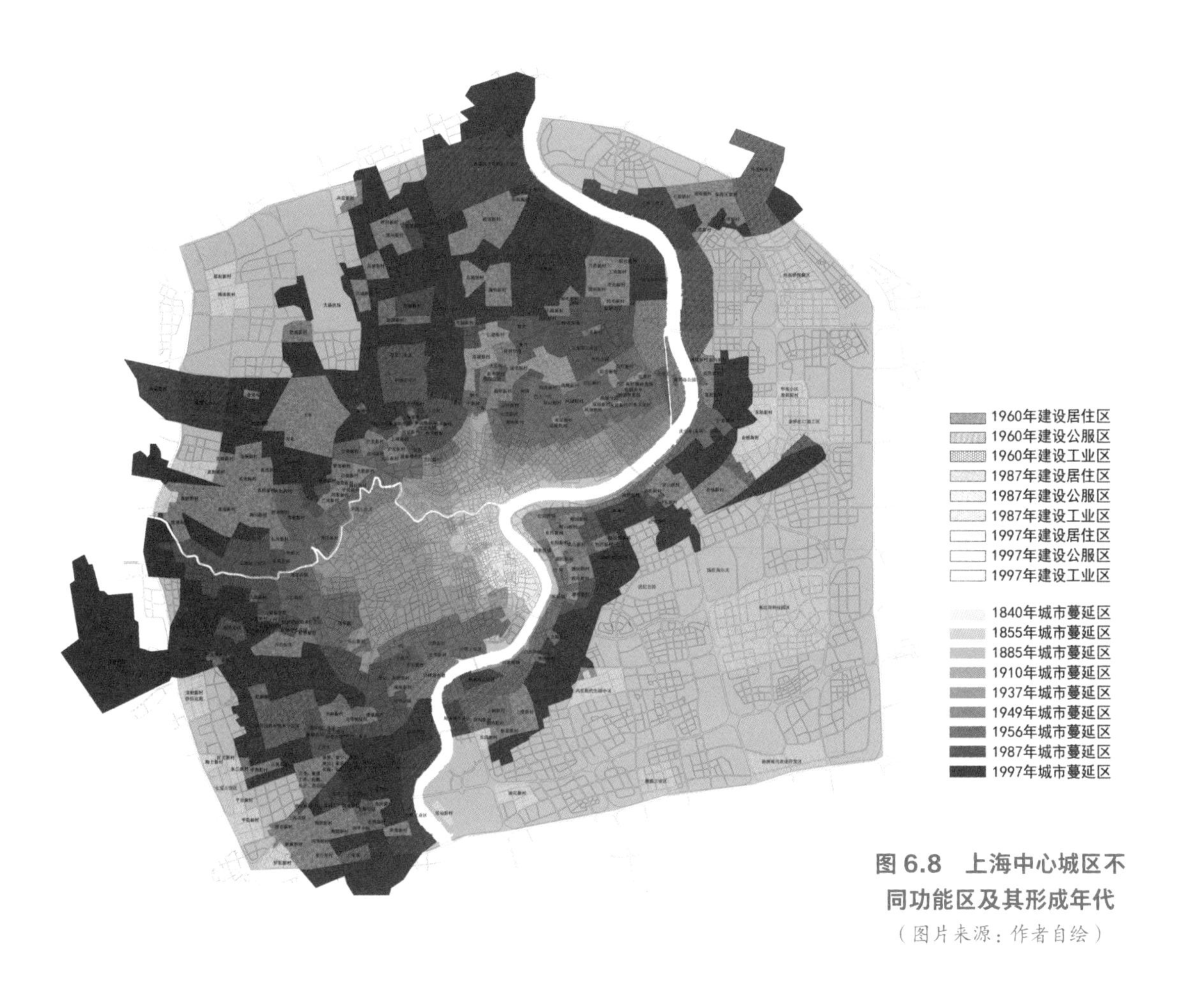

图 6.8　上海中心城区不同功能区及其形成年代

（图片来源：作者自绘）

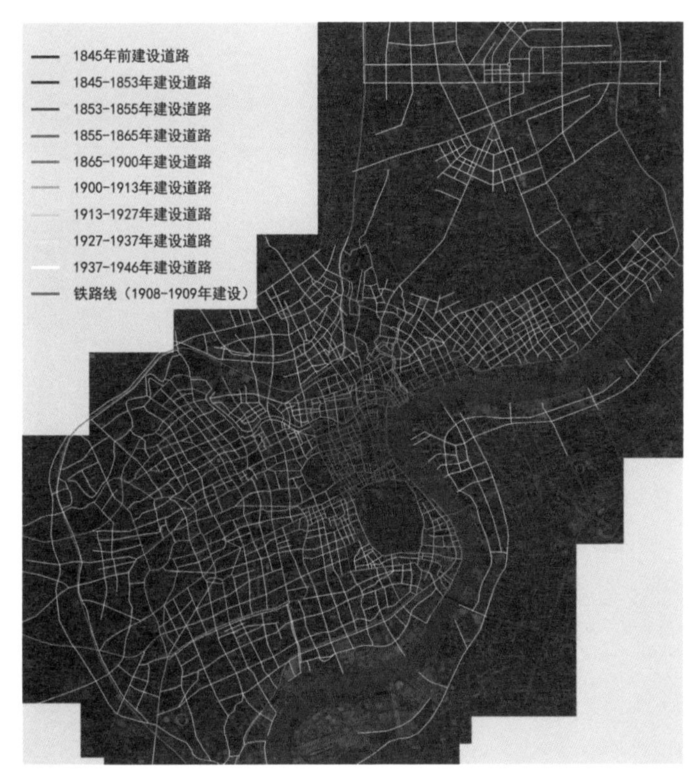

图 6.9　上海历史性道路形成年代示意图

（图片来源：根据历史文献作者自绘）

图 6.10　上海城市空间类型分析图

（图片来源：上海同济城市规划设计研究院，上海总体城市设计研究专题，2016）

图 6.11　中心城结构性道路现状图

（图片来源：上海同济城市规划设计研究院，上海总体城市设计研究专题，2016）

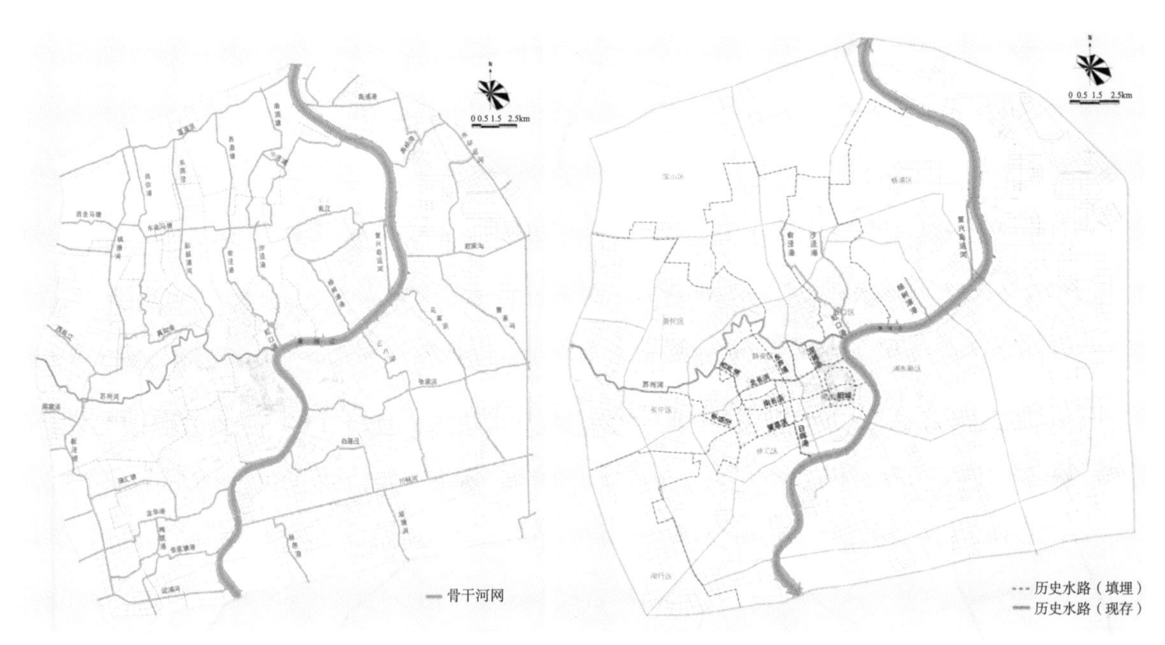

图 6.12　中心城骨干河网及重要历史水路现状图

（图片来源：上海同济城市规划设计研究院，上海总体城市设计研究专题，2016）

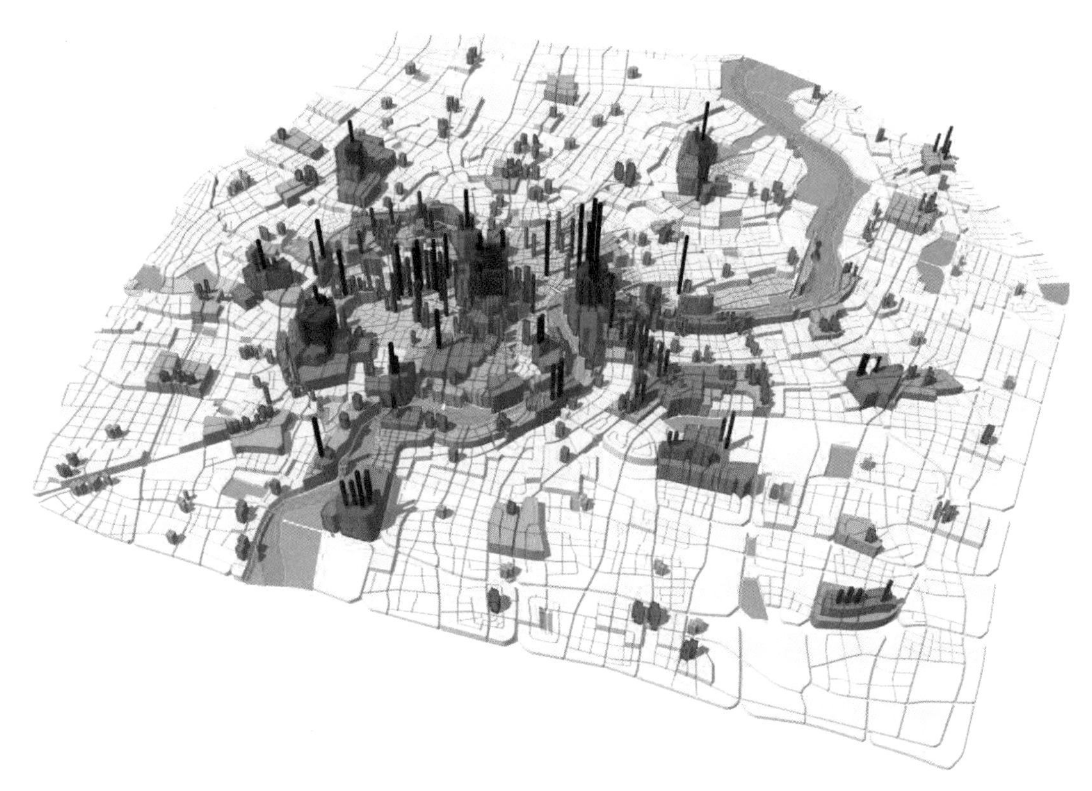

图 6.13　中心城空间环境的目标建构模型

（图片来源：上海同济城市规划设计研究院，上海总体城市设计研究专题，2016）

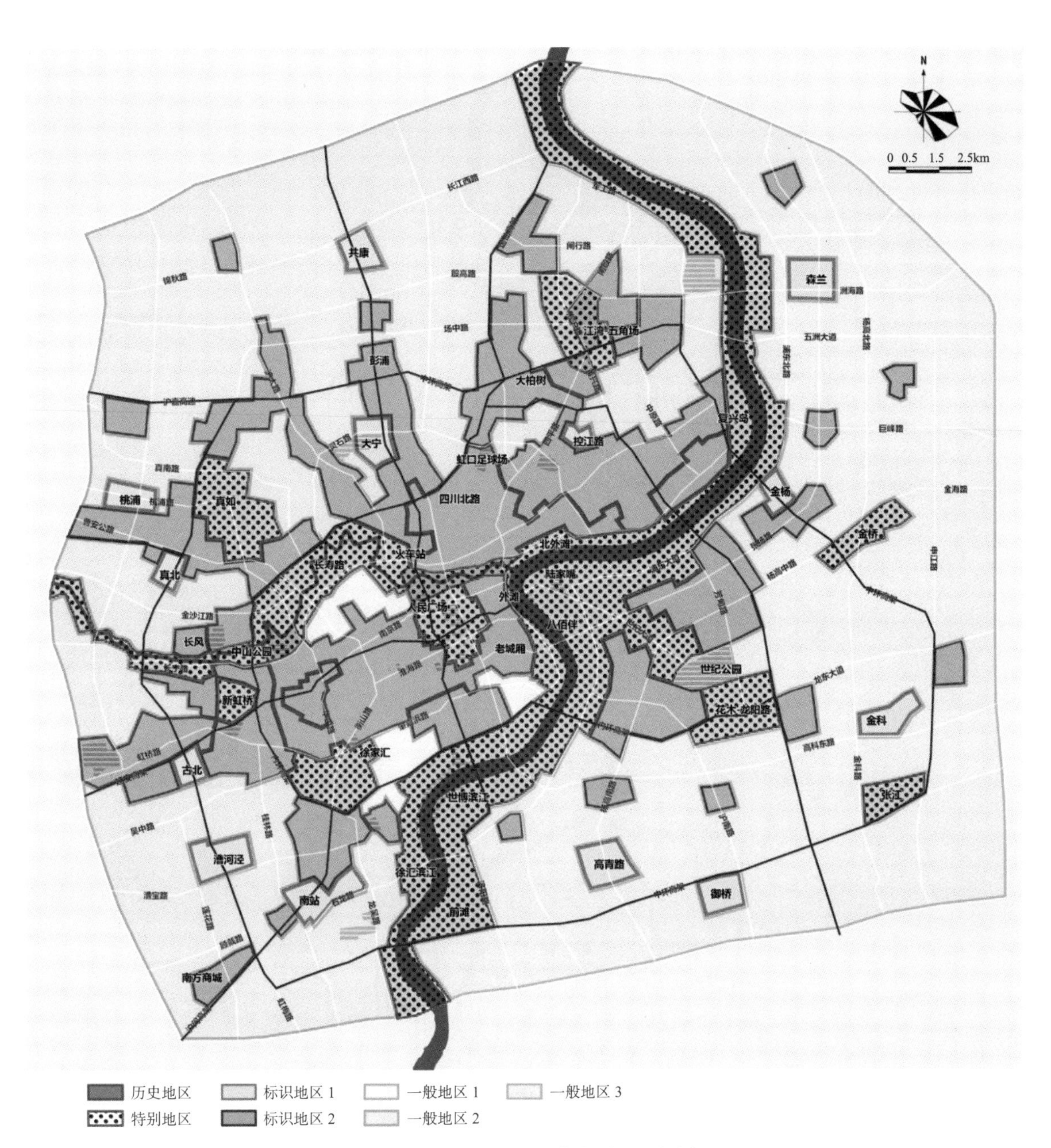

图 6.14　中心城空间尺度类型分区规划图

（图片来源：上海同济城市规划设计研究院，上海总体城市设计研究专题，2016）

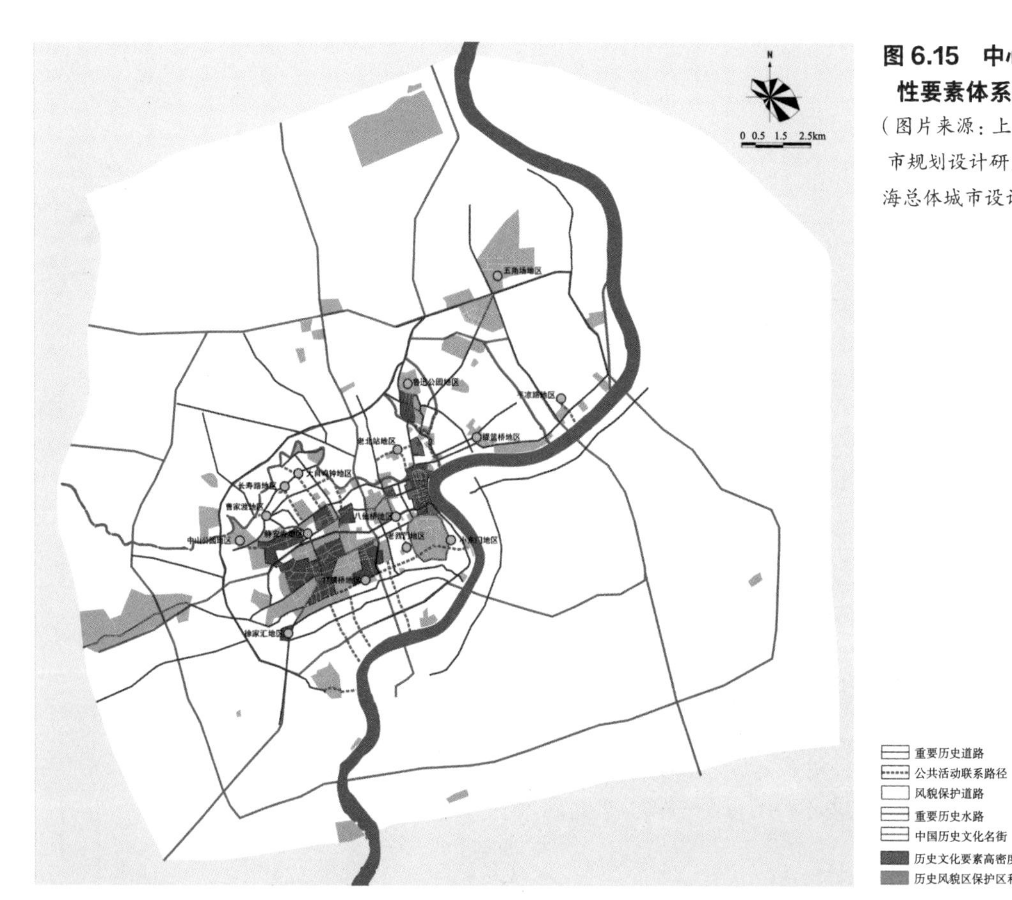

图 6.15 中心城历史性要素体系规划图

（图片来源：上海同济城市规划设计研究院，上海总体城市设计，2016）

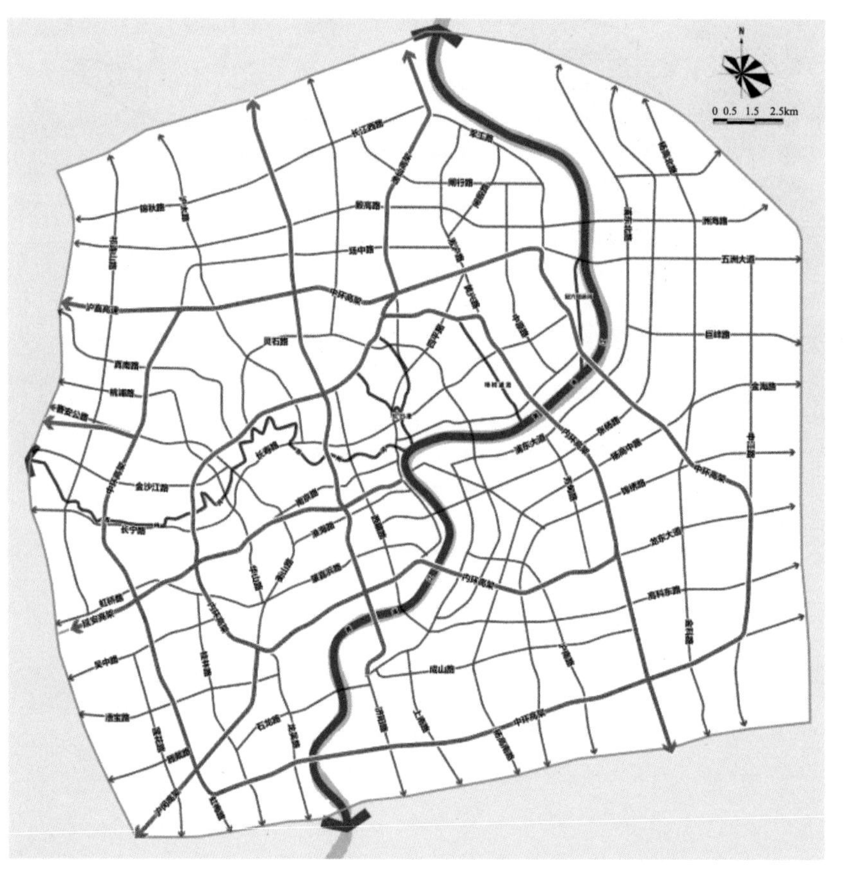

图 6.16 中心城网络性要素体系规划图

（图片来源：上海同济城市规划设计研究院，上海总体城市设计，2016）

图 6.17　中心城公共性要素体系规划图

（图片来源：上海同济城市规划设计研究院，上海总体城市设计，2016）

图 6.18　中心城空间要素体系规划图

（图片来源：上海同济城市规划设计研究院，上海总体城市设计，2016）

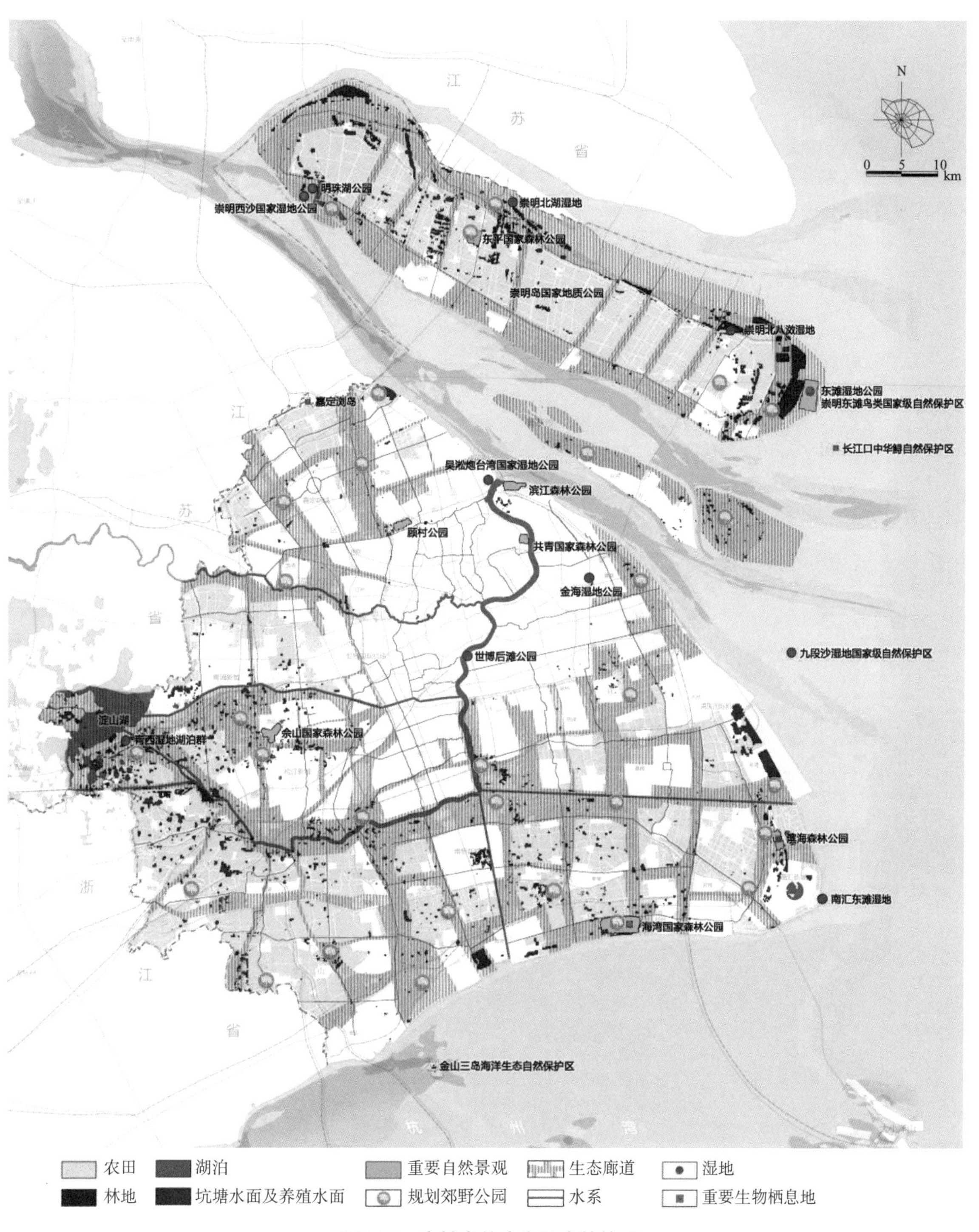

图 6.19 市域自然生态要素管控图

（图片来源：上海同济城市规划设计研究院，上海总体城市设计，2016）

图 6.20　市域历史人文要素及各类城镇风貌管控图

（图片来源：上海同济城市规划设计研究院，上海总体城市设计，2016）

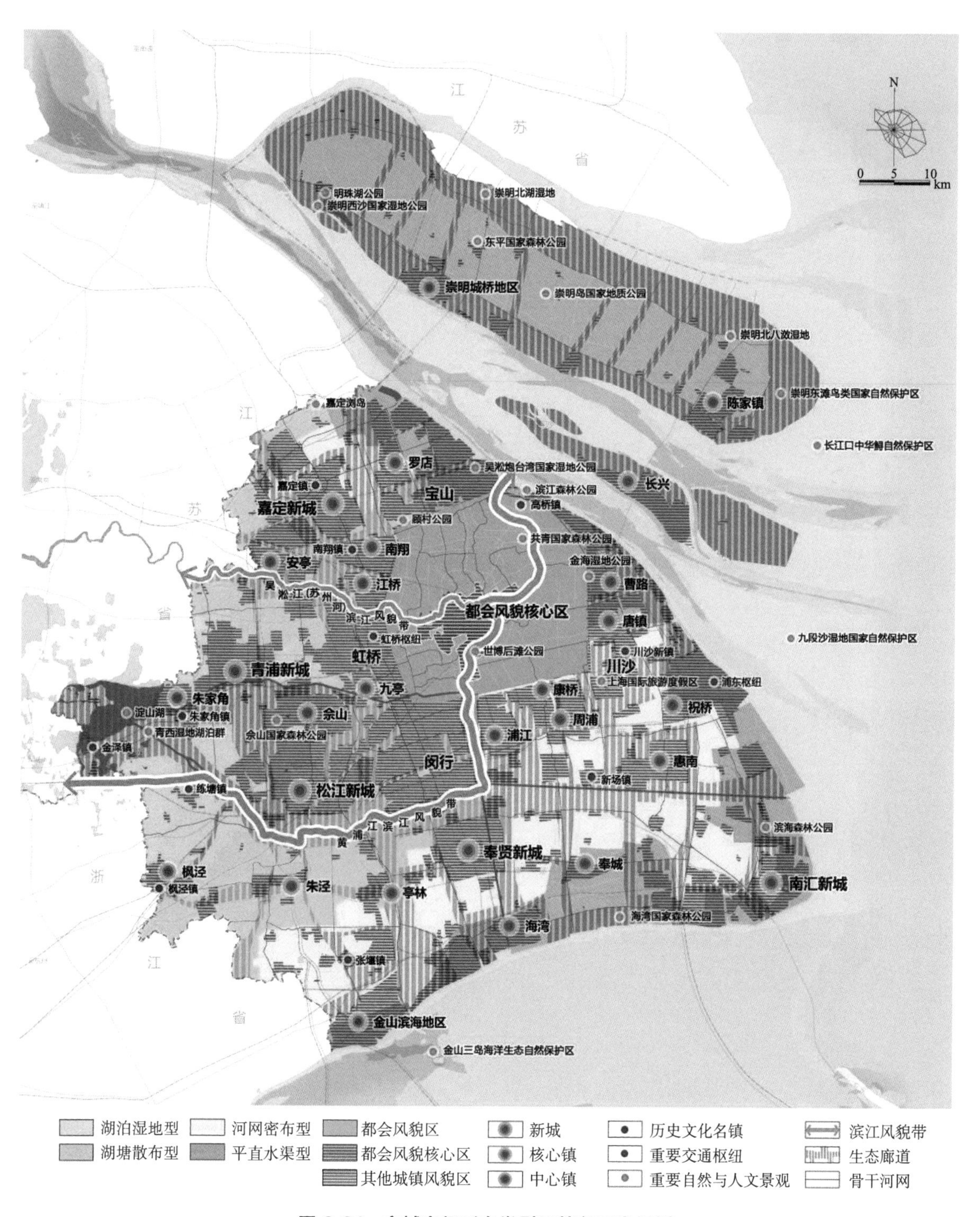

图 6.21　市域空间形态类型及特色要素规划

（图片来源：上海同济城市规划设计研究院，上海总体城市设计，2016）